全过程工程造价管理实操系列

深入造价做造价

——工程造价疑难问题解析

胡 跃 著

中国建筑工业出版社

图书在版编目（CIP）数据

深入造价做造价：工程造价疑难问题解析 / 胡跃著
. —北京：中国建筑工业出版社，2022.3（2024.6重印）
（全过程工程造价管理实操系列）
ISBN 978-7-112-27135-1

Ⅰ.①深… Ⅱ.①胡… Ⅲ.①工程造价—问题解答
Ⅳ.①TU723.3-44

中国版本图书馆CIP数据核字（2022）第033645号

作者对工程造价中提出的常见疑难问题从理论与实践上予以解答。全书共7章：工程造价常见问题解答、EPC项目管理模式解读、案例分析、如何深入才能叫深度学习、文件解读中的误区、职业规划就业选择、重新塑造工程预算定额。每个问题解析细致，便于阅读理解，对新老从事造价的从业人员会有所帮助。

本书可作为造价人员从事清单计价和定额计价工作学习材料，也可作为高等院校工程造价相关专业教学参考资料。

责任编辑：徐仲莉　王砾瑶
版式设计：锋尚设计
责任校对：赵听雨

全过程工程造价管理实操系列
深入造价做造价
——工程造价疑难问题解析
胡　跃　著

*

中国建筑工业出版社出版、发行（北京海淀三里河路9号）
各地新华书店、建筑书店经销
北京锋尚制版有限公司制版
北京云浩印刷有限责任公司印刷

*

开本：787毫米×960毫米　1/16　印张：15　字数：256千字
2022年4月第一版　　2024年6月第四次印刷
定价：**59.00**元
ISBN 978-7-112-27135-1
（38775）

目　录

1 工程造价常见问题解答

舟已行矣，而剑不行，求剑若此，不亦惑乎？古人早已经将答案提示了2000年，可今人却始终在动静间找不到寻求的那条正确答案。下面就从时间与空间的维度将工程造价的变与不变、变化的趋势走向、变化的必然程序与同行分享。

1.1 关于平整场地的问题

问题：平整场地，所有新建工程都应该计算平整场地，其性质类似于“安全文明施工费”。

误区1：平整场地挖出300mm土方如何办理运输？平整场地的工作内容是挖高补低，不产生任何土方的挖掘与运输工程量，也就是说平整场地不会带来地面标高的任何变化，而挖土方则会产生地面标高的变化。

误区2：平整场地执行人工平整还是机械平整？平整场地类似组织措施费性质，非要澄清是用人工平整还是机械平整只能看投标方施工组织设计方案及报价采用什么方式进行平整，一旦中标后不管采用何种平整方案，平整场地综合单价结算时就不能调整（图1-1）。

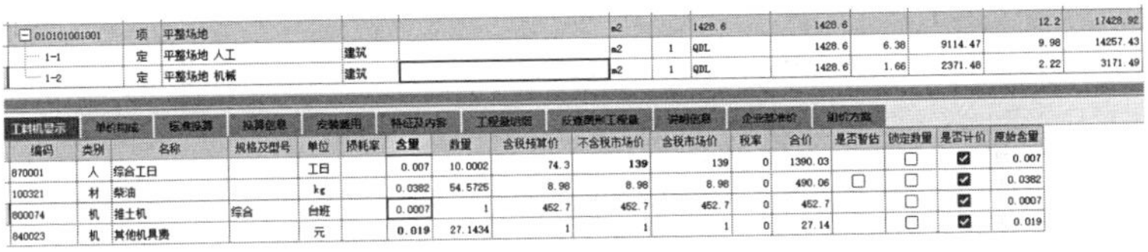

010101001001	项	平整场地			m2		1428.6	1428.6			12.2	17428.92
1-1	定	平整场地 人工	建筑		m2	1	QDL	1428.6	6.38	9114.47	9.98	14257.43
1-2	定	平整场地 机械	建筑		m2	1	QDL	1428.6	1.66	2371.48	2.22	3171.49

工料机显示 单价构成 标准换算 换算信息 安装费用 特征及内容 工程量明细 反查图形工程量 说明信息 企业定额价 组价方案

编码	类别	名称	规格及型号	单位	损耗率	含量	数量	含税预算价	不含税市场价	含税市场价	税率	合价	是否暂估	锁定数量	是否计价	原始含量
870001	人	综合工日		工日		0.007	10.0002	74.3	139	139	0	1390.03		☐	☑	0.007
100321	材	柴油		kg		0.0382	54.5725	8.98	8.98	8.98	0	490.06	☐	☐	☑	0.0382
800074	机	推土机	综合	台班		0.0007	1	452.7	452.7	452.7	0	452.7		☐	☑	0.0007
840023	机	其他机具费		元		0.019	27.1434	1	1	1	0	27.14		☐	☑	0.019

图1-1 土方清单项目

平整场地如果选用机械平整，平整10000m²的场地所用推土机台班消耗量是7个台班，也就是用一个台班能平整1428.6m²的场地，而且不管用1个台班还是用7个台班，推土机的进出场费都要付出一份，如果平整的场地不到1428.6m²，套用图1-1中的编号1-2定额子目时，机械效率会大打折扣（平整的场地不到1428.6m²，也要支付一个台班的费用及相关的机械进出场费），折算到清单综合单价中的实际费用会增加。因此，套用什么定额子目并不是凭主观想象哪个定额子目价格低套哪个，而是要分析具体情况，实际会用到哪种平整场地的方法就套用哪一个相关子目。

1.2 竖向挖土方

问题：竖向挖土方，指挖掘设计地坪之上的土方，如山丘土堆等，不同于挖掘基础土方还要考虑放坡、工作面等，完全是算出多少土挖多少土，如图1-2所示。

误区：对于平整场地有些地区定额解释为竖向挖土方不计算平整场地。这是非常不专业的解释：

①机械竖向挖土方后，地坪仍然存在±300mm以内的高差（如同开挖基础土方后留10%的工程量由人工清槽一样的道理）。

图1-2 机械竖向挖土方

②基础挖掘的范围实际是不用进行场地平整的，场地平整部位都是基础开挖线以外的场地。

③定额计算规则以首层建筑面积（或地下室建筑面积），还有地区是在首层建筑面积（或地下室建筑面积）基础上扩展2m来计算平整场地面积，定额编制人之所以这样规定，是为了便于定额操作人计算场地平整面积。

1.3 混凝土添加剂

问题：如何考虑混凝土添加剂。

混凝土添加剂是根据混凝土要求特性进行添加，如冬期施工用的混凝土要加防冻剂；水池混凝土要求抗渗剂；桥墩施工混凝土要加早强剂等。最简便的计算方法，加入添加剂的混凝土在计价过程中，直接在普通混凝土对应等级的混凝土单价上增加15～20元/m³添加剂增加费。

误区：因为混凝土内增加了添加剂，如何扣除水泥、砂子、石子的含量？一车混凝土12m³，其中可能加入了0.01m³的添加剂，因此就要反算扣减水泥、砂子、石子的含量实在有些小题大做的感觉。

①搅拌站在搅拌含有添加剂混凝土的时候并没有改变该等级混凝土的配合比。

②添加剂只是在原混凝土工程量的基础上按特定配方加入一定比例的添加剂，相当于在一盘菜中加入少许味素而已。

③搅拌站出来的混凝土是成品混凝土，配合比别人不可能知道，添加剂的配方也不知晓，在含量都不明确的情况下，扣除相应含量是哪来的依据？

④即使通过混凝土检测报告检验出混凝土外加剂的含量，1m³普通混凝土与1m³有外加剂的混凝土体积在理论上是相同的，所不同的就是两种混凝土容重有微小变化，15～20元/m³的混凝土外加剂增加费，实际就是对预拌（也可以理解成成品）混凝土的价差补偿，做工程造价的人没有必要去研究混凝土外加剂重量与体积的含量关系。

1.4 钢筋计算规则

问题：**钢筋计算规则**。

如果执行通行版本的工程预算定额，钢筋计算长度都应该按外皮尺寸计算。

误区：北京地区定额说明里钢筋计算规则就是按中心线计算。定额编制人有权力把定额消耗量的计算方式公开，用内边线计算如果认为更准确也可以使用。

20世纪老定额版本编制的钢筋定额（1t）含量如果是1024～1026kg，现在按中心线计算，之前的钢筋定额（1t）含量就要大于1024～1026kg才正确，因为计算规则改变了，而施工工艺没有改变，定额含量用中心线计算比外边线量增加2%左右，$\phi 6～\phi 12$圆钢的定额含量应该达到1040～1050kg才正确。

这里有一个真实案例，是对钢筋外边线与中心线计算规则的官方回复函（图1-3）。

标题	关于华邦国际中心项目（AH040108、AH040110地块）总承包工程建设工程造价争议
正式复函内容	粤标定函〔2019〕230号 关于华邦国际中心项目（AH040108、AH040110地块）总承包项目涉及工程计价争议的复函 广州福铭置业有限公司、广州福川商务有限公司、中国建筑第二工程局有限公司：2019年8月28日，你们通过广东省建设工程造价纠纷处理系统申请解决华邦国际中心项目（AH040108、AH040110地块）总承包工程涉及工程计价争议的来函及相关资料收悉。从2018年5月28日签订的《华邦国际中心项目（AH040108、AH040110地块）总承包工程施工合同》显示，本项目地点在广州市海珠区琵洲区，由发包人广州福铭置业有限公司和广州福川商务有限公司联合承包，采用公开招标方式，承包人中国建筑第二工程局有限公司负责承建，承包范围详见本合同的第二条款，合同约定工程质量标准为合格，采用工程清单计价，工期总日历天数为802天。合同的定本工程按承包范围除人工费、主要材料价格可按合同约定进行调整外，其他按综合单价包干，工程量按实结算，措施费总价包干（含模板及脚手架等），总包管理配合综合包干。依据所上传的项目资料，经研究，现对来函涉及的工程计价争议事项答复如下：一、关于钢筋按外皮尺寸还是中心线尺寸汇总的争议 本工程采用钢筋算量统一使用广联达BIM土建计量平台GTJ2018软件计算量，而广联软件中有"按钢筋图示尺寸-即外皮尺寸"和"按钢筋的下料尺寸-即中心线汇总"两种计算方法，双方对采用的计算方法发生争议。发包人认为钢筋按中心线汇总，与钢筋的下料长度是一致的，符合钢筋制作加工的实际情况。承包人认为钢筋按外皮汇总，根据（1）合同第四部分清单编制说明中，本工程钢筋配置和结构尺寸以大样图（含基础表、柱表）为准；（2）钢筋图集、施工图例标注钢筋尺寸均为外皮；（3）根据2010年《广东省建筑与装饰工程综合定额》213页计算规则第4.3条对"现浇、预制构件钢筋制作安装工程，按设计长度乘以单位理论重量以质量计算；（4）有类似相关工程案例，中山市分站已给出的答复。我认为，广联达BIM土建计量平台GTJ2018软件提供的差异应咨询该公司给予回复，但不作为工程量计算规则依据。按照合同协议书第5.2款约定现采用工程量清单计价模式。根据《房屋建筑与装饰工程工程量计算规范》＆#40;GB50854-2013＆#41;钢筋工程量计算规则为按设计图示钢筋（网）长度（面积）乘以单位理论质量计算，注：除设计（包括规范规定）标明的搭接外，其他施工搭接不计工程量，故钢筋长度按中心线计算，其弯曲调整值应在综合单价中综合考虑。二、关于钢筋的计算规则，四舍五入+1是向上取整+1 发包人认为在一定施工规范的情况下，广西含五入+1或者符合现场实际情况，承包人认为本工程是超高层写字楼，向上取整+1是结构安全需要。我站在《房屋建筑与装饰工程工程量计算规范》（GB50854-2013）钢筋工程量计算规则为按设计图示钢筋（网）长度（面积）乘以单位理论质量计算，故本工程钢筋计算应按设计图示长度计算。专此复函。广东省建设工程标准定额站 2019年11月6日

图1-3　钢筋计算规则正式回复函

深色网纹中的字体明确："故钢筋长度按中心线计算，其弯曲调整值应在综合单价中综合考虑。"

如果断章取义地简单理解"钢筋长度按中心线计算"就是对回复函的曲解，关键是后一句话对"钢筋长度按中心线计算"做了补充解释，与笔者前文提到的定额计算规则改变，定额消耗量也应该随之改变的道理相同。回复函中解释的"其弯曲调整值应在综合单价中综合考虑"其实并不科学，因为定额研究对象是消耗量，而不是单价，清单计价中让把外边线与中心线之间的计算规则造成的量差按价格形式考虑不影响工程成本和总造价，就如同笔者在成本控制中提到的，如果能确定一个建筑工程项目消耗10000t钢筋，不管清单工程量按什么规则计算，也不管清单工程量是9000t还是9500t，组价时只需要在清单含量中输入10000t/9000t或10000t/9500t公式即可，这样操作就可以实现回复函中关于"其弯曲调整值应在综合单价中综合考虑"的解释。

1.5 门窗侧壁抹灰是否计算工程量

问题：门窗侧壁抹灰是否计算工程量。

门窗侧壁抹灰计算可以不并入墙面工程量，因为门窗侧壁抹灰难度系数要比墙面抹灰工艺大得多（门窗侧壁涂料、块料一定要并入墙面工程量计算）。

误区：北京地区定额说明里的"门窗侧壁抹灰不计算"，这句话应该理解为"门

窗侧壁抹灰不在墙面抹灰里计算"，应该
在什么地方计算，北京定额是在门窗章节
定额里的"门窗后塞口"定额子目计算。

　　为什么说墙面抹灰含量里已经包括门
窗侧壁抹灰不正确，因为门窗侧壁与墙
面工程量没有任何可遵循的比例关系，
100m²的墙面应该对应多少平方米（m²）
的门窗侧壁面积，谁能说出一个相对准确
的含量，实际上这个含量现实中不存在等
比例关系，当然也不会在定额里存在通用
的含量系数。

图1-4　门窗后塞口抹灰

　　为什么如此多的地区会将这条定额编
制说明写入定额中（北京地区定额说明里没有此条说明），因为在50年前，国内建筑
门窗施工工艺大多采用前置方式，也就是先安装门、窗框后，再砌墙，这样门窗就被
严丝合缝地挤在墙内，但后来前置安装门窗这项工艺被淘汰了，取而代之的是门窗后
置工艺，砌墙时必须将门窗洞口预留出来，预留标准尺寸是洞口按门窗外框尺寸每边
增加2cm尺寸，之后的门窗才可能被塞入墙内，再将门窗框与墙体之间的空隙用抹灰
方法填堵严实，这项工艺的名称定额里叫"门窗后塞口"（图1-4）。因为之前没有多
少人知道这项工艺，门窗后塞口定额子目在定额中已被遗忘，因此门窗侧壁抹灰量被
后人彻底丢弃，之后所有的含量解释都难以自圆其说。笔者也没有经历过那个时代，
但从历史角度分析，这种解释最符合实际。

1.6　清单土方工程量与定额土方工程量不对应

　　问题：清单土方工程量与定额土方工程量不对应。

　　清单土方工程量指的是"定额土方实物工程量"。清单土方工程量之所以不等于
定额计算规则计算出的土方工程量，是因为在定额土方实物工程量之外，还有两个定
额土方措施工程量，挖同样的土出现不同性质的费用，解决这个问题最大的成就在
于：竣工结算时，审计方指责清单计算规则下计算的土方工程量大于图纸量，需要调

整清单工程量时操作方法为：

①留下所有措施土方量的费用，因为图纸没有任何变化，措施费不能随意调整。

②将剩余定额土方实物工程量与清单计算规则计算出来的清单土方工程量对比后调整土方工程量。

这样操作的理论，可以百分之百地通过清单计价标准进行解释而不出现争议，因为：工程量清单综合单价没有改变，工程量清单计算规则没有错误。

1.7　工程造价总价下浮问题

问题：*工程造价总价下浮问题*。

工程造价总价下浮是错误的操作，因为前提是错误的，不管之后解释如何完美，答案都是错误的。但是现在许多工程项目就是在锲而不舍地执行错误操作，因此，只能将此错误操作的风险降为最低。

①税前或税后让利：总价打折从字面解释一定是税后打折，因为构成工程量清单全费用的项目分为"分部分项及单价措施费清单""措施费清单""其他项目清单""规费清单""税金清单"，税前打折与税后打折虽然结果相同，但工程造价是在解应用题，每一步列式都要正确，打折操作程序不能插在"规费清单"与"税金清单"之间。

②操作公式：在税后另起一行，基数为税后总造价，费率栏填打折、下浮系数，默认为100%，就是打10折相当于没有让利。

如果组价后（或直接利用招标控制价凑数）想打9折，按图1-5程序方式操作，在

	4.3.4		商务酒店地下二层装饰工程	RGF_DW+JSCS_RGF_DW+ZZCS_RGF_DW	单位分部分项人工费+单位技术措施人工费+单位组织措施人工费	19.76	61,654.12	
	4.3.4.1		社会保险费	RGF_DW+JSCS_RGF_DW+ZZCS_RGF_DW	单位分部分项人工费+单位技术措施人工费+单位组织措施人工费	13.79	43,026.84	社会保险费
	4.3.4.2		住房公积金费	RGF_DW+JSCS_RGF_DW+ZZCS_RGF_DW	单位分部分项人工费+单位技术措施人工费+单位组织措施人工费	5.97	18,627.28	住房公积金费
	4.3.5		商务酒店空中花园空中花园	RGF_DW+JSCS_RGF_DW+ZZCS_RGF_DW	单位分部分项人工费+单位组织措施人工费	18.55	6,784.61	
	4.3.5.1		社会保险费	RGF_DW+JSCS_RGF_DW+ZZCS_RGF_DW	单位分部分项人工费+单位组织措施人工费	12.95	4,736.43	社会保险费
	4.3.5.2		住房公积金费	RGF_DW+JSCS_RGF_DW+ZZCS_RGF_DW	单位分部分项人工费+单位组织措施人工费	5.6	2,048.19	住房公积金费
5	E	税金	A＋B＋C＋D	分部分项工程+措施项目+其他项目+规费×税率	9	3,813,142.71	税金
6	F	工程造价	A＋B＋C＋D＋E	分部分项工程+措施项目+其他项目+规费+税金		46,181,395.09	工程造价
13	G	打折让利	F	工程造价	...	90	41,563,255.58	

图1-5　打折让利的操作方法

"F"栏下再增加一行"G"栏，用F×0.90（图1-5中圆圈内打折系数），最终得出总价打折后新的总价。

1.8 固化措施费中的"施工垃圾场外运输和消纳"费用性质

问题：固化措施费中的"施工垃圾场外运输和消纳"费用性质是什么？

为解决新建工程项目中产生的建筑垃圾，增添场外运输和消纳的费用，其费用组成并不包括建筑改造工程项目因为拆除构件产生的建筑垃圾的场外运输和消纳的费用，"施工垃圾场外运输和消纳"费用更不属于安全文明施工费范畴。

北京地区安全文明施工费的标准费用可分成安全防护、文明施工、环境保护、临时设施四部分内容，可以看出安全文明施工费中并不包括"施工垃圾场外运输和消纳"费用。

1.9 固化措施费和总价措施费

问题：什么是固化措施费和总价措施费？

因为工程造价行业对组织措施费定义非常模糊，而且也不容易理解，许多人就以为软件中固定带出的措施费就叫"总价措施费"，实际上，总价措施费在实际操作中并不常见，最常见到的是单价措施费，如以建筑面积（或铺装面积）为单位计算的"综合脚手架""建筑超高费"，以及包括类似安全文明施工费这样的措施费都属于单价措施费（安全文明施工费中的基数可以理解为数量，费率就是其综合单价），"总价措施费"和"单价措施费"实际与划分措施费性质（技术措施费、组织措施费）没有直接联系。如果一定要给组织措施费起一个别名，应该叫"固化措施费"更准确。现阶段北京地区定额中有两个官方确定的固化措施费，即"安全文明施工费"和"施工垃圾场外运输和消纳"。在一些房地产行业中，也有类似的固化措施费，只是措施费项目范围比官方的措施费范围更宽。这样一解释就容易理解了，"固化措施费"就是不可竞争的措施费，"固化措施费"一定是组织措施费性质，因为技术措施费不是每个工程项目都一定会发生的固定费用，而"固化措施费"是每个工程项目一定会产生的措施费用，对此，为质疑安全文明施工费结算时可不可以调整的人一个回复：安全文明施工费结算时按基数调整金额，但不能调整费率，因为“固化措施费”是将安全文明施工费费率固化了，不等于将安全文明施工费金额固化。北京地区预算定额中，措施费项目名称还固化了很多条，但是没有规定相应的取费基数和费率，这类措施费就不能称为“固化措施费”。

在修缮定额中，可以看到多条措施费项目中有基数、有费率，实际应该叫作“固化措施费”，虽然修缮定额中许多措施项目（高台增加费、降水排水费等）发生概率很小，如图1-6所示，但措施项目及费率是定额编制人综合考虑的，“固化措施费”不应该视为措施费项目，在实际工程中没有发生，即可被清零。

再说总价措施费的特点：计量单位一般为“项”“组”等，数量为“1”，单价=总价的措施费项目，是真正意义上的总价措施费。技术措施费也可以用总价措施费方式计取，如吊顶顶棚工程量1000m^2，整个工程就这一个清单项目，套吊顶脚手架定额不能满足成本需要，于是在措施费清单中单独列示一项吊顶脚手架项目，单位“项”，数量为“1”，单价1000000.00元，总价也是1000000.00元。之后如果出现变更，吊顶工程量增加（或减少），吊顶脚手架项目费用固定不变。总价措施费有固定的特性，工程造价不是文字游戏，如何选择措施费项目构成是一门学问，如图1-7所示就是总价措施费的取费方式。

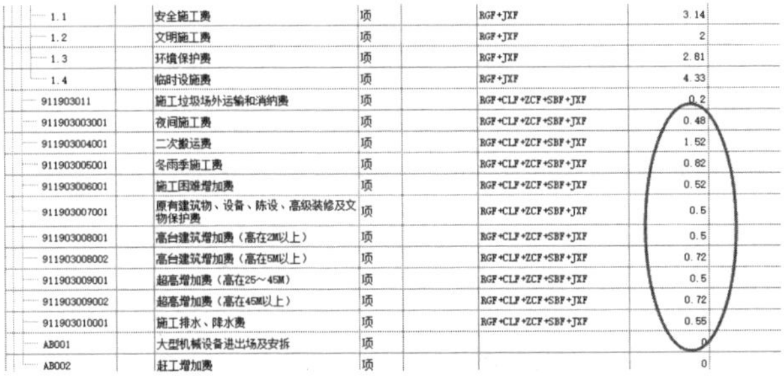

1.1		安全施工费	项		RGF+JXF	3.14
1.2		文明施工费	项		RGF+JXF	2
1.3		环境保护费	项		RGF+JXF	2.81
1.4		临时设施费	项		RGF+JXF	4.33
911903011		施工垃圾场外运输和消纳费	项		RGF+CLF+ZCF+SBF+JXF	0.2
911903003001		夜间施工费	项		RGF+CLF+ZCF+SBF+JXF	0.48
911903004001		二次搬运费	项		RGF+CLF+ZCF+SBF+JXF	1.52
911903005001		冬雨季施工费	项		RGF+CLF+ZCF+SBF+JXF	0.82
911903006001		施工困难增加费	项		RGF+CLF+ZCF+SBF+JXF	0.52
911903007001		原有建筑物、设备、陈设、高级装修及文物保护费	项		RGF+CLF+ZCF+SBF+JXF	0.5
911903008001		高台建筑增加费（高在2M以上）	项		RGF+CLF+ZCF+SBF+JXF	0.5
911903008002		高台建筑增加费（高在5M以上）	项		RGF+CLF+ZCF+SBF+JXF	0.72
911903009001		超高增加费（高在25～45M）	项		RGF+CLF+ZCF+SBF+JXF	0.5
911903009002		超高增加费（高在45M以上）	项		RGF+CLF+ZCF+SBF+JXF	0.72
911903010001		施工排水、降水费	项		RGF+CLF+ZCF+SBF+JXF	0.55
AB001		大型机械设备进出场及安拆	项			0
AB002		赶工增加费	项			0

图1-6　修缮定额固化取费表

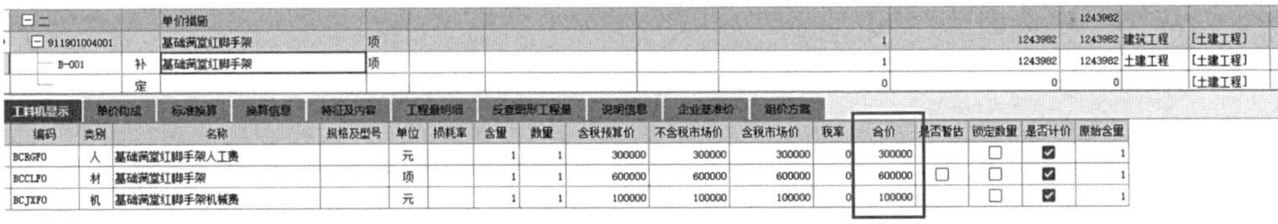

二		单价措施				1243982			
911901004001		基础满堂红脚手架	项	1	1243982	1243982	建筑工程	[土建工程]	
B-001	补	基础满堂红脚手架	项	1	1243982	1243982	土建工程	[土建工程]	
	定			0	0	0		[土建工程]	

工料机显示　单价构成　标准换算　换算信息　特征及内容　工程量明细　反查图形工程量　说明信息　企业基准价　组价方案

编码	类别	名称	规格及型号	单位	损耗率	含量	数量	含税预算价	不含税市场价	含税市场价	税率	合价	是否暂估	锁定数量	是否计价	原始含量
BCRGF0	人	基础满堂红脚手架人工费		元		1	1	300000	300000	300000	0	300000		☐	☑	1
BCCLF0	材	基础满堂红脚手架		项		1	1	600000	600000	600000	0	600000	☐	☐	☑	1
BCJXF0	机	基础满堂红脚手架机械费		元		1	1	100000	100000	100000	0	100000		☐	☑	1

图1-7　总价措施费取费方式

1.10　剪力墙在定额里套什么墙的子目

问题：**剪力墙在定额里套什么墙的子目？**

翻开常用的工程预算定额，找不到一处对剪力墙概念的描述，现在框架剪力墙结构的工程随处可见，定额里为什么没有剪力墙子目？因为定额子目设置规范之初就叫混凝土墙，定额子目随之对应也叫混凝土墙，是构件名称，而"剪力墙"是结构类型的分类，定额子目名称中不能将混凝土墙称为剪力墙。

1.11　间壁墙是什么墙

问题：**间壁墙是什么墙？**

预算定额里间壁墙这个概念不是出现在定额墙、柱面章节说明中，而只是在定额楼地面章节说明中出现过几次，间壁墙与楼地面又有什么渊源？说到内墙，统称有两个子概念"隔墙"与"隔断"，间壁墙就是指上不着天或下不挨地（如卫生间隔断）的"隔断"统称，顶天立地的结构叫"隔墙"。了解了隔墙与隔断的区别，再学习楼地面定额对间壁墙部分所占工程量应不应该扣就容易理解了。

通常隔墙施工工序在地面之前，因此算量时要扣除地面的面积，而隔断施工工序在地面工序之后（至少在地面基层工序之后），所以定额说明里经常提到"地面抹灰不扣除间壁墙所占面积"。

图1-8与图1-9看上去都是轻钢龙骨石膏板墙，但因为图1-8中墙没有到结构顶，只能称为"隔断"，这种隔断大多用于展厅中，用于分隔空间，既然只有这一种用途，隔断的高度3m与4m作用基本相同。而图1-9中虽然也是轻钢龙骨纸面石膏板墙，但因为其作用分隔了空间，并且其高度延伸到结构顶，所以称作"隔墙"。

1.12　为什么踢脚安装定额子目放在楼地面章节里

问题：**为什么踢脚安装定额子目放在楼地面章节里？**

踢脚在精装修分部时，施工人员喜欢将之放在墙面工程分部里，但工程预算定额人员却将踢脚定额子目故意放在楼地面章节里，这种安排的目的不是因为踢脚是墙与

图1-8　隔断实景图

图1-9　隔墙实景图

图1-10　PVC地面上卷踢脚

地的交接处工艺而随意安置其位置，而是因为当墙面与踢脚材质、工艺相同时，如厨房、卫生间墙面贴砖时，就不用单独再列踢脚这个清单项目，踢脚部位的墙砖也随之并入墙面计算；当墙面与踢脚工艺不同时，踢脚作为一个与墙面项目不同的单独项目列示，踢脚更多的材质形态与地面接近，如木地板配木踢脚，地砖、石材地面配块料、石材踢脚，水泥地面配水泥踢脚等。定额编制人认为踢脚就是地面的延伸，最有代表性的工艺是楼地面防水，地面防水做完后要求上卷250～300mm高度，上卷部分的工程量并入地面计算。现在PVC卷材地面与踢脚同材质时，做法也类似于防水卷材的上卷工艺，只是PVC踢脚作为面层材料，为了与墙面收口，多了一根压线条，如图1-10所示。

有人问踢脚板与踢脚线有何不同？对这个问题的答案，单独以不同的人对踢脚的称呼喜好不同而产生不同叫法，不是非常科学。笔者认为清单项目中，踢脚线是以平方米"m²"为单位的，这时称踢脚为踢脚板比较合适。在定额子目中，踢脚的单位大多以米"m"作为计量单位，这时称踢脚为踢脚线更显专业。

1.13 土建定额的章节特点

问题：土建定额的章节有特点吗？

土建定额从现在工程专业角度来看，已经是一个非常笼统的专业了。实际上，现在土建工程施工按施工工序从下至上以专业角度分大类，可分为：土方专业、地基专业、防水专业、钢筋混凝土主体专业、钢结构专业、砌筑屋面等二次结构专业、外装专业、幕墙专业、精装修专业、广告专业等，这些大类再细分，还能分出许多子分类，如地基专业里可以分出降水专业，幕墙专业里按材质、工艺可分出玻璃幕墙、金属幕墙、干挂石材幕墙专业等。实际学习土建定额时，把土建专业大、小分类搞明白，土建定额的章节、小节不用死记硬背也可以脱口而出。

1.14 工程造价为什么不能采用总价打折方式

问题：工程造价为什么不能采用总价打折方式？

因为结算时会后患无穷、无法操作：

①总价下浮15%，现调整价差超5%的，价差部分跟随总价如何下浮？合同有没有约定价差下浮？如果按合同要求打折，价差首先要先乘（1+15%），得出虚拟的价差之后结算时再乘（1-15%）。

②新增项目都是通过双方认价，结算时如何下浮15%？操作同①。

③暂估类项目结算（暂列金额、专业工程暂估价）都是按实结算，没有15%下浮空间，操作只能同①。

但操作①就是一个错误，之后操作②、③再如何正确，也只是多制造几个错误而已。

1.15 暗柱有多"暗"

问题：暗柱有多"暗"？

暗柱就是一个构件名称，工程量计算时并不需要多花费算量工序，更不需要单独列项。完成混凝土构件一般就三道工序：

①钢筋绑扎：暗柱钢筋也不分构件，只是按重量单独计算。

②模板支护：不能因为暗柱叫作柱模板时就要与墙分离，实际暗柱模板量直接并入混凝土墙模板计算。

③暗柱混凝土等级与之相连接的墙体混凝土等级应该一致，浇筑工艺也无区别，因此暗柱混凝土也应该并入墙体计算。以下是北京地区2012预算定额中对暗柱工程量计算的相关说明条款：钢筋混凝土结构中，梁、板、柱、墙分别计算，执行各自相应定额子目，和墙连在一起的暗梁、暗柱并入墙体工程量中，执行墙定额子目；凸出墙或梁的装饰线，并入相应项目工程量内。

1.16 甲供材应该属于什么性质的材料

问题：甲供材应该属于什么性质的材料？

有人反驳说，"营改增"后甲供材不一定是"预算价"的属性。每个人可以有不同的理解，但最终总要落实到一个标准答案，说甲供材不属于"预算价"属性，首先假设甲供材不是预算属性，工程材料就这几种属性，看看甲供材应该属于哪种：

①市场价：工程材料的市场价材料单价是到工程现场库房或指定地点的落地价，不包括采购保管费，甲供材单价里没有采购保管费，将来如何操作甲供材退还时乘以（1-材料保管费率）？

②供应价：供应价较市场价多一个采购费率，供应价=市场价/（1-采购费率），供应价里还是没有保管费。

③预算价：建筑材料预算价=市场价/（1-采购保管费率），这回退还甲供材时乘以（1-材料保管费率）逻辑关系成立了。

给材料定性并不是随个人主观意愿所决定，而是根据造价理论的逻辑关系推导而来的。

工程造价是在做应用题，不是简单的小学算术题，每一笔费用不管金额大小，逻辑关系必须一一对应才能解释清楚相互之间的关系，也才可以正确地将造价概念定性。

1.17 模板超高费的问题

问题：模板超高费的问题。

模板超高费是对构件模板一定高度以上（一般地区定额规定3.6m，还有少数地区按3.9m计算）模板工程消耗量的一个费用补偿。有人不理解，为什么同样是支护构件模板，3.6m以上的模板支护费用比3.6m以下的支护费用高，模板接触面高低都一样。这里模板支护除了与混凝土结构件接触的模板费用之外，支撑体系也占了一部分比例，而且随着构件高度的增长，支撑体系占比也成级数增长，不能只理解为3.6m以下的支护费已经包含在模板定额里，3.6m以上的模板支护费用再计取超高费就是重复。超高费看似是数学、力学的问题，对于工程造价就是哲学的问题，不会建立哲学算量的思维，许多类似问题的工程成本是算不清楚的，定额编制的前辈将这类问题事先考虑到并测算出相应的人、材、机消耗量，对于按3.9m高度计算模板超高的地区，看看消耗量与3.6m高度的消耗量有多少区别。

1.18 软件中的"锁定清单综合单价"功能有什么用

问题：软件中的"锁定清单综合单价"功能一直认为没用，但现在看来真的还有点用。

现在做审计项目，领导让锁定综合单价，但是把材料价调整后，工程总造价一点也没变啊。还有发现子目工程量有错误时想调整，但是综合单价锁住后都不能调整子目工程量，该怎样操作呢？工程量清单综合单价结算时不能调整，如果按照报价文件编制标准，调整清单工程量综合单价是不会随之改变的，用不着使用"锁定清单综合单价"功能也能保持综合单价不变，但对于新手不会用清单含量（清单含量参考图1-11操作方式），报价时就容易出现综合单价前后不一致的问题，导致结算时出现误会和争议。用"锁定清单综合单价"功能非常容易出现错误，而且出现错误还不容易发现，如果感觉调整完单价，可综合单价却没有变动，只有学会运用清单含量技巧，才不会操作时被动地使用"锁定清单综合单价"功能。

	项	砖砌体拆除		m3				1520
☐ 910301001001								
3-1	定	砖基础拆除	土建	m3		1.46	1	QDL
11-18	定	渣土外运 运距15km以内	土建	m3			1.46	ZTL

图1-11　清单含量设置

1.19　工程项目中的实物量形态设备操作

问题：工程项目中实物量形态工程设备如何操作？

不管工程项目实体中的设备，如空调室外机、消防联动控制机、组合音响、会议设施等，只要按工程类操作（开工程发票），都统称工程材料。工程材料的范畴包括：构成工程实体的辅助材料、主材、设备、周转材料，非构成实体的限额材料、设备如果不让取费，施工方为什么要去采购和安装设备？安装设备就要对设备负责任，只针对设备安装费取费远不能满足安装设备的风险，如一台设备10万元，安装费1万元，报价做到11.5万元（不计税金，不考虑管理费成本支出），分析一下项目能挣多少钱？购买设备想赊账估计找不到供应商，现金购买的话，就算账期3个月，10万元设备款利息按0.8%月息计算，三个月的利息100000×0.008×3=2400（元），保修金按5%计取为115000×0.05=5750（元），质保期按2年计算，年利率10%考虑，保修金利息=5750×（1+10%）2-5750=1207.5（元），以1万元安装费为基数计取企业管理费加利润综合费率按50%计算，企业管理费+利润=10000×50%=5000（元），最终总造价100000（设备款）+10000（安装费）+5000（税前综合取费）=115000（元），不计算管理人员发生的费用，这个项目2年后才能挣5000（综合取费）-2400（设备购置利息）-1207.5（保修金利息）=1392.5（元）毛利，而且项目实施过程中还存在各种风险，毛利率才1.12%，这种工程有人去做吗？这么一算，如果设备不让取费，8万元的设备报价10万元有错吗？

1.20　工程项目利润率为什么测定为7%

问题：工程项目利润率为什么测定为7%？

工程项目利润=（直接费+企业管理费）×7%，即便是以人工、机械为基数取费的专业，利润率也应该实现税前5%～6%的比例标准，从经济学角度解释，利润就是"保持企业扩大再生产的动力"。建筑工程测定利润率7%并不是当年的定额编制人随意而为。正是因为经过精心测算，对比国内GDP增长率而得出的结论。因此，施工企业投标时随意打折让利的战术完全是杀鸡取卵的短视行为，清单报价随国外的习惯，管理费、利润不公开面对客户，因此将之藏于工程量清单综合单价中，所以发现工程量清单项目报价如果低于成本，要坚决予以废标，因为投标人没有为自己留任何退路，也就是说施工期间承包方没有任何抵御风险的能力。施工过程中如果因出现没有想到的风险而赔钱，一定会铤而走险想用其他不正当的解决方法，到那时，为选择低价中标人而洋洋得意的发包人，其实就是最大的风险被转嫁者。

1.21　为什么结算要扣社保费用

问题：**为什么结算要扣社保费用？**

如果因为施工方不给本单位员工上社保，官方赋予工程审计扣施工方社保的权力，税务部门可不可以将施工方偷税漏税的处罚权力也交给工程审计，结算时连税金也一起扣除？有的地区文件说，建设方替施工方代缴社保，社保不同于税金（承包方税金曾经历过发包方代扣代缴的操作），一家施工企业，规模有百十人的，也有上万人的，每个企业的员工数量不同，每名员工的社保基数也不相同，作为建设方怎么替施工方交纳社保？做几十万元的小工程，施工方拿来几百人的社保找建设方报销，建设方也负担不起。既然负担不起，何来替别人代缴一说，合同主体都是平等的法人，建设方为什么要代承包方去交其他企业的社保，从而增加自身的企业管理费用？把规费支付给施工方让他们自己交纳社保不是更容易、更合法地操作？笔者认为，行政文件只赋予第三方监督的权力，不可能将法律处罚权交给他们，发现施工方没缴纳社保可以举报，但不能行使超越法律的行为去直接扣施工方的规费。

1.22　工程成本出现超支应该如何亡羊补牢

问题：**工程成本出现超支应该如何亡羊补牢？**

工程成本出现超支已经是非常可怕的事件，但如果成本管理人员还说不清楚超支原因，后果更加可怕。这里帮助同行理一下思路：

①成本前期预测错误：因为概算丢项、少量引发概算成本低于实际成本，责任方在招标控制价编制人，事前成本就是错误，事后不管投标方再怎么努力，结果绝对不可能正确。

②成本控制之中没有把握好：现在成本核算的资料绝大多数是对这个环节的描述和控制经验。过程中难免出现问题，如同介绍买车经验一样，进了汽车园区原本想买一辆10万元左右的车，结果最终提了一辆25万元的车，如果当时他有百万元的消费能力，估计敢提一辆7位数的豪车。工程项目在进程中，特别是业主方同时又是使用方时，他们想要的就是全功能、高档次、精工艺的建筑商品，可这9个字每个字拿出来都能让投资成本增加几个百分点，不知不觉中概算成本超支30%。作为工程审计，最明智的方法是分析成本超概算的原因：

①之前概算少了10%。

②施工方结算多报了10%。

③业主方自身变更原因增加了10%。

这30%的责任一分摊，大事化成简单的内部矛盾。

1.23 建筑面积有什么用途

问题：建筑面积有什么用途？

做过地产商的人都知道，对上报的建筑面积要越小越好，对消费者计算的建筑面积要越大越好。国家为什么要对建筑面积这个指标控制得这么严格？建筑面积计算规则用规范形式统一，目的是让建筑面积的使用人没有太多的个人主观理解空间，建筑面积本身在工程造价里没有单价，但许多指标的单方造价和含量指标要通过建筑面积这个基数获得，这时的建筑面积就如同一个标尺，如果每个人手中的标尺长短不一、宽窄各异，得出的结论一定是五花八门，最终导致无法定论。工程造价行业有个说法：不会计算建筑面积的人不是做造价的人，实际上这个说法也是根据专业而论，像装修、安装专业的同行，虽然之前学过建筑面积计算规则，所学知识因为长期闲置也会随时光推移而黯淡。

1.24 100%甲供材的项目工程施工合同是什么性质

问题：100%甲供材的项目工程施工合同是什么性质？

工程施工合同有包清工、清工+辅助和包工包料几种性质，现在工程材料100%甲供，合同性质应该属于哪一种？

①如果材料费不计入合同总造价内，材料100%甲供，属于包清工合同。

②如果材料费计入合同总造价内，材料即使100%甲供，也属于包工包料合同性质。

因为，包清工合同承包方不需要对甲供材的数量、质量负任何责任，而包工包料合同虽然材料100%甲供，但承包方对材料数量要负责（前提是施工方要留取保管费用），如果甲供材让承包方计取材料检测费、企业管理费和利润，承包方还要对甲供材料的质量负100%的责任。无论是包清工合同还是包工包料合同性质，都不影响承包方计取材料二次搬运费（垂直运输费）等措施费用。

如果甲供材目的仅是为了节省承包方计取的企业管理费和利润等蝇头小利而承担巨大的质量风险，属于得不偿失，一旦将来工程项目出现质量问题导致安全事故，在无法判定工艺缺陷或材料质量问题时，甲供材一方将承担至少50%的责任。

1.25 每次泵送混凝土之前的2m³砂浆，应归属造价中的哪部分

问题：每次泵送混凝土之前的2m³砂浆，应归属造价中的哪部分？

北京地区2012预算定额里没有明确说明每次泵送混凝土之前的2m³砂浆费用应该在哪里计取，但从定额编号17-194泵送混凝土增加费定额子目（图1-12）人、材、机含量中，可以看到"840004其他材料费"的身影，泵送费主材（柴油）在定额人、材、机含量中单独体现了，其他材料没有明细，但一起包含在840004其他材料费金额

| | 17-194 | 定 | 泵送混凝土增加费 汽车泵 | 建筑 | | m3 | 1 | QDL | | 1 |

	编码	类别	名称	规格及型号	单位	损耗率	含量	数量	含税预算价	不含税市场价	含税市场价	税率
1	870002	人	综合工日		工日		0.011	0.011	83.2	83.2	83.2	0
2	100321	材	柴油		kg		0.3536	0.3536	8.98	8.98	8.98	0
3	840004	材	其他材料费		元		0.048	0.048	1	1	1	0
4	840016	机	机械费		元		5.388	5.388	1	1	1	0
5	840023	机	其他机具费		元		0.038	0.038	1	1	1	0

图1-12 泵送混凝土增加费中的砂浆含量

里，这个含量也是定额综合考虑，用一次泵车浇筑10m³混凝土也需要之前的2m³砂浆费用，浇筑1000m³混凝土也是摊销这么多砂浆费用。所以，混凝土搅拌站在租赁混凝土泵车时，如果量大则直接将台班费折算为15～20元/m³进入混凝土材料费中，如果是零星使用则按台班费收取3000～5000元/台班费用。

1.26 甲方投资估算为什么要往多了算

问题：甲方投资估算为什么要往多了算？

如果觉得自己算不清楚，采用"宁多毋少"原则。因为财务成本管理中有一项会计原则叫"谨慎性原则"。我们知道，我国的会计制度是全盘接受美国会计准则，"谨慎性原则"也是美国会计准则总结的一条经验。下面分别从建设方和施工方角度分析，可以看出这项原则实际是非常科学的。

①建设方投资成本的估算：如果从"谨慎性原则"考虑问题，不会出现烂尾楼的情况，因为建筑行业烂尾楼产生的原因多数情况出现在资金上，也就是钱花完了楼还没盖好。

②施工方工程施工成本分析：宁可投标时多考虑点不利因素，计取预计发生的措施费，不要在安全、质量等费用上下赌注。为了省钱抱着不搭设防护措施估计出不了事的侥幸心理组织工程施工，一旦出了事故可能就要花费十倍、几十倍的防护费用去填补安全成本的支出费用。

把工程项目估算、概算做得比别人低不是能力的体现，有本事是将工程成本预算合理，让工程合同承发包双方共赢才是目的。

1.27 为什么北京地区在试点安全文明施工费新计价办法

问题：为什么北京地区在试点安全文明施工费新计价办法？

安全文明施工费原来按单位工程计取，不同的专业有不同的取费基数与费率，现在改按工程项目一次性计取，单位工程不再单独计取安全文明施工的措施费用，以主要专业的费率计取安全文明施工费和其他组织措施费用，这样做的目的是什么？这里有个示例：

某施工总承包单位，当时与分包方签订了固定总价合同，合同写明了一次性固定总价。结算时，分包方报过来很多变更签证费用，请问，这个能否给？另外，安全文明施工费能给吗？项目所有的关于安全文明的设施都是总承包方做的，分包方基本没有做什么安全文明施工的工作，只是做了一些实体的工作。

安全文明施工费应该由总承包方完成，将有限的资金集中使用，效率才能体现出来，如果各专业分包都计取费用，管理时可能有些项目费用重复计取。因此，安全文明施工费由一家计取、一家使用、大家受益原则，解决了费用责任分割的争议。

1.28 园林中种植成活损耗率怎么体现

问题：园林中种植成活损耗率怎么体现？

平时看定额人、材、机含量容易理解，如1t钢筋定额工程量中钢筋的加工含量为1026kg，多出的26kg是钢筋加工的损耗率。园林绿化定额里的成活率与苗木的定额含量实际就是一个反比的关系，如果苗木成活率为90%，苗木的定额含量=1/90%=1.111。如果1m²种植规范要求种10棵苗木，定额苗木含量应该是11.11棵。但是苗木与钢筋加工有所不同，钢筋是死的，在哪个加工场地加工，损耗率应该大同小异，而苗木是活的，在不同地域、环境、季节里栽植成活率可能相差甚远。笔者在定额授课时说过，苗木相当于工程材料，种活苗木相当于工序、工艺，反工序施工一定会影响成本。苗木也是一样的，要在最适合的地区、季节、环境里种植才能获得最高的成活率。

1.29 工程项目跨税率变化时间段竣工结算的疑惑

问题：工程项目跨税率变化时间段竣工结算的疑惑。

关于这个问题有些人还拿出了文件说明：如图1-13中的行政文件是要求各地区对2019年3月底前完成软件的更新调整，以便3月份以后实施的新项目可以按新税率进行计价，并没有看到文件内对于工程项目跨税率变化时间段竣工结算的说明，但根据清单计价规范，如果是全费用综合单价（综合单价包含税金，结算时清单综合单价与合同中清单项目综合单价一个也对应不上），因为税率调整就要调整全部工程项目内综

中华人民共和国住房和城乡建设部办公厅

建办标函〔2019〕193 号

住房和城乡建设部办公厅关于重新调整
建设工程计价依据增值税税率的通知

各省、自治区住房和城乡建设厅，直辖市住房和城乡建设（管）委，新疆生产建设兵团住房和城乡建设局，国务院有关部门：

按照《财政部 税务总局 海关总署关于深化增值税改革有关政策的公告》（财政部 税务总局 海关总署公告 2019 年第 39 号）规定，现将《住房城乡建设部办公厅关于调整建设工程计价依据增值税税率的通知》（建办标〔2018〕20 号）规定的工程造价计价依据中增值税税率由 10% 调整为 9%。

请各地区、各部门按照本通知要求，组织有关单位于 2019 年 3 月底前完成建设工程造价计价依据和相关计价软件的调整工作。

住房和城乡建设部办公厅

2019 年 3 月 26 日

（此件主动公开）

图1-13　关于税率调整的通知

合单价的税率，这种调整方法显然不符合清单计价规范的组价原则，显然这类操作就是错误。

正确的操作方法实际在图1-14里已经有了提示，跨税率变化时间段的老项目还是按合同11%税率进行结算，税后退还305543.69元税金差额，操作起来没有半点障碍，道理、法理上都可以解释通顺。为什么一定要在结算时先将税率调整为10%，之后加上66850000/（1+10%）×（1+11%）−66850000（元）这类反向的计算公式，虽然最终计算结果相同，工程造价是在做应用题，不是在做算术题，每一个公式、每一个步骤都要有依据，并不是将结果数字凑对了就算操作正确了。

结算税率调整审核计算表

项目名称：镇江北园湾项目四期A区施工总承包工程

单

序号	项目名称	送审造价	审定造价	备注
一	合同价部分	89472183.96	89472183.96	核减缴费中排污费
二	签证变更部分	14400403.84	11293165.66	
三	小计(含11%税点计算)		100765349.6	
四	其中已开票金额(11%税点)		66850000.00	
五	税率由11%改为10%	((三)-(四))/1.11*1.10-(三)-(四)	-306543.69	

图1-14　税率调整对工程造价的影响

1.30 什么是建筑工程中的工序

问题：什么是建筑工程中的工序？

建筑工序概念严格上就是时间节点划分，也是最明确的逻辑关系划分。下面用一个问题提示出工序问题。

提问者咨询：装施和建施同部位的门的种类不一致时，以哪一个为准？

图1-16的出图时间一定晚于图1-15，相当于设计工序（图1-16装修施工图）是后画的，装修阶段算量、组价、施工应该按照装修施工图组织施工，图1-15与图1-16中阳台门的差异应该以图1-16为准。组价时项目清单描述内容如下：

①拆除原阳台门联窗（材质、型号、规格）；

②安装推拉门（材质、型号、规格）；

③门窗后塞口抹灰。

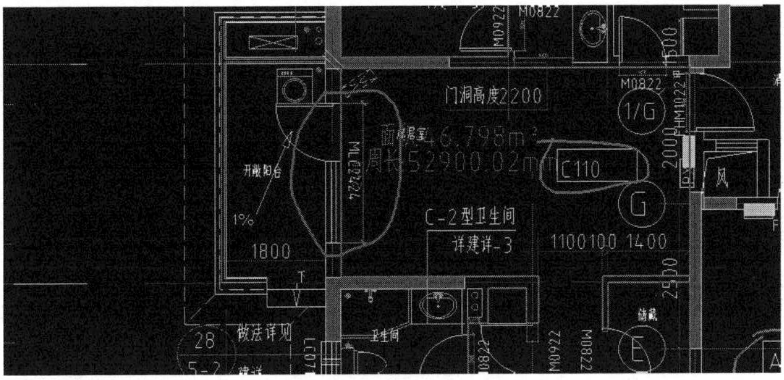

图1-15　建筑施工图

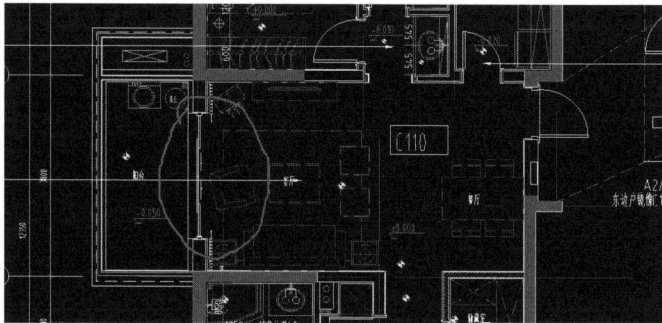

图1-16　装修施工图

1.31 清单投标，投标方涂膜防水清单项未组价（即未报价），此项后期变更为卷材防水，结算如何扣减

问题：*清单投标，投标方涂膜防水清单项未组价（即未报价），此项后期变更为卷材防水，结算如何扣减？*

施工方未报价，此项相当于没有扣减，按清单计价规范，此项需要报价，但报价已包含在其他项目中，结算只增加变更卷材造价是否合理？涂膜防水是否应按投标时组价，考虑投标下浮率进行扣减？

清单项目综合单价=0元，如果这项清单项目没有发生，扣减这个清单项目价=−涂膜防水清单工程量×综合单价（0元），如果出现变更，新增的清单项目按组价原则组价，但如果原清单项目中有防水保护层，新清单项目中的防水保护层单价仍然等于0元。下面是组价的误区，也是同行经常犯的错误，不符合清单计价组价原则：

①如果合同无规定。公平起见，把涂膜防水和变更后的卷材防水都组价。只调增综合单价的差价。

错误原因：把涂膜防水和变更后的卷材防水都组价。涂膜防水原来有价格，只是单价=0元，重新组价哪来的依据，没有依据何来公平？

②此项后期变更为其他内容或取消，则应按招标控制价的组价口径、原则组价后乘（1−中标下浮率），确定其扣除的综合单价（合同另有约定组价方法的除外）。

错误：此项按中标下浮率解释下浮率为0，另外新组的清单综合单价按合同内的组价原则进行组价，按错误公式解释：1-0=1。

1.32 关于定额尺寸不足进位的问题解释

问题：**关于定额尺寸不足进位的问题解释**。

定额子目中的尺寸不能面面皆到，如果定额子目中没有相应的尺寸应如何处理？一般都是向上靠原则计算，如没有ϕ100的PVC管定额子目，就套用ϕ110的PVC管子目。

运土方量100m³，运距6.5km，合同价为1km以内11元/m³，之后每公里运费2.2元/m³，用$1 \times 100 \times 11 + 5.5 \times 100 \times 2.2$计算吗？

正确公式：$1 \times 100 \times 11 + 6 \times 100 \times 2.2$（元）。

5.5km向上靠到6km，此类问题定额里有很多解释：每超高1m，不足1m按1m计算等，都是这样操作。

1.33 对建筑面积断章取义解释的回复

问题：**对建筑面积断章取义解释的回复**。

《建筑工程建筑面积计算规范》GB/T 50353—2013中有许多定语是值得认真商榷的，如在回复空调板是否计算建筑面积时，多数人会一语否定：空调板不计算建筑面积。他们的依据是《建筑工程建筑面积计算规范》GB/T 50353—2013第6款：勒脚、附墙柱、垛、台阶、墙面抹灰、装饰面、镶贴块料面层、装饰性幕墙，主体结构外的空调室外机搁板（箱）、构件、配件，挑出宽度在2.10m以下的无柱雨篷和顶盖高度达到或超过两个楼层的无柱雨篷。

但仔细看会发现，空调室外机搁板（箱）之前还有一个定语"主体结构外的"，这是非常重要的概念，直接影响图1-17中的设备平台是否计算建筑面积。

认为图1-17可以计算建筑面积的依据：

①在主体内。

②符合"围合空间"建筑构造。

注：《建筑工程建筑面积计算规范》GB/T 50353—2013第2.0.5条：具备可出入、

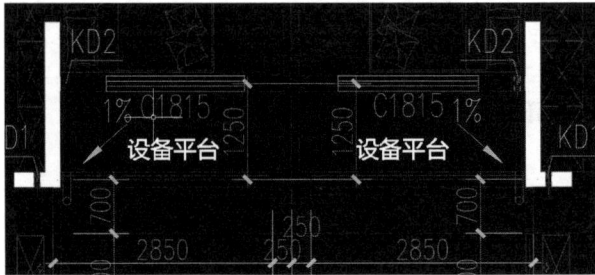

图1-17　空调板（设备平台）

可利用条件（设计中可能标明使用用途，也可能没有标明使用用途或使用用途不明确）的围合空间，均属于建筑空间。

此外，如采光井计算建筑面积《建筑工程建筑面积计算规范》GB/T 50353—2013条款也有定语：3.0.19 建筑物的室内楼梯、电梯井、提物井、管道井、通风排气竖井、烟道，应并入建筑物的自然层计算建筑面积。有顶盖的采光井应按一层计算面积，且结构净高在2.10m及以上的，应计算全面积；结构净高在2.10m以下的，应计算1/2面积。

没有顶盖的采光井容易掉入杂物、落入雨水，甚至发生安全事故，一般采光井都有顶盖。

1.34　超高费与超高增加费的区别

问题：超高费与超高增加费有何区别？

请问，超高模板的面积是什么意思？是指超过3.6m以后的面积吗？

模板超高费全称应该叫"模板超高增加费"（图1-18），其费用以工程量形式只计算3.6m以上部分的模板超高费用。

定额中，综合脚手架墙体超过3.6m，内墙粉饰单独套粉饰定额，那么高度是只

8.现浇混凝土柱、板、墙和梁的支模高度以净高(底层无地下室者需另加室内外高差)在3.60m内为准，超过3.60m的部分，另按超过部分每增高1m计算增加支撑工程量。不足0.50m时不计，超过0.5m按1m计算。

9.支撑高度净高是指：

图1-18　模板超高增加费

计算超过部分还是全部计算？当建筑物层高超过3.6m时，内墙粉饰要单独套内墙脚手架，并且按墙面全部面积（不扣除门窗、洞口面积）计算，并不是只计算3.6m以上的墙面部分面积，3.6m以上部分叫作"脚手架超高费"。

1.35 施工现场安全文明施工费的责任范畴

问题：施工现场安全文明施工费的责任范畴是什么？

安全文明施工费责任范畴被无限扩大，以至于到了无所不能的地步，实际上安全文明施工费的保障范围只是建筑施工现场围挡内的范畴，超出围挡部分的费用另行计算，如：

①穿过施工场地的省道两侧市政围挡的搭设及使用费用。

②保证车辆通行及通行人员安全的指挥疏导人员的人工费。

③保证车辆通行及通行人员安全的减速、限高、路锥、防撞桶等安全警示设施。

④围挡外道路的定期清扫、洒水降尘等路面保障费用。

案例问题如下：

①省道将施工现场一分为二，省道两侧的围挡相当于两块施工现场的围挡，搭设费应该由承包方负责，使用、维护费另行计算（如安装公益广告布面等）。

②保证车辆通行及通行人员安全的指挥疏导人员应该是交警，工程施工及管理人员不应该去管与施工现场无关的人员交通，发生费用另行计算。

③围挡外的安全设施另行收费。

④道路的定期清扫、洒水降尘等路面保障费用，如果不是由于施工车辆污染路面，清理费应该由市政环卫人员负责清理，如果属于施工车辆遗撒建筑垃圾，不但要清理还要被罚款。

省道不属于施工场地，省道的清理、打扫工作应该由市政环卫人员完成，但因为省道两侧施工为市政清扫额外增加了工作量，需要施工单位协调配合处理省道的维护清理工作，这笔费用应该单独计取，不属于安全文明施工费范畴。

还有人问：指挥疏导交通的人员应该如何计费？按项目工期及每班指挥疏导交通人员的数量，计算指挥疏导交通的人员总工日数，再用总工日数乘这类人员的日工资单价，如300元/天（或工日），这部分费用可以计取在措施费项目清单中，也可以计取在其他项目清单——计日工项目中，如工期1000日历天，每班安排两名指挥疏导交通的人员，每日两班进行交通疏导，指挥疏导交通的项目总费用=1000×2×2×300= 1200000（元）。

1.36 柳桉木按定额划分属于几类木材

问题：柳桉木按定额划分属于几类木材？

这个问题多数人看完后觉得很诧异，工程造价将木材单价搞清楚就可以了，为什么要研究木材的类型？因为原来木制品（如门窗）在施工现场制作后安装，划分木材类型是因为原来木工手工工具不是电动的，更不像现在家具工厂大型自动化机械成批加工木材，木材的硬度直接影响人工工作效率，所以定额按硬度划分木材类型。现在施工现场原木加工已经很少见，能看到的原木就是支模板的木方，大多数基层木制品都是经过工厂深加工的板材，面层木制品更是连油漆工序都已经在工厂完成的成品饰面材料。

1.37 什么叫违背原合同实质性条款签订补充协议

问题：什么叫违背原合同实质性条款签订补充协议？

补充协议对于工程主合同只是一个补充与完善的解释，如主合同没说明措施费是否包死，在补充协议里可以说明组织措施费已包死，技术措施费可以随实物量进行调整。但补充协议并不能对主合同进行否定，主合同内有清单计价的组价原则，施工方不可能也没有能力通过补充协议改变原来主合同中已经形成的工程造价组价原则，如果想改变原来合同内的清单综合单价，只能通过变更，先改变材质、工艺做法等方式重新组价。

1.38 工程施工合同内的通用条款与专用条款有何区别

问题：工程施工合同内的通用条款与专用条款有何区别？

工程施工合同内的通用条款具有规范的属性，如时间性条款，工程进度款、工程结算款上报××天后自动生效等都是抄自原清单计价的发源地文件，如果类似条款在执行过程中不符合特定工程项目的实际情况，在专用条款中加以更正是可以的，执行并解释工程施工合同不是一方可以做主的事情，施工方无视合同专用条款的法律效应而拿通用条款压专用条款在法律上也得不到支持。反过来可以看到，起草工程施工合同的一方无视通用条款的存在，擅自在专用条款里添加霸王条款暴露了自身对法律的无知。

1.39 工程材料乙供改甲供正常吗

问题：工程材料乙供改甲供正常吗？

这里有个问题：一项工程造价3000万元，其中钢筋不含税价600万元。现甲方代理采购钢筋，按照市场价在结算中扣除，请问对成本有无影响？材料乙供改甲供后是否影响工程成本，可从下面几点进行分析：

①税金：增值税，一般纳税人建筑材料税金（进项税额）因为是不计入成本，对工程成本没有一点影响。但是当乙供材料变成甲供时，建筑材料税金（进项税额）将计入工程成本之中，增加了材料单价，也同时增加了工程销项税额。

②价格：如果投标时投标方在材料单价里加入的利润率过高，甲供材后这部分利润水分会被甲方通过材料甲供挤出。如钢筋材料价格报价600万元，甲供实际只需要花500万元就可以买到同类相等数量的钢筋，无形中投标方的利润被打压100万元。当然，对甲供材，可用材料保管费形式能弥补回一点损失，但是不会太多。

③如果投标时报价正常（材料单价风险考虑在5%之内）：材料乙供改甲供后，600万元的钢筋材料费无论甲、乙双方采购都是这个金额，甲方愿意采购可以降低乙方的资金压力，材料乙供改甲供没什么不可以。

④结算时，甲供材同样可以调整材料单价差实现成本真实。

最后需要注意的是，甲供材退还材料款的程序是在税后退还，而不是税前退还，税前退还对乙方没影响，但对甲方可能造成偷税漏税的嫌疑，有些地区的行政文件规定可以税前退还，关键是要注意这个行政文件什么时间作废，如果没注意文件失效日期，到时行政文件没法帮助推卸偷税的责任。

1.40 混凝土单梁、连续梁抹灰应该套什么定额

问题：混凝土单梁、连续梁抹灰应该套什么定额？

假设图1-19中的梁出现在室内并要求进行抹灰后精装修，选择什么样的定额子目更能合理组价？有人可能回复：套顶棚抹灰（或墙面抹灰）。这样套定额没错，但不是最合理的选择，套用定额的思路应该首选施工工艺，而不是只注重结构的名称、规格、材质等，把图1-19中梁转90°会发现，梁变成独立柱，如同图1-20所示。图1-19梁抹灰工艺与图1-20独立柱抹灰工艺最接近（图1-19中的梁要对4个阳角和4个梁面进行装修抹灰处理，不同于图1-20中的板底框架梁只有2个阳角和3个梁面，与独立柱抹灰形状更相似），套独立柱抹灰定额子目最正确。

图1-19　单梁、连续梁室内装修

图1-20　独立柱

1.41 费率合同中的基数与综合费率的组成

问题：费率合同中的基数与综合费率的组成。

费率合同使用越来越普遍，EPC项目模式的增项部分就可以用费率合同进行结算，费率合同应该由三部分组成：

①基数部分：包括组成工程实物量的直接费（人、材、机）+技术措施费直接费（措施人、材、机）。

②综合费率：其组成包括组织措施费率（包括安全文明施工费）、利润率、企业管理费率、规费率。

③税率：包括增值税率及其附加费率。

费率合同里不存在的费用：

①价差（指增项部分采用费率合同的项目，不是整个EPC总项目）；

②暂估类项目（不是暂估类材料）；

③甲供材。

1.42 施工定额、预算定额、概算定额的区别

问题：施工定额、预算定额、概算定额有何区别？

这个问题"出镜率"很高的原因是工程造价人员对定额概念认识得模糊。施工定额也叫"企业内部定额"，是企业根据自身管理水平，人、材、机消耗量编制出来的适合企业内部工程成本管理的文件，如防水公司、幕墙公司等专业工程类公司，只需要编制几十条适合企业内部常用的定额子目就可以应对绝大部分的工程项目成本测算需要。因此，建立企业内部定额不是一件非常困难的事情，健全企业定额需要长期的大数据积累。

预算定额也叫"工程预算定额"，性质等于企业定额。预算定额分为两类：

①人、材、机带单价的定额，现在常用的官方指导性文件就属于此类定额。

②只有人、材、机消耗量而没有单价的定额，也叫"消耗量定额"，这是原汁原味的预算定额。

概算定额原来就是预算定额的简化版本，现在更像有些地产行业编制的自身企业内部定额，就是没有消耗量只有单价的子目，类似工程量清单，如家装用的报价方式就是以概算形式表示，如果清单项目编报得太细致了，装修业主反而看不明白。

概算定额比预算定额粗糙，但优点是计算工程量更方便、便捷，如在计算电气工程量时，预算定额要求将管、线、盒分别计算出来，概算定额只数开关、插座、灯具的点位数量，以支路回路来计算工程量，但便利带来的问题就是概算定额含量较预算定额含量偏差更大。

1.43 项目延期开工近2年（总工期150d），原综合单价已经不再适用应该如何调整

问题：项目延期开工近2年（总工期150d），原综合单价已经不再适用应该如何调整？

这个问题分别按两种假设来分析：

①发了中标通知书还未签订施工合同。开工前只需要进行清标工作就可以将价格调整到实际市场水平。

②已经签订了施工合同。由于2年时间内市场人工、材料单价发生的变化，需要在进场前双方签订一个补充协议，将如何调整人、材、机单价差的具体方案落实其中，如人工费在投标单价基础上增加20%，材料费以投标时单价为基期单价，以开工后100d的信息价为当期单价计算材料、机械的单价差，在结算时进行价差调整。

有人怀疑这样操作有什么依据，可以翻看招标文件"投标人须知"上面的投标价格有效期，一般有效期天数在60～90d，时间再长投标时报的单价就会因失去真实性而失效。

1.44 最不利原则是指什么

问题：**最不利原则是什么意思？**

最不利原则全称是"最不利于工程施工原则"，不是"最不利于工程施工方原则"。最不利原则理论依据是财务成本管理中的"谨慎性原则"，成本按工程施工最大化考虑。如两个安全施工方案，A方案安全系数100%，B方案安全系数95%，已知A方案成本高于B方案20%，这时工程造价编制时，工程成本投资按A方案考虑。最不利原则对应的目标是"风险"，不能因为贪图5%的成本降低率而酿成500%的成本超支额。

最不利原则在工程标准中的体现：

（1）工程实物量上：规范施工工艺。

（2）工程措施费中：以确保工程施工安全、质量、工期、文明施工等指标落实。

（3）最不利原则的实战体现：如安全文明施工费、规费等强制、不可竞争性。

1.45 为什么计算楼梯用水平投影面积而不用展开面积

问题：**为什么计算楼梯用水平投影面积而不用展开面积？**

这要从两个方面解读：

（1）定额编制人已经为定额使用人计算清楚了楼梯的人、材、机消耗量，为了便于定额使用人快捷计算楼梯工程量，他们将人、材、机消耗量以定额含量形式纳入水平投影面积计算规则中。

（2）计算楼梯用展开面积计算不是更准确吗？工程预算定额不是研究计算规则的概念，而是研究人、材、机消耗量。实际运用中，人、材、机消耗量越接近实际，定额编制的水平越高。可以这样认为，当计算楼梯用展开面积最终获得的人、材、机消耗量与水平投影面积计算规则相同时，用展开面积计算规则代替水平投影面积计算规则更准确。

当定额使用人不知道定额计算规则和定额子目形成的历史原因时，不要随意改变定额子目内人、材、机含量，当没有理解定额编制人思想时，不要轻易改变定额计算规则，如钢筋算量应该是按外边线计算而不是中心线计算。

1.46 为什么说"竣工结算时工程量清单综合单价按最低价调整"是错误的

问题： **为什么说"竣工结算时工程量清单综合单价按最低价调整"是错误的？**

这要从两个方面证明：

（1）清单项目编码的作用：清单项目编码如同人的身份证号码，清单项目编码体现了清单项目的一个特性，即"唯一性"。一个清单项目不管是清单项目名称、清单项目单位、清单项目特征描述完全相同，只要清单编码不同，清单综合单价就可以不一致。如一层乳胶漆与二层乳胶漆清单项目综合单价不同，结算时变更、洽商综合单价以哪个乳胶漆清单项目综合单价为准呢？就看变更、洽商发生在哪层，就按哪层的乳胶漆清单项目综合单价为准。

（2）清单综合单价的不可调整性：这一特性是清单计价的基本组价原则，是不可以被动摇的，投标报价时不管什么原因导致一层乳胶漆与二层乳胶漆清单项目综合单价不同，结算时仍然按原清单项目综合单价执行，而不是挑价格低的清单项目综合单价调整。

1.47 学会用工序进行清单项目分组

问题：怎样学会用工序进行清单项目分组？

清单项目分组也是清单项目分项的基础，下面几项工艺做法看看应该分为多少个清单项目。

（1）10mm厚米色800mm×800mm地砖，稀水泥浆（或DTG嵌缝剂砂浆）擦缝。

（2）20mm厚1：3干硬性水泥砂浆粘结层（或20mm厚DS干拌粘贴砂浆找平层+5mm厚DTA瓷砖胶粘剂砂浆粘结层）。

（3）素水泥浆一道，内掺建筑胶（若采用干拌砂浆，取消此层）。

（4）40mm厚C20细石混凝土（内配双向ϕ6@200钢筋网片）。

（5）0.4mm厚塑料膜浮铺。

（6）50mm厚挤塑聚苯板（密度≥35kg/m³，抗压强度≥150kPa，吸水率≤1.5%，氧指数≥32)。

（7）0.4mm厚塑料膜浮铺。

（8）20mm厚1：3水泥砂浆找平。

（9）素水泥砂浆一道。

（10）60mm厚C15混凝土垫层。

（11）150mm厚5～32mm碎石灌M5水泥砂浆。

（12）300mm厚灰土垫层，压实系数0.94。

（13）素土夯实，压实系数0.94（地面与墙、柱、设备基础等交接处做翻边）。

分析地面做法：第（10）～（13）条是主体结构、二次结构阶段的工序，如果是装修招标，第（10）～（13）条工作内容不会在招标范围内。

第（4）～（9）条像地暖工序，除了地暖盘管工序外，地暖地面的工序尽在其中，第（4）～（9）条可以放在地暖清单项目中。

第（1）～（3）条是标准的地砖铺装工序，应该列入精装修项目"地砖地面"清单项目中。

1.48 石材有倒角是否可以套用磨角的定额

问题：石材有倒角是否可以套用磨角的定额？

如图1-21所示，现在石材加工工艺手段已经非常先进，工厂里面一条龙生产线能自动化完成石材的磨边、倒角等加工工序，这些操作过程不需要在施工现场完成。施工现场没有施工的工序自然不能套用工程预算定额，加工费用应该计入石材材料费中，这样的石材进入施工现场叫"工程板"，就是不需要再经过复杂加工的石材半成品材料。

石材的磨边、倒角定额子目还有用途吗？应该说作用越来越小，可能会在改造项目中，偶尔对原有构件进行简单的切割加工可以用到这些加工定额子目。

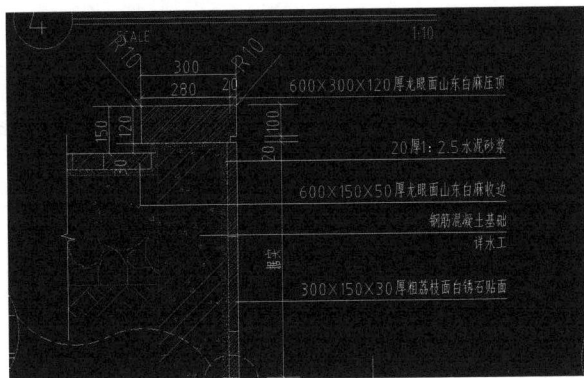

图1-21 石材加工图

1.49 工程施工中的水电费

问题：什么是工程施工中的水电费？

工程项目临时用水、用电费用属于什么类型的费用？有人说属于安全文明施工费，实际这个回答是概念性错误。工程项目临时用水、用电的"通道"和"节点"费用属于"安全文明施工费中的临时设施费"是正确的，这里所说的"通道"相当于电力电缆、临时水管；"节点"相当于临时配电箱、阀门等。

但工程临时用水、用电的消耗不属于安全文明施工费，在工程统计里可以算作材料费，在财务成本核算统计中一般算作其他直接费。

1.50 定额子目如何区分装修标准

问题：定额子目如何区分装修标准？

在北京地区2012预算房屋建筑预算定额中：定额子目内人工费单价为87.9元/工日的子目为粗装修子目，定额子目内人工费单价为104元/工日的子目为精装修子目。

如果要人为区分粗装修和精装修，是很麻烦的工作。首先要编制出两套建筑装修验收标准，并且在工程施工合同中要明确验收时使用哪种验收标准进行验收，可现在装修图集、验收标准只有一套，不管建筑工程施工合同内如何注明装修项目的性质是粗装修还是精装修，最终装修完工后都要首先达到验收标准才能实现交工。一套验收标准如何定义粗装修和精装修两种装修性质的工作？

粗装修和精装修本来没有界限之分，20世纪出台的粗装修和精装修项目划分行政文件（已经废除）（图1-22）。但实际施工中，合同内约定是精装修项目，必须要从基层开始都要以精益求精的标准来严格要求，才能实现最终面层的精装修质感效果。

一、高级装饰工程范围

1. 国内投资的新建、扩建和整体改造工程。

(1) 具有国际性、国家级、市级活动为主的建筑工程（纪nain馆、博物馆、图书馆、体育场（馆）等）。

(2) 星级宾馆、饭店、影剧院、贸易中心、购物中心（商场）等大中型公共建筑及其他公共建筑部分高级装饰的厅、堂、会议室、带卫生间的客厅以及商店、餐厅等工程。

(3) 高级住宅（别墅）工程（居住单元内，地面为块料面层；墙面为壁纸或高级涂料；挂镜线、窗帘盒、硬木门窗、铝合金门窗或彩色钢板窗；厕浴、厨房间内墙裙，地面为块料面层）

2. 外资、合资、国外捐赠工程（含港、澳、台地区）以及国际银行贷款工程按"三资"企业的建设工程概算制办法执行。

二、高级装饰工程项目

(一) 建筑装饰

1. 门窗工程：铝合金门窗、硬木门窗及其贴脸、压缝条、特殊五金、锁、窗帘盒、窗帘轨、百页窗帘、筒子板。

2. 楼地面、墙面装饰工程：除整体面层的混凝土地面、水泥地面、墙面抹灰、粘石、刷石（含墙裙）及防水外，其他整体墙面层、块料面层、木地板、木墙裙、贴墙纸等面层部分，但不包括托底层、保温层。

3. 天棚工程：混凝土天棚的面层部分，吊顶的龙骨、面层及其保温。

4. 建筑配件工程：池槽、厕所隔断及其他。

(二) 安装工程 高级卫生器具 装饰灯具

摘自"(94)京造定字第010号"

图1-22 粗装修、精装修划分细则（已经废除）

1.51 台阶定额算量为什么要加平台部分的300mm宽面积

问题：**台阶定额算量为什么要加平台部分的300mm宽面积？**

台阶用定额算量是按水平投影面积计算（与楼梯计算规则相同），台阶的踢步工程量与楼梯踢步的工程量反映在定额含量之中，台阶块料的含量一般为1.55～1.58，人工费含量也高于普通地面的人工单方工日。

台阶定额算量为什么要加平台部分的300mm宽面积（因为从人体工程学角度看，台阶踏步宽300mm适于人正常上下行走，因此在条件允许的情况下，设计师会将台阶踏步宽度设计成300mm左右，踢面的高度一般为150mm）？从图1-23中可以看出，台阶踏步数量为4步，如果不计算平台部分的300mm宽面积（也就是第4步位置的面积），此台阶只计算了3个踏步面积，显然与真实的台阶面积不相符。有人可能会问：我把第4步台阶的面积算入平台也属于没有少量，从水平投影面积看，这样计算平台工程量+台阶工程量，总面积并没有差别，但是平台的材料含量可能是1.03，而台阶的材料是1.55～1.58，等于台阶第4踏步立面（踢步部分）没有计算工程量。

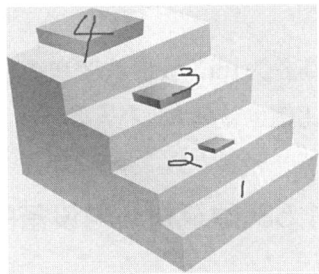

还要说明的是，台阶水平投影面积工程量只包括踏步与踢步的工作内容，台阶侧面的工程量需要单独计算，图1-23中台阶侧面计算工程量非常简单（长×宽）（不需要除以2），因为台阶有两个侧面。

图1-23 台阶步数

1.52 关于坡道的知识

问题：**关于坡道的知识**。

坡道的作用除了方便轮式车辆上下之外，许多情况下是为了方便行动不便的人，这就要求坡道在宽度、角度上都要科学，才能满足和方便行动不便的人上下。

表1-1是对坡道坡度和宽度做出的标准约定，允许设计师按此标准进行坡道设计。

表1-2是对坡道坡度和水平长度比例做出的标准约定，允许设计师按此标准进行坡道设计。如果坡道高差在0.35m以内，坡道坡度和水平长度比例是1：8；如果坡道

不同位置的坡道坡度和宽度 表 1-1

坡道位置	最大坡度	最小宽度（m）
有台阶的建筑入口	1：12	1.20
只设坡道的建筑入口	1：20	1.50
室内走道	1：12	1.00
室外通路	1：20	1.50
困难地段	1：10 ~ 1：8	1.20

每段坡道的坡度、最大高度和水平长度 表 1-2

坡道坡度（高/长）	1：8	1：10	1：12	1：16	1：20
每段坡道允许高度（m）	0.35	0.60	0.75	1.00	1.50
每段坡道允许水平长度（m）	2.80	6.00	9.00	16.00	30.00

高差为1m，坡道坡度和水平长度比例是1：16；坡道高差越大，坡道坡度和水平长度比例也就越大。

1.53 建筑材料与设备的问题

问题：**建筑材料与设备的问题**。

关于建筑材料与设备如何划分，已有《建设工程计价设备材料划分标准》的公告（图1-24）。为什么官方会出台这一行政文件，是因为建筑行业设备与材料的取费标准不同。

中华人民共和国住房和城乡建设部关于发布国家标准《建设工程计价设备材料划分标准》的公告

圖田春晓 2015-05-06

（第387号二00九年九月三日）

现批准《建设工程计价设备材料划分标准》为国家标准，编号为GB/T 50531-2009，自2009年12月1日起实施。

本标准由我部标准定额研究所组织中国计划出版社发行。

图1-24 公告

如公路定额取费问题，成品水泥稳定碎石/沥青混凝土等，是按材料算，计算措施费、管理费、利润、税金，还是按设备算，只计算税金？

这一公告的法律性质只是一个行政公告，连国家标准等级都达不到，而且公告主体是"中华人民共和国住房和城乡建设部"，而问题的业主方是：交通运输部公路局。

笔者认为其实定义建筑材料和设备很容易，主要依据就是以下两个特点：

（1）工程项目为某种设备服务，这种设备就定义为设备。如轧钢厂房及其中的设备是为轧钢机服务的，轧钢机就属于设备，工程项目中的其他建筑材料、相关设施就属于建筑材料。

（2）某种设备为工程项目服务，这种设备就定义为建筑材料。如变压器为大厦提供电能，建筑内的客梯、货梯为建筑物提供垂直运输服务，变压器、客梯、货梯就是建筑材料而不属于设备。

1.54 定额直接费中是否应该存在利润

问题：定额直接费中是否应该存在利润？

定额直接费是人工费、材料费、机械费三种费用的统称，定额直接费是工程成本的基础组成部分，这三种费用中均不包括利润。定额计价时期，利润是在直接费基础上（也就是以直接费或以人工费、人工费+机械费）通过基数×利润率获得。清单计价时期，利润包含在工程量清单综合单价中，利润取费基数同样以直接费或以人工费、人工费+机械费为基数×利润率计取利润。无论是在定额计价时期，还是在清单计价阶段，人工费、材料费、机械费三种费用中都不包含利润。但工程材料费中包含采购保管费，这种费用相当于材料管理费的一种形式，当然管理工程材料除了采购与保管外，还要投入其他许多管理费用或措施费用，如材料的检验、检测费用包含在措施费中，也有工程材料常规检验、检测项目包含在企业管理费中。一般纳税人性质的公司在投标组价时，要用除税价计价，因为如果用含税价计价会产生以下问题：

（1）增值税会重复计税。

（2）增值税进项税额会虚增为利润，造成材料价格过高，影响竞争力。

（3）在计价软件中最正确的除税操作方法：直接在含税价栏内输入除税价，将税率调整为0或将除税系数调整为100%。

1.55 大型机械进出场费用是单独计取还是计入机械台班内

问题：大型机械进出场费用是单独计取还是计入机械台班内？

所谓武无定法，文无定式，如果真要在这个问题上争议出个应该或不应该，那真的是不应该了。这里先举个例子：

某施工单位与混凝土搅拌站签订了长期供货协议，条款中规定，如果使用泵送混凝土，泵送高度在20～100m范围内，每立方米混凝土增加泵送费20元/m³。因为需方混凝土用量极大，泵送费显得微不足道，每立方米摊上20元就可以弥补机械设备进出场及台班的全部费用。

如果混凝土用量12m³，泵送高度50m以上，泵车的进出场费及台班费混凝土搅拌站就可能要求施工方一次性支付5000元/台班泵车使用费，而不是像之前的市场价格泵送费20元/m³。

机械台班不同于钢筋、混凝土之类的建筑材料，机械费本身不构成工程实体，但工程施工期间必须发生，实际机械费就是工程措施费的组成部分，并且大多数机械费性质属于技术措施费范畴，其价格由市场决定，大型机械进出场费用是单独计取还是计入机械台班内完全取决于市场、环境、用量、客户信用等级等因素。

1.56 建筑面积中是否包含嵌入外墙内侧（有围护结构）的空调板所占面积，外墙外的阳台如何计算建筑面积

问题：建筑面积中是否包含嵌入外墙内侧（有围护结构）的空调板所占面积，外墙外的阳台如何计算建筑面积？

图1-25中《建筑工程建筑面积计算规范》GB/T 50353—2013第3.0.1条是计算建筑面积的一个前提范围，"自然层外墙结构外围水平面积"是一个非常重要的不可忽视的概念，面对图1-26所示的外墙内空调板是否计算建筑面积的疑问，许多人常以图1-26中《建筑工程建筑面积计算规范》GB/T 50353—2013第3.0.27条中下划线内容

3.0.1 建筑物的建筑面积应按自然层外墙结构外围水平面积之和计算。结构层高在 2.20m 及以上的，应计算全面积；结构层高在 2.20m 以下的，应计算 1/2 面积。

图1-25 建筑面积计算规则说明（3.0.1）

3.0.27 本条规定了不计算建筑面积的项目：

1 本款指的是依附于建筑物外墙外不与户室开门连通，起装饰作用的敞开式挑台（廊）、平台，以及不与阳台相通的空调室外机搁板（箱）等设备平台部件；

2 骑楼见图11，过街楼见图12；

图1-26 建筑面积计算规则说明（3.0.27）

来作为答案说明问题，其实他们没有看到第一句话"1本款指的是依附于建筑物外墙外不与户室门连通"。

实际判断图1-27中圈内A.C15处的板还是其他有争议的构件，是否计算建筑面积问题，只需要从两个方面考虑：

（1）以结构外墙为界，结构外墙以外先判定不计算建筑面积，之后找到计算建筑面积的依据后再进行计算，如图1-28所示。

图1-28中《建筑工程建筑面积计算规范》GB/T 50353—2013第3.0.21条明确，"在主体结构外的阳台，应按其结构底板水平投影面积计算1/2面积"。类似这种条款发现一条计算一处，整个建筑物建筑面积就不容易丢失。

（2）结构外墙内侧的构件是否计算建筑面积，以相反的思维方式考虑，即先将外墙内侧（保温层外边线内侧）的面积计算为建筑面积，再找建

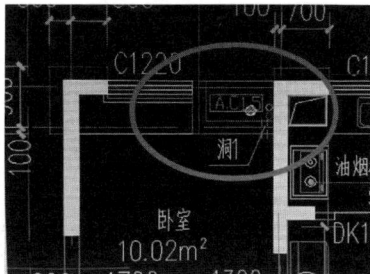

图1-27 建筑面积争议

3.0.21 在主体结构内的阳台，应按其结构外围水平面积计算全面积；在主体结构外的阳台，应按其结构底板水平投影面积计算 1/2 面积。

图1-28 建筑面积计算规则说明（3.0.21）

筑面积标准条款中不计算建筑面积的条款，将不应该计算建筑面积的构件面积一一扣减，如图1-27中许多人没看清单就予以扣减，可再仔细研究发现，图1-27中圈内A.C15处的板确实是扣减错误。

图1-29处的阳台在计算建筑面积中也是争议的焦点，理由就是图1-28中的后半句话"在主体结构外的阳台，应按其结构底板水平投影面积计算1/2面积"。但计算建筑面积的人又忽视了图1-28中第3.0.21条前半句话的意思。有3根混凝土柱组成的围护结构是否属于主体结构，应该以施工工序来判断，如果图1-28中南侧3根混凝土柱与主体结构同时浇筑，就应该算主体结构，如果其工序与二次结构一起施工，应该算围护设施，围护结构与围护设施在标准中的解释不同，所有围护构件面积计算时性质也不相同，从图1-29不太清晰的截图仔细看去，99%的概率还是属于主体结构，因为其间与建筑外墙有剪力墙连接的图示。有些地区解释：生活阳台左右两侧为凸出外墙面的框架柱，且阳台分户墙位于框架梁上，根据《建筑工程建筑面积计算规范》GB/T 50353—2013宣贯辅助教材第三部分条文详解第3.0.21条第2点第2款"框架结构：柱梁体系之内为主体结构内，柱梁体系之外为主体结构外"，故此阳台属于主体结构外阳台，根据《建筑工程建筑面积计算规范》GB/T 50353—2013第3.0.21条"在主体结构外的阳台，应按其结构底板水平投影面积计算1/2面积"。此阳台应按其结构底板水平投影面积计算1/2面积。解释中只把图1-29中东西两侧框架柱看成是框架柱，框架柱南侧的3根混凝土柱只能解释成"短肢剪力墙"（或短肢柱）。笔者认为第3.0.21条作为土木工程人都能理解，再对此做一个《建筑工程建筑面积计算规范》GB/T 50353—2013宣贯辅助教材第三部分条文详解第3.0.21条

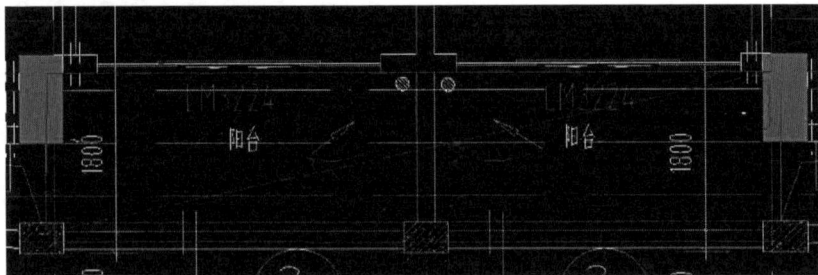

图1-29　建筑平面图

第2点第2款解释有些没有必要。话说回来，即便南侧结构叫作短肢剪力墙，短肢剪力墙两个开间有没有框架梁进行连接？连接短肢剪力墙的混凝土梁又应该如何称呼呢？

1.57 建设项目工程总承包合同中的协议书中构成合同的三部分内容

问题：建设项目工程总承包合同中的协议书中构成合同的三部分内容。

编制建设项目工程总承包合同的本意是想让EPC项目管理模式尽快在国内推广应用，可是由于对EPC项目管理模式认识模糊，合同中引用的概念也是含糊不清。第1项设计费：对应的应该是EPC中的"E"这个没有什么理解的误差；第3项建筑安装工程费（含税）：这是工程施工主体部分，总承包公司对此没有什么争议；第2项设备购置费（含税）：从字面上对应EPC中的"P"，实际上在建筑工程中的工程设备不同于施工设备，施工设备如塔式起重机、施工电梯等属于措施费内容，不构成工程实体，而工程设备如配电室变压器、空调机组、室内电梯等构成工程实体，其费用应该计入第3项建筑安装工程费成本中。第2项设备购置费应该理解为运营期间购置的大到工厂内加工用的机床设备，小到酒店里的一次性牙膏、牙刷等消耗品的费用，因为建设项目工程总承包合同方没有对合同内出现的概念作出解释，设备购置费理解成运营购置费更恰当。

1.58 为什么混凝土散水定额子目中包含模板消耗量，而与散水施工工艺大致相同的混凝土垫层定额子目中却不包括模板消耗量？

问题：为什么混凝土散水定额子目中包含模板消耗量，而与散水施工工艺大致相同的混凝土垫层定额子目中却不包括模板消耗量？

因为散水的宽度基本尺寸就是600~800mm且只有一面需要支护模板，模板消耗量相对固定，可以作为定额含量，而混凝土垫层水平投影面积因为形状各异，不同部位、不同形状的垫层模板含量变化较大，不适用固定于某个混凝土垫层定额子目中。如100m×2m与20m×10m的两处垫层，面积、厚度一样，但模板消耗量相差巨大。

1.59 铺贴地砖定额子目中人、材、机含量表中各材料所在的工序分析

问题：铺贴地砖定额子目中人、材、机含量表中各材料所在的工序分析。

铺贴地砖一般按从下至上分6道工序：

（1）基层清理：对结构层或垫层表面的清扫工作，这项工作内容的费用不是很多，包含在铺贴地砖的定额子目中（图1-30）。

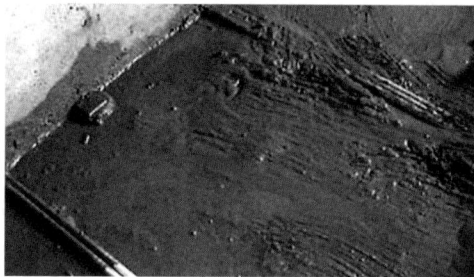

图1-30 扫浆处理实景

（2）扫浆处理：用扫帚蘸素水泥砂浆（或加入建筑胶的素水泥砂浆）在结构层（或垫层）上薄薄地扫一层，以增加结合层与结构层（或垫层）的附着力。现在这道工序基本上被洒水代替，定额子目中的素水泥浆就是完成这道工序工作所用的材料，有些地区定额将扫浆处理工序单独编制定额子目。

（3）结合层：定额子目中显示的1∶3干硬砂浆就是结合层工序所用的材料，定额单位一般以立方米"m^3"表示，定额含量一般为2.02m^3或3.03m^3，小数点后面的为定额损耗，意思是完成100m^2地砖铺贴所用的结合层砂浆材料为2.02m^3或3.03m^3，厚度分别是20mm或30mm，结合层厚度最多30mm，再厚就要加入垫层工序。现在因为环境保护要求，1∶3干硬砂浆逐步被DS干拌砂浆所替代，材料定额含量并没有改变，只是材料单价略有提高。

（4）粘结层：定额含量表中看到的"胶粘剂DTA砂浆"就是粘结层工序用的材料，地砖厚度一般为10~12mm，粘结层厚度定额含量按5mm考虑；地面石材厚度一般为17~20mm，粘结层厚度定额含量按10mm考虑。

（5）铺贴地砖：地砖因为规格不同，人工费铺贴成本也略有差异，费用变化呈现开口向上的抛物线形态，成本最低点地砖规格是600mm×600mm。

（6）勾缝：定额子目人、材、机含量表中的白水泥就是勾缝工序所用的材料，许多地区定额子目中缺少这种材料，最好补充"瓷砖勾缝剂"材料，因为强度原因，现在勾缝工作已经不用白水泥了，以瓷砖勾缝剂取而代之。一些家装还用到瓷砖美缝工序，是对勾缝工序的一种延伸。

从图1-31中看到与上述工序不符合的工作内容，基本可以断定不是一个清单项目的工作内容，因为有可能不是一个承包方主体完成的工作，有的工序要由其他专业完成。

项	块材地砖地面
定	人工室内地坪回填 夯填土方
定	楼地面垫层 商品混凝土
换	水泥砂浆找平层 厚度20mm 在混凝土或硬基层上 现拌 换为【水泥砂浆（特细砂）1：3】
定	土工布隔离层
借	楼地面保温 干铺聚苯乙烯板 厚度50mm
定	土工布隔离层
定	商品混凝土面层 厚度80mm
定	钢筋网片
定	地面砖楼地面 周长（mm以内）3200

图1-31 地砖地面铺贴定额工序组价

1.60 材料价差与材料变更有什么区别

问题：**材料价差与材料变更有什么区别**？

（1）材料单价差：指原招标文件（施工合同）条款规定使用的材料，因为后期原材料涨价，导致结算时要进行材料的单价差调整。

（2）材料变更：指合同签订之后，发包方对材料的规格、型号、颜色、品牌做了调整，导致材料价格变化需要重组清单项目综合单价。如防水材料因为实际厚度与招标文件描述不符属于材料变更，不应该简单地用材料价差进行价格调整。

1.61 材料管理费包括什么内容

问题：**材料管理费包括什么内容**？

（1）材料管理费：指材料采购、保管费的范畴，如项目部材料管理费是承担材料管理人员（采购及保管人员）的开支及办公费用，不包含在企业管理费之中。

（2）材料采购保管费：只负责材料采购发生时支付的人员、车辆等费用，以及保管期间发生的材料损耗的责任，并不对材料的采购质量标准、数量偏差等风险负责，材料采购质量、数量的失误风险在企业管理费里。

（3）甲供材：如果要求施工方承担材料质量、数量责任，必须以材料费为基数计取企业管理费和利润，如果不取企业管理费和利润，至少在保管费中计取6%～10%的材料保管费率。

1.62 填充墙定额高度的范围

问题：填充墙定额高度的范围。

填充墙是隔墙的一种形式，填充墙工程量以立方米"m³"为计量单位。工程量=（隔墙长×隔墙高－门窗洞口面积）×墙厚。隔墙长指柱、墙间的净长，隔墙高指建筑图纸装修完成面标高至结构顶板上表面的距离，门窗洞口指图纸上的门窗洞口尺寸，门窗高并不是如图1-32所示范围，门洞下无砌体就按不符合实际的公式扣除门窗面积（门高度+建筑图纸装修完成面标高至结构板距离的高度）×门宽度。

该处无砌体

图1-32　门窗洞口

因为隔墙高指建筑图纸装修完成面标高至结构顶板上表面的距离，没有计算建筑图纸装修完成面标高至结构板距离的高度，所以扣除门窗洞口时不能重复扣除。这个问题搞清楚了，隔墙高指建筑图纸装修完成面标高至结构顶板上表面的距离就容易理解了。隔墙实际高度是不可能穿越混凝土楼板达到板的上表面的，但因为建筑图纸装修完成面标高至结构板距离的高度没有计算隔墙高度，所以用结构板厚度补偿这部分高度差所占的体积。

1.63 做地圈梁大概每米多少钱

问题：做地圈梁大概每米多少钱？240mm×240mm的地圈梁，套定额换算出来170元/m价格高不高？

圈梁、构造柱、地圈梁等属于二次结构构件，其特点是工程量小，施工难度系数高，机械发挥不出作用，完全靠人工作业，当人工费单价上涨幅度大时，这类构件的单方造价也会大幅度提升。按该问题所述，地圈梁单方混凝土综合单价=170/（0.24×0.24）=2951（元/m³）。这类构件从工序上测算，人工成本大致分为：

（1）绑扎钢筋35元/m。

（2）支护及拆除模板35元/m。

（3）浇筑混凝土35元/m。

地圈梁单独人工费成本=35×3=105（元/m），加上钢筋、模板、混凝土材料费，170元/m综合单价并不是很高。取消定额计价同样需要学会每一道工序成本的测算，才可以判断整个清单项目综合单价的高低。

1.64　编制清单时怎么减少漏项的风险

问题：编制清单时怎么减少漏项的风险？

清单项目中零零散散的工序很多，如何确保编制清单及组价时不丢项、漏项，从以下几个方面加强锻炼：

（1）熟练掌握工序的操作流程：地面从下到上，顶棚从上到下，墙面从里到外。

（2）时间上连续且工种专业相同的工序要编入同一个清单项目中：如地面铺设地砖从下到上分别为：基层清理（清扫）→素水泥浆（内渗建筑胶，如果素水泥浆定额子目材料含量里看不到建筑胶，不需要自行补充材料，只需要将素水泥浆材料价格提高把建筑胶价格包含其中就可以）扫毛（更多的是晒水）→1∶3干硬砂浆结合层（现在提倡环保材料应该用DS砂浆代替）→粘结层（现在多用瓷砖胶粘剂代替）→铺设地砖→勾缝（也有做美缝处理）。

（3）工程措施项目对应关系：如果实物量清单项目中有100%对应的工程措施项目，这项技术措施费组价并入到实物量清单项目中，如地面铺设地砖清单项目已经按招标文件给定的所有已知条件并按全工序考虑组价，清单项目综合单价还是达不到心理价位要求，可以在此项上增添上料费用（即增加材料二次搬运费），直至价格达到满意为止。

（4）不同构件不能混列清单项目：如顶棚上有窗帘盒、灯槽、装饰线条等构件，这类构件不能并入顶棚清单项目中，需要单独列项。

（5）零星项目：即使出现时间上不连续且工种专业不相同的工序，也最好列入同一个清单项目中，如装修工程中的圈梁、构造柱、灯槽等，把木工、钢筋工、混凝土工、油工的工序合并到同一个清单项目，使这个清单项目以成品形式列项。如圈梁、构造柱项目按工序（钢筋制作→钢筋运输→钢筋绑扎→模板支护→浇筑混凝土→拆除模板）一步一步组价，最终形成圈梁、构造柱清单项目的综合单价，虽然看上去3000元/m³（如果再加上材料二次搬运费用，综合单价可能会飙升到5000元/m³）的清单综合单价略有失真，但这类精装修阶段的二次结构项目工程量小，对整体工程项目成本造价影响不大，不需要花费许多精力编制多条清单项目扰乱业主方视线。

1.65 为什么清单与定额的单位可以不一样

问题：为什么清单与定额的单位可以不一样？

定额子目反映的是通用型的工序消耗量，而清单项目是唯一型的综合单价表示。以砌块墙成本分析举例：同样是1m³的砌块墙，240mm与100mm厚的两种墙体，按定额计价二者单位工程量价格基本相同，但清单计价可以拆分为以下不同厚度墙体的成本，以1m³的单位核算砌块墙成本。

（1）主材：240mm厚的砌块≈100mm厚的砌块材料价。

（2）辅材（砌筑砂浆）：240mm厚的砌块墙砌筑砂浆消耗量<100mm厚的砌块墙砌筑砂浆消耗量。

（3）人工费：100mm厚的砌块墙人工消耗量=（2.5～3倍）240mm厚的砌块墙人工消耗量。

所以，清单项目砌块墙应该以不同厚度单独列项，并且清单项目单位最好选择平方米"m²"。

1.66 为什么官方文件要求甲供材用小规模纳税人方式计价

问题：为什么官方文件要求甲供材用小规模纳税人方式计价？

先看一下小规模纳税人材料计价的特点：含税价计价。官方文件里说明的甲供材要以含税价计价，而不是整个项目以小规模纳税人方式计价。具体操作举例说明：甲供材不含税单价为100元/每单位，增值税率13%，采购1000个单位，共支付材料款100×（1+13%）×1000=113000.00（元）。

投标方清单项目综合单价组价=［人工费单价×人工消耗量+113/（1-甲供材料损耗率）+单位辅材费+单位机械（机具）费］×（1+风险费率）×（1+企业管理费率）×（1+利润率）。

假设综合单价为200元/税前单位，清单工程量900个单位，清单项目税前合价（忽略措施费、规费）=900×200=180000.00（元）。

税后退还甲供材时，假设承包方领用甲供材995个单位，甲供材最终结算单价为120元/每单位，保管费率5%。问：已知合同约定甲供材料损耗率5%，在清单工程量没有变化的情况下甲供材价差与退还甲供材金额各是多少？

甲供材价差：（120-113）×900×（1+5%）=6615.00（元）。

退还甲供材金额：995×120×（1-5%）=113430.00（元）。

甲供材直接费成本超支是多少？

［995-900×（1+5%）］×120×（1-5%）=5700.00（元）。

原因分析：项目部因管理不善造成45个单位甲供材的超支损耗。

本项目增值税销项税额是多少（按一般纳税人9%税率计算）？

900×200=180000.00（元）（合同价）+6615（元）（甲供材价差）=186615.00（元）。

增值税销项税额=186615×9%=16795.35（元）。

本项目最终工程造价结算金额是多少？

180000（合同价）+6615（甲供材价差）+16795.35（元）（增值税销项税额）=203410.35（元）。

本项目承包方最终收取工程款是多少？

203410.35（工程结算款）-113430.00（退还甲供材金额）=89980.35（元）。

此项目以小规模纳税人计价与一般纳税人方式计价，甲方多支出多少税金？

［900×13（增值税进项税额100×13%）×（1+5%）+6615.00（甲供材价差）-6615.00/（1+13%）］×9%=1174.14（元）。

因为没有扣除甲供材进项税额，导致增值税销项税额重复计价，从而影响甲方多交税金1174.14元。但这1174.14元对于甲方来说是增值税进项税额，可以抵扣未来的销项税额，但甲方购买材料所获取的1000×13（增值税进项税额100×13%）=13000（元）增值税进项税额已经按材料成本计入工程总造价内，甲方不能在财务账面上重复抵扣增值税销项税额，能抵扣甲方财务账面增值税销项税额的增值税进项税额是16795.35元（承包方开具发票上的增值税销项税额）。

1.67 什么情况下定额子目后可以乘2

问题：什么情况下定额子目后可以乘2？

定额子目反映的是标准工序的人、材、机消耗量，经常可以看到软件套定额里，有时可以直接在定额子目后×2，这个操作公式用文字描述是“一个连续工序做了两遍”，如顶棚双层9.5mm厚纸面石膏板，只要在顶棚石膏板子目后乘2就可以完成组价，如图1-33所示。如果图1-34中0.2mm厚塑料膜浮铺工序中间相隔一层挤塑聚苯板工序（第6项），套0.2mm厚塑料膜浮铺定额子目时，第5项与第7项就要分别各套一遍定额子目，而不应该套一遍定额子目后，在0.2mm厚塑料膜浮铺子目后直接乘2，这样套定额可以反映出组价人对整个清单项目中各工序的理解程度。

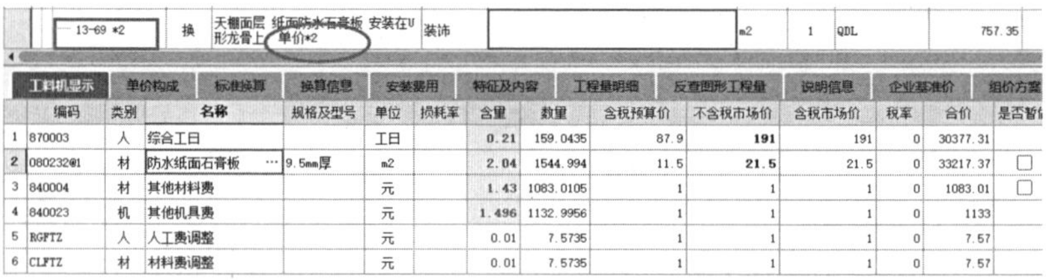

13-69 *2	换	天棚面层 纸面防水石膏板 安装在U形龙骨上 单价*2	装饰		m2	1	QDL	757.35		

工料机显示 | 单价构成 | 标准换算 | 换算信息 | 安装费用 | 特征及内容 | 工程量明细 | 反查图形工程量 | 说明信息 | 企业基准价 | 组价方案

	编码	类别	名称	规格及型号	单位	损耗率	含量	数量	含税预算价	不含税市场价	含税市场价	税率	合价	是否暂估
1	870003	人	综合工日		工日		0.21	159.0435	87.9	191	191	0	30377.31	
2	080232@1	材	防水纸面石膏板	9.5mm厚	m2		2.04	1544.994	11.5	21.5	21.5	0	33217.37	☐
3	840004	材	其他材料费		元		1.43	1083.0105	1	1	1	0	1083.01	☐
4	840023	机	其他机具费		元		1.496	1132.9956	1	1	1	0	1133	
5	RGFTZ	人	人工费调整		元		0.01	7.5735	1	1	1	0	7.57	
6	CLFTZ	材	材料费调整		元		0.01	7.5735	1	1	1	0	7.57	

图1-33　顶棚双层石膏板子目

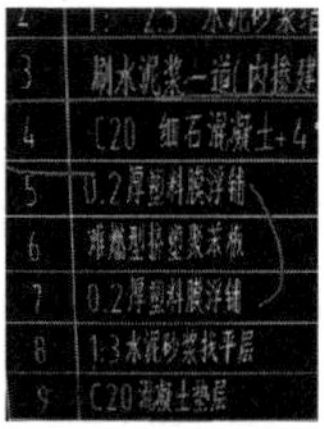

图1-34　0.2mm厚塑料膜浮铺

1.68 施工工地没安装电（水）表，结算时如何从工程款中扣除水电费

问题：施工工地没安装电（水）表，结算时如何从工程款中扣除水电费？

这个问题的正确理解应该是：施工工地没安装电（水）表，默认为承包方免费使用发包方的水电费。但多数人解释如下：

精确的计算可以从预（结）算书中详细地把水电费分析出来，按照定额中所含的水电费扣除，这样计算比较精确，但是所需要做的工作量太大。一般各地工程造价管理部门对这种情况下水电费的扣除都有一个系数规定。例如，某地区是这样规定的：土建工程按照直接费的7‰扣除水电费，其中电费为直接费的4‰，水费为直接费的3‰。安装工程按照人工费的7.6%扣除水电费，其中电费为人工费的4.6%，水费为人工费的3%。

上述解释是定额计价时期文件里有具体的水电费占比分析，结算时以水电费收入直接抵扣水电费支出。但从管理角度来看，挂表不挂表不是收费的必然，甲方想收取乙方使用本单位水电的费用，要看程序执行，具体操作程序如下：

（1）挂表并在工程施工合同中注明水电费单价、核对流程、退还水电费金额的具体办法等条款。

（2）施工二级配电箱、水点安装完成后抄录电（水）表初始表字。

（3）定期核查并抄录不同时间段的水电表字。

（4）结算时，发放抄表记录并附要收取的水电费金额。

案例中发包方连第（1）个程序"挂表"都没有执行，到了结算期间要求收取水电费金额当然没有依据，所以默认为发包方同意施工方免费使用水电费。

1.69 双面清水墙应该怎样套用定额

问题：双面清水墙应该怎样套用定额？

一般定额中只有单面清水砖墙的定额子目项，单面清水砖墙可以直接套用定额，而双面清水墙一般在定额中没有相应的定额子目项，那么如何处理？正确答案是"需要重新编制定额"，而且其成本可能是数倍于单面清水砖墙费用。

有些人曾经举过这种案例的组价实例依据：

某定额中一砖厚单面清水墙单价为1620.74元/10m³，一砖厚混水墙的单价为1555.39元/10m³，两者的差价为1620.74−1555.39=65.35（元/10m³），那么就可以这样取定双面清水墙的单价1620.75+65.35=1686.10（元/10m³）。

这个实例依据完全站在静态角度来分析工程成本，如笔者举过的例子：一樘1000mm×2000mm规格的木门，单价为2000元/樘，一樘2000mm×5000mm规格的木门，按规格比例单价就应该是10000元/樘，用简单、静态的思维方式分析成本，门的面积增加了4倍，单价只需要增加4倍，现实中这樘门可能100000元/樘也造不出来。

同理，单面清水砖墙与双面清水砖墙完全就不是一个工序。试想一个瓦工师傅砌砖，人不是站在墙的外侧就是站在墙的内侧，要砌筑清水砖墙，他只能控制他所站的那侧墙的砌筑表面质量，而对另一侧墙面的表面平整度没法照顾，因为瓦工师傅看不见另一侧的墙面。如果多花费点人工，另一侧也站上人进行墙面平整度的把关可不可以实现双面清水砖墙工艺？实际这种方法相当于两个人同时操纵同一个方向盘，更没有实施的可能，因此说双面清水砖墙工艺如同做一樘2000mm×5000mm规格的木门，理论上说起来简单，实际上基本无法完成，更不用说公式中所列砌10m³的墙体只需要增加65.35元成本。

1.70 解读清单项目中的工序关系

问题：*解读清单项目中的工序关系*。

一般土建与安装清单项目工序比较简单，甚至一条清单项目对应一道工序，相应套定额比较容易，但精装修清单项目内包含的工序比较烦琐，套定额时要分析每一道工序对应的定额子目，如图1-35所示。

图1-35中工艺做法列出8项内容，其中第8项是结构层，不在装修范围内，从下到上（从第7项至第1项）是正常的施工工序，也叫作施工步骤。组价时每一道工序都要通过定额子目内的人、材、机含量表，分析套用的定额子目内是否包含其工作内容，如果一条定额子目包含3道工序，3道工序就套一个定额子目。图1-35中从第7项至第1项套定额组价需要套7条子目。分别是：

（1）素水泥浆一道（内掺建筑胶，水灰比0.4~0.5），目的是增加结构层与结合层的附着力，防止出现结构、装修两层皮而空鼓。

（2）水泥砂浆找坡（1:2.5），标准的厨卫地面工艺做法，找坡度一般为1%~3%，越到地漏处坡度越大。

图1-35　卫生间地面铺地砖

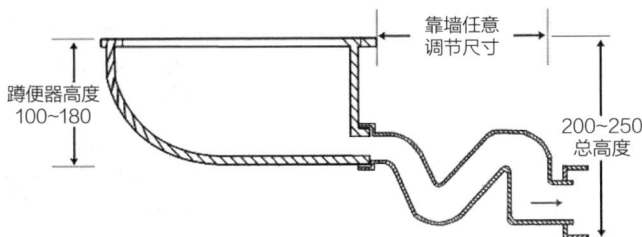

图1-36 蹲便器排水示意

（3）1.2mm厚聚氨酯涂膜防水层，注意防水层工程量与地砖工程量不相等，如果在一条清单项目中列项，注意含量转换，如1：1.2。

（4）20mm厚水泥砂浆保护层（1：2.5），是对1.2mm厚聚氨酯涂膜防水层的保护，通常防水层与保护层是相关联的工序，只要做完防水层，就想着要套一个保护层定额子目。

（5）1：6水泥炉渣局部回填，这道工序通过图1-36蹲便器排水示意图可以看出，蹲便器高度要提高100～180mm，才可以保证蹲便侧排水工艺得以实施。

（6）20mm厚干硬水泥砂浆结合层，这是与铺地砖相关联的工序，有些地区这道工序的工作内容并入铺地砖定额子目中，但北京地区定额结合层与铺地砖定额子目是分离的，所以要单独套定额。

（7）铺防滑地砖（现在釉面砖很少用，用也只用在墙面，因为强度与吸水率指标等问题不会用于地面）工序完成前还有一道粘结层，一般地区定额子目都将粘结层工序与铺地砖并入一个定额子目中，不用单独套定额。

卫生间地砖还有以下两个特点：

①防滑：因为区域潮湿需要特殊材料。

②地砖规格较小：卫生间空间不大，又有地漏处需要找坡，注定卫生间地面不可能铺得非常平整，地砖规格太大无法找坡，容易出现空鼓。

1.71 固定单价合同、固定总价合同、成本加酬金合同，优先选用哪个效果好

问题：固定单价合同、固定总价合同、成本加酬金合同，优先选用哪个效果好？

笔者这里想说的是，不管选用问题中的哪种合同结算模式，都要从买到招标文件时起，规划好竣工结算的程序及测算出投标报价的心理价位。

如果招标文件规定固定总价合同，投标方首先要明确的3个重要信息：

（1）合同中所固定的时间与范围：如果合同内约束的时间无限长、范围无限宽且费用不予以调整，给多少钱这个项目都不能做，因为承包不起无限责任。

（2）项目中可能存在的风险因素：如价格风险、工艺风险、措施风险、工期风险、安全风险、质量风险等，如果有一项风险解决不了（不可控制），就属于无限风险，如图1-37中的钢结

图1-37　钢结构书架

构书架，如果投标时还没想好这种构件的施工方法，报的价格无论高低都可能赔钱。

（3）承受风险的能力与范围：如果认为涨价带来5%以内的风险可以承受（综合单价里有5%以上的利润）就将风险设置为5%；如果预期将来材料、人工的涨价幅度在8%左右，就要考虑在综合单价中计入3%的风险费用，以应对将来的涨价风险。

成本测算、成本控制实际就是对不可预见风险的提前预知及应急预案的编制，也就是分析投标项目存在的未知数有多少，影响将来工程成本的要素有哪些，会影响多少，风险因素可控还是不可控等。不只是固定总价合同结算模式要了解这3个基本信息，固定总价合同、成本加酬金合同都需要在投标时用这个程序进行投标报价评估。

1.72　在整体工程中装饰装修工程是否考虑垂直运输费

问题：在整体工程中装饰装修工程是否考虑垂直运输费？

如果是一个总承包方统一施工不同的专业，不管装饰装修还是安装专业都不用多次计取垂直运输费这类组织措施费性质的措施费，一个项目考虑计取一次就可以。但

如果一个项目由多个不同主体和承包方完成，每个独立的承包方都可以按照自身工作内容考虑相应的措施费用。

1.73 中标下浮率是什么意思

问题：**中标下浮率是什么意思？**

招标投标工作完成节点是通过发中标通知书结束，但在如图1-38中有中标下浮率一项，且还有实际指标数。许多人不解的问题是中标下浮率是什么意思？实际上，这里招标方想表述的意思，也就是投标方以低于招标控制价0.9%的报价中标。从图1-38中中标金额推定，招标控制价应该为：

$$1085325.09/（1-0.9\%）=1095181.73（元）。$$

这种中标通知书有点画蛇添足的味道，既然中标价格已经确定，为什么不直接在中标通知书上明确回复：你公司为中标人，中标金额1085325.09元，工期60日历天，质量：合格。

经评标委员会评定，招标人确认，确定你公司为中标人，中标金额为人民币（大写）壹佰零捌万伍仟叁佰贰拾伍元零玖分（￥1,085,325.09元），中标下浮率为：0.90%，工期：60日历天，工程质量：符合现

图1-38　中标下浮率

1.74 清单与定额的区别

问题：**清单与定额的区别。**

清单与定额严格意义上应该是"清单计价系统"与"定额计价系统"。两个计价系统之间的对比如同安卓系统与IOS系统（苹果手机操作系统）对比孰优孰劣一样，能找出一大堆不同之处，但发现之间的区别并没有什么实际的意义。现在国内工程计价用的是清单计价系统，只要把清单计价原理和思想系统地掌握就可以正确操作。

现在国内的计价体系采用清单计价（借助定额组价），为什么还有许多人在使用定额，因为不用定额这些人不会正确、合理地报清单综合单价。

1.75 工程造价里的估算、概算、预算的关系

问题：*工程造价里的估算、概算、预算的关系*。

（1）工程估算：相当于指标体系的范畴，原理是用一个大概的经验值对工程项目进行价格预估。适用于设计方案确定后的决策阶段，大致方法如电气安装价格200元/m²，这里平方米"m²"与单价就是一个指标经验单价。

（2）工程概算：是在施工图纸不完善的情况下进行的价格预测，相比工程估算的设计方案信息，工程概算时信息量已经远远增加，至少建筑平面、功能使用图纸等已经明确，只是施工深化图纸没有完成。大致方法如电气插座220元/点位，灯具（不含主材）180元/点位等，概算定额也用这类支路回路计算方式，只需要数出电气的点位就可以粗略报价。

（3）工程预算：相比工程概算又进一步细化，如电气管线（JDG20-紧定式薄壁钢电线管）22元/m，筒灯（不含主材）安装23.9元/个等。在施工图纸已经完善的基础上，可以对不同的工序进行细化计算，最终得出更加精确的基础工程量数据。

可以看出，预算越细化，所列的清单项目越多，投资估算几行清单就可以涵盖整个工程项目的价格，而到了工程预算阶段，一个工程项目的其中一个专业就有可能出现上百个清单项目。从报价单位可以看出，同样一个专业可以用"m²""点位""m""个"等计量单位表示，在不同阶段有不同的计算方法。

1.76 关于暂估价材料认价避嫌问题的操作方法

问题：*关于暂估价材料认价避嫌问题的操作方法*。

材料暂估价往往是一些单价幅度大、不容易确认单价的材料，招标投标时以暂估价形式暂时预估不确定材料的价格，但到了实际施工采购前，必须要履行一套材料暂估价实际认价的手续程序，但无论确认价格环节操作方自认为多么公正，这个价格确认往往会在结算期间受到工程审计的质疑。为此，应该在工程施工合同中将材料暂估价操作条款，以文字形式确定在合同条款中，以备工程施工参与各方在材料暂估价确认环节的实施过程中按合同条款约定正确操作各道程序。具体操作程序如下：

（1）约定暂估价材料的种类、型号、规格等具体的材料品种（这个工作招标文件

上已经有详细内容，合同中起到明确的作用）。

（2）明确暂估价材料认价必须参与的主体方。如合同当事双方（这是必须参与的主体），还有就是第三方主体（如工程监理、全过程审计、项目管理公司等）的参与授权。

（3）约定暂估价材料认价的方法。如公开招标或议标，一般暂估价材料费用已经包括在承包方施工合同清单项目综合单价内，采用公开招标发生的费用应该由发包方另行支付，或约定将公开招标费用摊入到材料费中。议标是暂估价材料认价的主要方法，参与暂估价材料认价的各主体方拿出自己了解的市场暂估价材料的价格进行协商并与各供应商进行价格、运输、损耗、售后服务、资金结算、保修责任期限等各项指标的评估，最终确定合格供应商及暂估价材料的确认单价，保留好所有执行程序的文件和商务谈判的记录。

（4）暂估价材料采购保管费率的制定必须体现在合同条款中，以防止工程项目结算时节外生枝。

以上各条款如果按程序正常实施并且证据确凿，结算时工程审计也无法提出更多的质疑。承包方与材料供应商签订的一切材料供应合同及获得的材料采购发票均属于本企业商业机密，对于工程审计方的无端索取可以不予以支持响应。

1.77 混凝土泵送的组价方法

问题：混凝土泵送的组价方法。

混凝土泵送应该加在分部清单下面，不要单独在措施中考虑。因为混凝土泵送100%与混凝土工序相结合，所以要计入混凝土清单项目中，最简便的方法是直接将混凝土泵送费计入混凝土材料费中。

1.78 某工厂投资1000万元，其中500万元为设备费，这500万元以什么方式计入费用

问题：某工厂投资1000万元，其中500万元为设备费，这500万元以什么方式计入费用？

问题中的500万元设备费如果是与工程相关的设备，如空调、消防设备，500万元

设备费按材料费计入工程造价。如果是工厂生产型设备，如机床设备等计入采购费里，或者以暂估类项目先预提出生产设备费，将来实报实销。

1.79 甲供材计价与退还的具体操作

问题：甲供材计价与退还的具体操作。

"营改增"后甲供材操作确实有一些变化，具体操作程序如下：

（1）甲供材单价性质属于工程预算价（这个单价性质没有变化）。

（2）甲供材单价与其他乙供材单价有所区别之处在于，甲供材要以含税价计价，而一般纳税人在材料费计价时要以除税价计价，这就是为什么说甲供材单价计价操作要执行小规模纳税人计价方式的原因，这是最大的不同之处，也是最难以理解的地方。甲供材预算价计算公式如下：

甲供材预算价=含税甲供材单价/（1-材料保管费率）

工程项目竣工结算完成后，税后退还甲供材单价做一个倒数上的转换。具体退还甲供材的单价=含税价甲供材单价×（1-材料保管费率），相当于承包方把留下材料保管费后的甲供材金额退还给甲方。

1.80 清表、三通一平与平整场地的区别

问题：清表、三通一平与平整场地有何区别？

清表就是清理并运输地面表面的杂物到其他区域。平整场地是挖高补低，不存在土方运输的工序。清表更多地应该体现在"三通一平"范畴内。清表如果是清理土方，就叫挖土方而不叫清表。之所以出现"清表"一词，说明清理的范围在地面表层，并不需要挖掘就可以清理看得见的杂物。清理内容出现最多的应该是：

（1）杂草（不包括灌木、乔木）：清理杂草应该考虑杂草的密度和高度，当杂草密度和高度达到需要耗费大量人工、机械清理时，可以套用绿化定额清理杂草子目，但清理完杂草不等于完成平整场地的工序，还需要继续完成平整场地这道工序。

（2）垃圾或渣土（生活垃圾和建筑渣土）：处理这类表面杂物，可以套用修缮定额中的渣土运输子目，注意一定要计取渣土消纳费用。一些渣土消纳场规定非常严

格，建筑渣土内不允许掺杂生活垃圾，施工现场出现的一次性饭盒等需要单独花费更多的费用进行处理。

清表不应该有300mm厚度以内的界限，如果垃圾或渣土覆盖层厚超过300mm，就应该执行竖向挖土方定额子目，也就是说清理出去的杂草、垃圾或渣土的工程量并不等于清表面积×0.3m厚度，清表的工程量计算规则定额没有官方注明的计算规则，沿用平整场地的定额计算规则一定不合理，清表的工作程序应该是现场收方，清理多少面积就计算多少面积，垃圾或渣土清理多少车就签认多少车。清表后的场地仍然要经过平整场地这道工序，而且地面自然标高不变，因为杂草、垃圾本来就不属于地面土方的范畴，杂草长得再高、垃圾或渣土堆得再多也不能算进地面自然标高内。

最后提醒，如果投标过程勘查现场时发现需要清表的场地，必须在答疑文件中要求招标方予以澄清关于清表的计量规则和计费方法。

1.81 清单项目综合单价报价为零的项目为什么变更取消后结算金额会出现负数

问题：清单项目综合单价报价为零的项目为什么变更取消后结算金额会出现负数？

原合同报价清单工程量×0=0（元）。

当变更取消这一清单项目后结算金额应该按以下计算公式：

扣减金额=-清单工程量×0=0（元）。

有人说对于不平衡报价应该得到制裁，结算时应该将取消的清单项目扣减为负数，可没有任何理论依据从逻辑上能实现这一愿望。

清单计价综合单价固定（0元就是合同中的综合单价），清单工程量可调整，这是清单计价最基本的原则。本案例清单项目取消，清单工程量调整为负数冲减合同中的清单工程量了，最终结果怎么计算还是0元，也不会变成负数。

有人说既然知道承包方清单项目报价为0元，办理取消此清单项目变更的人应该受到处罚。这句话不完全正确，如果卫生间、淋浴间地面清单项目列了木地板或地毯，分项工程还未施工，业主方发现问题后立刻叫停并办理变更修改了清单项目做法，此行为并没有任何错误，木地板或地毯如果铺设在卫生间、淋浴间地面上，用不了一周就会腐烂、长毛，到时还要花费资金拆除后重新铺设其他材料的地面，业主方没必要多此一举。出现这类情况及时办理变更没有错误，承包方报价理念更没有错误。错误的责任人应该是设计师、招标控制价编制人和评标人。

1.82 招标控制价概念为什么会出现在工程施工合同中

问题：招标控制价概念为什么会出现在工程施工合同中？

一个概念是有生命周期的，招标控制价概念的生命周期也非常明确，《建设工程工程量清单计价规范》GB 50500—2013第2.0.44条招标控制价概念：招标人根据国家或省级、行业建设主管部门颁发的有关计价依据和办法，以及拟定的招标文件和招标工程量清单，结合工程具体情况编制的招标工程的最高投标限价。从概念逻辑上看，招标控制价作用应该终止于中标通知书发放之日，也就是说一个工程项目当发放中标通知书后，招标控制价就完成其"最高投标限价"的使命。而工程建设施工合同起点在中标通知书发放之日后30日内，招标控制价与工程建设施工合同没有一个字的交集，从时间逻辑分析，招标控制价的任何内容都不应该出现在工程施工合同中，更不要说工程结算阶段出现招标控制价的概念了。

1.83 定额中的机械人工费是什么性质的费用

问题：定额中的机械人工费是什么性质的费用？

操作工程施工机械的人分两种：（1）施工方操作机械的人，如操作搅拌机搅拌砂浆或操作地泵浇筑混凝土。（2）租赁机械一方自己委派的机械操作人员，如塔式起重机驾驶员、土方车驾驶员等。施工方操作机械的人（如开搅拌机的工人）就是抹灰工序的辅助人工，其消耗的人工工日应该体现在抹灰工序定额子目的人工定额含量里，租赁公司自己委派的驾驶员工资包含在机械租赁使用台班内，包含在机械费里，不再定额子目中体现人工工日。

1.84 工程量清单综合单价会不会出现负数

问题：工程量清单综合单价会不会出现负数？

工程量清单综合单价可以理解为商品单价，这个商品单价最优惠也就是到0为止，不可能出现负数。有人提出了不同意见：我们拆除厂房报的就是负数的综合单价；基础土方如果是由优质砂、石组成，土方报价也会报负数的综合单价。

先不说用这种赌博的心理报价是不是正常的经营方法，即使是拆除厂房后的废旧材料净残值（或挖出的优质砂、石卖了一个好价钱）大于报价中的让利损失，这种报价实际不是销售行为，而是变成采购行为，我们研究的施工方报价的工程量清单综合单价本质上是一个销售清单项目商品的行为。

面对拆除旧厂房能变卖其中的废旧材料的诱惑，投标方在报价时还是应该按正常的拆除工序成本报价（也就是报正数，有综合单价），在投标报价澄清上完全可以附上一条：拆除后所有建筑渣土由发包方决定去向。

报价时附上这条后，结算时就会给发包方三种选择：

（1）发包方把有净残值的材料自行处理后，剩下的让承包方清理出场，这时承包方再坐下来谈建筑渣土清运费、消纳费等就非常从容。

（2）发包方不自行处理有净残值的材料，双方协商以出售带净残值材料的价格抵建筑渣土清运费、消纳费用，承包方算清楚账后也可以接受。

（3）发包方如数把清理建筑渣土的清运费、消纳费等支付给承包方，双方约定处理完建筑垃圾后，承包方把出售带净残值材料的部分金额返还给发包方100000.00元。这时的结算处理程序是：

①承、发包双方先将工程项目竣工结算手续办理完成。

②用退还甲供材的程序将事先约定好的100000.00元材料净残值变现款退还给发包方。这笔费用是不需要经过工程审计的。

2

EPC 项目管理模式解读

2.1 EPC项目管理模式与BIM的"珠联璧合"

EPC：是项目管理模式的简称。

BIM：确切说应该是管理工具的名称。

两个概念放在一起，发现其中的共同点是"管理"。管理工具为管理模式服务，立刻为我们勾画出脉络清晰的结构线条。下面把这个结构中填充进相关内容，让其更加生动、鲜活。

BIM参与工程项目的管理模型案例：

工程项目：某大型工程

时点：2018年3月14日

工程项目形象：地上6层主体第3流水段（轴线14～20）浇筑C30混凝土。

BIM建模操作人员：根据项目经理指令，将6层主体第3流水段混凝土构件（梁、板、柱、墙等）标注浇筑日期、时点、混凝土强度等级（甚至混凝土工程量）、施工班级、值班工长、旁站监理、发包方工程师等信息并逐一输入到BIM模型中，并通知工程监理、发包方、全过程审计等相关人员对输入的信息进行确认。

监理工程师：进入BIM模型授权界面后签字确认。

发包方（或工程管理公司）：进入BIM模型授权界面后签字确认。

驻场全过程审计：进入BIM模型授权界面后签字确认。

时光飞逝2年多时间过去，这套流程循环往复地进行，项目顺利竣工并进入结算阶段，可当初的项目管理人员已经多有变动，甲、乙、丙三方最先进场的人员许多中途陆续离开了本施工项目工地，办理竣工结算时许多疑问已经无法找到人证。多亏BIM建模操作人员自始至终坚守，所有过程记录已经全部输入到模型之中，在争议混凝土添加抗冻剂工程量时，从模型中调出2017年11月15日～2018年3月15日和2018年11月15日～2019年3月15日期间浇筑的全部混凝土工程量并且与之对应的部位，经过工程审计抽查审核，工程量数据完全相符，并且各方签字都清晰可见、责任明确，虽然当初的项目签字人有的已经不在项目现场，但过程记录完整，数据真实可靠，完全可以用来作为结算依据。

这个简单的案例看似只是为了计算混凝土冬施阶段的添加剂费用，为竣工结算提供依据，其实这种方式体现了BIM作为管理工具的两个优势：

（1）把工程量四维化：除了计算构件的长、宽、高以外，还融入时间这个概念，BIM类似股票分析软件，当鼠标指针左右移动时，这只股票各期信息就随之变化和呈现，使股票操盘人既能看到当日，也可以分析前日交易内容。股票分析软件是二维平面+时间的软件，而BIM是三维立体+时间的软件工具，应该说BIM展示的信息量更大，可以帮助工程造价人员算量，可以辅助项目经理组织施工，也可以为材料部提供项目后期不同时段的材料计划。项目工程量算得越准，时间计划排得越细，得出的计划信息也就越接近实际。

（2）多元化参与：BIM针对一个项目模型建立完成后，所有参与工程项目的管理方都可以从自己专用通道进入BIM模型中，在专门的位置留存记录信息，相当于把纸制的相关签字、盖章资料以电子版本形式刻在了服务器硬盘上，BIM模型相当于是一个持续开发、不断完善的管理平台。之后任凭人员更换，但模型上的记录依旧留存，没有人证照样有结算依据。多元化参与使信息输入更加完整，模型当中的信息使用方可以共享资源。一个检验批完成后，谁施工、谁监督、谁验收等管理流程一目了然，再也不同于原来纸质版文件，甲方交给乙方变更、联系单等工程资料还要签字确认；承包方向发包方递交工程洽商等资料如同向司法部门内传递诉状，没人愿意接收和确认。BIM参与进来后，各道工序不签字，电脑程序就无法运行到下一环节，前道工序没有验收，后道工序就无法进行交底，耽误了工期，发包方想要对责任方罚款，承包方则发出工程洽商要求索赔工期和误工费，项目参与的任何一方不作为，都会受到其他方的指责，工程项目管理会变得越来越透明和更加高效。

简单的操作背后是不简单的组织、管理体系在运行，过去是人与人的对接交流，

BIM可以实现人→机→人的交流，项目参与方既承担BIM模型建立的相应责任，也分享BIM模型中的信息。在EPC项目管理模式中，这种方式如果能够得到运行，效率不可估量。

EPC项目管理模式是设计方案中标，在项目确定中标人并签订项目合同时，此时这个项目的信息并不完整。有人会问为什么EPC项目信息会非常粗糙？这就要从设计成本说起，传统的固定资产投资项目从立项到竣工要经历设计阶段、招标投标阶段、合同签订阶段、项目管理阶段、竣工验收阶段、运营维护阶段。过去说的项目管理范围只包含招标投标阶段、合同签订阶段、项目管理阶段、竣工验收阶段4个环节，EPC将Engineering的设计阶段环节与Procurement运营维护阶段（采购环节）与施工阶段融为一体，由一个总承包方来完成。总承包方要想获得EPC项目订单，就要从设计方案开始着手投入。如2008年国家体育场项目设计中标方获得1亿美元的项目设计费用一事，但有谁计算过没有中标的各方心血付之东流的损失。EPC项目前期设计费用的投资是巨大的，风险也是深不可测的，设计方案不同于实物产品，张三不接受但李四中意，总有一款适合买家，25万m²国家级别的体育场设计方案出台后未被接受采纳，再找下一个奥运会承办买家不知道要等到何时何地。

EPC项目在明确中标人之前，任何投标方在方案设计上都是谨小慎微。他们担心投入过大最终心理上难以承受竹篮打水的结局，又害怕设计方案过于粗糙影响自身竞争力。笔者经常参与这类项目的投标，被问及的话题经常是：某空间部位是否再提供几张效果图。一张方案效果图设计成本上千元，八字没一撇的交易谁会无限提供免费服务。现在的EPC项目投标方越来越精明，在竞标过程中，直至项目最终签订合同之前，一般招标方都得不到项目的设计方案电子版本，即便拿到也是经过设计方缩水处理的邮票大小根本看不清楚的图片，商务谈判现场的场景道具除笔记本电脑外，谈判各方手里只有拿着几张模糊的缩小版纸质图片和几张报价单及商务谈判的记录资料就在讨价还价。

当EPC项目中标后，总承包方立刻要从交易阶段进入施工阶段，这时发现，与传统的工程项目操作流程相比，EPC项目管理模式在设计阶段与招标投标阶段的投入都极大地降低，这个降低并不是招标投标方管理成本降低，而是设计程序简化造成。但设计程序简化并不是指施工平面图、立面图、节点图、放样图、深化图可以随意缺省，传统项目经过单独的设计阶段（设计费由业主方另行支付），投标时施工图纸只能说基本完善，中标方签订合同后，拿到的施工图纸后还要经过图纸会审这道工序，之后边施工边继续与设计方沟通之后的图纸深化工作。但EPC项目模式业主方并没有单独投入设计费用，总承包方兼任了设计方一职，设计、施工一体化无缝对接，用不着发包方组织图纸会审工作。EPC项目中标签订合同之前除了几张简单的平面布置图之外，立面图缺少很多，节点图几乎没有，更不要谈放样图、深化图了。签订合同之后，总承包方就需要全力完成图纸的补充工作，BIM如果能从EPC合同签订后便介入到项目管理中，对之后的设计施工图纸辅助设计完善能起到促进作用，至少从起点上杜绝构件、管线相互交叉影响等缺陷，会极大地提高施工图设计的效率，当施工图纸设计完成时，BIM模型也同时生成，之后的设计图纸沟通对着三维模型论证，工作将变得轻松自如。

BIM是一款不错的工程项目高效管理工具，使用人不局限于工程造价人员，还包括发包方、项目管理方、项目监理方、项目审计方等所有的项目参与人员，在设计阶段BIM模型应该已经建立完成，建模工作根本不应该由工程造价人员完成。工程造价人员只是BIM模型的信息共享人之一，可以通过模型计算工程量、报各期进度款、统计结算数据、管理增减项内容等，与之同步，材料员可以通过BIM模型提取材料计划用量，主任工程师可以通过BIM模型设计施工项目中各项措施方案，如平面总体布局、脚手架搭设、工程设备安置、材料码放、场地选址等工作，项目经理可以通过模型修正施工进度方案等。

BIM作为管理工具开发之路还任重道远，如果只局限于工程造价人员使用只能称之为算量工具，BIM必须成作为设计师的辅助设计软件，并得到其他管理部门的共同认可，才能发挥出BIM高效、快捷的优势。作为工程造价人员，能推动BIM发展进程也是对工程项目科学化管理的一个贡献。

2.2 不带设计方案的EPC只能算PC

许多造价同行自称他们操作过EPC工程项目，当笔者带着好奇的心情与之探讨时发现，他们嘴里的EPC工程项目管理模式只不过是"费率合同模式""模拟清单模式"等简单的操作模式。

EPC工程项目管理从理论上解释好像就是设计、施工、采购如此简单，实际其内涵完全颠覆现在工程造价人的认知界限。

EPC项目之所以颠覆造价人员认知，是因为EPC项目中标并不完全看投标报价，而是最先看设计方案，即EPC中"E"。如果设计方案没有被业主方认可和通过，其他所有的一切承诺，如报价、施工组织设计、资质、管理团队都变成破碎的泡沫，一般的特级总承包公司大多不具备建筑设计方案的能力，所以EPC项目中标方当然与他们无关。

EPC中的"E"实际上就是项目的灵魂，缺省了EPC中的"E"，项目的管理就如同PC机器。现在绝大部分工程造价人员在EPC项目中从事机械地性地计算工程量、套定额等低端工作。在全过程造价中，提的问题无非是措施费应不应该给、投标报价高低是否应该调整等问题。为了不让工程造价在没有入门前就被淘汰，现在对真正的EPC项目全过程咨询管理做一个流程梳理。EPC项目管理的操作程序如下：

（1）根据业主方要求编制EPC项目的招标文件。招标文件内容包括：

①项目概况：包括项目名称、地点、建筑面积、周边自然环境等内容，附加地块总图（如果有，可以附带地下设施布局）等信息。

②使用要求：是招标文件最核心的内容，如平面布局分割、安装系统搭建、功能使用要求、材料选用标准等。

③其他说明：如工期要求，建筑高度要求，水、电、气接驳说明，其他相关部门提出的各项要求说明。

④其他事项：如投资额（也就是招标控制价）、建筑形状要求、业主颜色喜好、建筑风格搭配等。如果业主方没有明确的主题思想，这类设计方案最好交由方案设计方完成。

⑤工程施工合同范本：EPC项目管理虽然是百分之百的固定总价项目，但业主方的变更，人、材、机的涨价风险可以在合同中约定风险比例以及调整单价差，因为EPC项目合同组价项目非常粗糙，结算时变更项目可能会没有组价原则可循，如业主方后期增加了一个门禁系统导致电线管清单工程量增加，但因为前期投标强弱电是按点位报价，报价清单中没有电线管的清单项目，当然也就没有可以借用的清单综合单价，结算时要对增加的线管组价就要事先在合同中明确后期结算时的计量、计价方法。

（2）投标方的粗选：投标方根据招标文件要求各自带着设计方案前来投标，各家的设计方案能不能博得业主方的眼球是业主决策的内容，有没有满足招标文件中所有要求是咨询公司要把握的方向，如招标文件规定普通房间空调制冷量要达到130W/m²，机房空调制冷量要达到180W/m²，投标方选用的空调主机功率、分机数量是否达到招标文件规定的要求。如果设计方案中的技术参数不达标，报价只是毫无意义的虚数。

（3）投标方的精选：EPC项目以设计方案打动人心，设计方案的色彩、造型、寓意等图片结合文字内容是投标方要做的工作，当设计方案面临多选一时，投标人的报价、服务、资金实力、企业资质、团队构成、历史业绩才有可能成为评分标准。诸多因素中各项指标的权重占比是全过程咨询方向业主方建议的一个评标方案。如一个展厅项目，投标候选人分别是铁路项目的总包、桥梁项目的总包、精装修项目的总包，虽然前两家公司实力雄厚，业绩辉煌，但仔细分析发现，所做的业绩与本项目没有交集，也就是说两家没有做展厅项目管理的经验，发达的肌肉并不一定能胜任绣花的工作。

（4）施工方案的评定：能被投资人一眼相中的设计方案往往存在许多标新立异的设计构思，如国家体育场项目，独特的造型开创了国内钢结构制作安装的先河，同时也给施工过程出了一道巨大的难题，图纸出来后如何转变成实物的理论真实性就是评标过程要判断和解决的问题。如果国内现有的设备不能满足钢梁加工工作，就要放眼全球寻求加工厂家，如果全球的设备都加工不出来图纸上的构件，图纸无法转化为实物，设计就要重新绘制现有设备能加工出来的构件。在设计方案的评选中，如何把图纸变成实物是EPC项目经历的必答题。

（5）措施方案的评定：措施方案决定用什么方式对实物量的施工工序、施工工艺、施工工期进行控制。如一个头重脚轻的建筑如何能稳定地存在，设计计算是一个方面，过程中的措施控制又是另一道必答题，采取的工程措施是否科学、合理就是一个评标焦点。

（6）EPC项目是固定总价合同：因为合同固定总价，要求前期评标（也叫商务谈判）经历多轮澄清，将更多的问题解决在合同签订之前，单纯地以低价中标为指标，很容易将好的设计方案拒之门外。量力而行、量体裁衣是EPC项目管理的一个特色，以有限的资金尽可能满足业主方完美的设计方案要求，是体现全过程平衡管理的水平。

本书只简述了EPC项目管理的第一个要素，实际设计方案评标过程要远比这6条复杂百倍。在EPC项目模式招标过程操作中，业主方首先要拿出百倍的精力，事先把自己知道的信息和盘托出，让投标方充分得知业主方（使用方）对项目功能的要求、周围环境的情况、自身的想法等内容，不能像一些案例中出现的争议一样，选完中标方才开始地勘，导致承包方事后竣工结算时索赔基坑支护费用。EPC项目管理操作程序上的任何错误都会在将来结算中带来不必要的争议和纠纷。

2.3 设计、施工一体化模式你能适应吗

国内较早的设计、施工一体化模式主要出现在家装公司中，因为早期的家装项目存在规模小、施工简单、业主不专业等特点，家装公司草草画几张图纸就可以施工并最终交付工程验收，现在的家装设计师实际上还是身兼市场开发（业务销售）、设计（方案效果图、施工图设计）、预算报价（造价员工作内容）、技术指导交底（技术员角色）、材料选用并采购（材料部经理）、售后服务等多个专业岗位于一身的全能型人才。与国内家装设计师看上去的一岗多能相比，国外（如日本）的家装设计师更是集设计方案建议、业务咨询服务、施工组织安排、材料采购比选、售后维护维修服务于一体的全过程项目集合体。一名日本设计师一年大多只做2~3个项目，每个项目甚至从选房开始为业主提供服务，业主购房前要经历方案设计、施工图设计、材料选样设计等前期设计环节，之后组织施工队开始装修施工，最后也一应俱全地提供软装配饰、售后维护等。

之前国内工程项目建筑图纸设计与工程施工都是由相对独立的不同主体完成，这种情况是因为最初国内的建筑管理水平落后，施工单位没有能力承担项目设计方案及施工图设计的能力，久而久之，设计与施工主体分离成为国内工程建设项目代表的模式，甚至还有人提问：国外早就取消了带有氨水污染的硫酸纸蓝图，为什么国内的施工图纸还要蓝图？有人想了半天找不出有力的证据直接回复这是意识残留（其实国内如北京市也禁止使用带有氨水污染的晒图机）。还有人问：建筑工程施工图由哪个单位发放给承包方？对于这个问题，笔者阐述一下自己的观点。建筑工程施工图纸一定由发包方转交给承包方。依据是建筑工程施工合同里有这样的条款规定：发包方在×××年××月××日交承包方×套施工图纸。为什么施工图必须由发包方转交承

包方而不是设计方、监理方等主体完成这个交接程序，这个问题又回到工程施工合同，因为合同主体就是发包方与承包方，合同当事双方相互提供义务并且享受权利，施工图纸可以没有设计单位签字盖章，但必须要有建设方的确认痕迹，施工过程中施工方没有按图施工是承包方的责任，图纸设计错误造成的返工或其他经济损失由图纸发放一方负责，从施工图纸发放这一件小事上可以将工程项目参与主体的权力、义务关系梳理清晰。

从一种固化思维模式中跳出来难度有点大，就如同问一个人看蓝图与看白图感觉有什么不一样，虽然说不出什么不同之处，就是看习惯了蓝图显得白图更晃眼。设计、施工一体由家装逐步进入到工装行业，甲级设计、一级装修承包（所谓的双一级）资质成为许多工装公司进阶的目标。设计、施工一体化企业能在工装公司迅速成熟，而在特级总承包企业难以立足的原因主要有：

（1）精装修阶段设计对于整个建安工程项目来说是门面投入，设计效果重于工艺设计，业主方介入意见想法的概率远远大于建筑、结构设计阶段，设计师在此阶段往往成为改图员，设计方案被一遍又一遍地否定，自己的设想不能被别人接受还要反过来替别人描绘他人的设想蓝图时，大设计公司中的设计师就难以放下身价，于是在建筑设计图纸时，往往在图纸中用一句"由专业厂家深化完成"，把之后的设计接力棒交由下一道工序完成，而这个下一道工序恰好进入到精装修阶段，装修公司的深化设计师充当了土建施工阶段技术员岗位的角色。

（2）深化设计只是对装修工艺的具体描述，并不是设计师追求的终极目标，方案设计才是设计师的最爱。精装修工程正是可以展示设计才华的平台，如图2-1所示构件中的造型、色彩、图案、灯光等艺术组合搭配，把设计师思想、风格完美展示在观众眼中，就是设计大师艺术追求的成就。

（3）业主的要求成为设计、施工一体化在精装修公司诞生和发展的土壤。许多业主看到方案效果图时，迫不及待地要求知道投资金额，甚至有些急性子的业主看完现场就要求估算出造价，单一模式的设计公司很难实现业主方的急切要求。在实施过

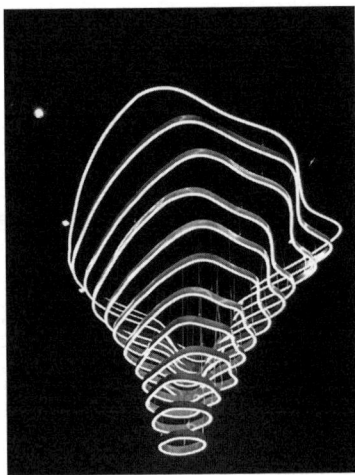

图2-1　艺术灯具

程中，业主方不管设计、施工是否是一家，只要能达到理想的设计效果、节约投资成本、加快工期进度就是有潜力的合作伙伴。设计、施工一体化模式公司正可以实现设计与施工阶段的无缝对接。如报价上设计出一版方案，造价人员算一版报价，有的项目为了迎合业主的要求，商务谈判前同时要准备多个施工方案和相对应的报价。要达到这种沟通速度，只能是设计、施工一体的公司，可以在随时更改方案的同时，同步更改设计方案报价。现在国内引入的EPC项目管理模式就是设计、施工一体的管理模式延伸。

总结设计、施工一体化管理模式的发展过程，现在国内实施设计、施工一体管理模式的障碍主要是观念上的问题。

（1）设计与施工一家，施工时直接可以变更工艺做法，然后任意追加费用。实际这种说法又回到施工图纸是由谁下发给承包方这个问题，承包方用于施工的图纸不是设计方直接提供的，而是经发包方转手审核、确认过的图纸，即便是设计、施工一体化的单位，施工时仍然要使用发包方下发的图纸进行施工，而不是签订完施工合同后，承包方可以随意再另外出一套与业主方想法不同的施工图来骗客户。施工图纸确认、设计变更的增减、竣工验收的质量把控权力始终在发包方手中，担心施工阶段承包方自行更改设计图纸的想法是对合同理解的不到位。设计、施工一体指施工阶段设计缺陷可以迅速纠偏，不会到了施工工序完成后才发现设计错误而造成不必要的返工，如果不涉及经济增减的设计变更，施工方可以直接以最佳工艺先施工后补图，在最短时间内以不降低质量验收标准、不改变设计效果的前提下，根据施工现场临时发生的情况将某个具体的清单项目工艺节点深化到位，如原设计窗帘盒规格尺寸为200mm×300mm，现在受各种因素的制约，窗帘盒设计规格改为250mm×250mm进行施工。即使清单项目变更有经济利益的增减变化，在与业主方沟通时，设计、施工一体公司也能体现许多便利因素；再如土方施工挖到淤泥，承包方一方面可以让设计师直接与业主方协商回填方案，另一方面工程师同时编制回填措施方案，不需要再通过业主方找到设计方后再协商设计方案修改程度，设计、施工一体化相比设计、施工分离的模式效率更高。

（2）担心因为没有设计把关，施工期间承包方所用的材料会以次充好。不管设计、施工主体分离模式还是合二为一体制，工程管理的程序都是一样的，设计方案定稿后业主方挑选设计方送交的材料样品作为招标材料封样，招标投标阶段投标方根据招标方提供的材料设计样品提供材料样板，供招标方与设计方对提供的材料样品进行比对、优选，并且根据提供的材料样品质量报材料价格（这里材料封样主要是数量大、单价高、对设计效果影响大的主材样品）。工程施工合同签订前业主方对最终中标方提交的材料样板签字封样，施工方在项目施工阶段采购材料进场前还要提供进场材料的样板与之前业主签字封样的材料样板进行对比。这一系列程序如果正常运行，材料以次充好发生事件只是很小的理论概率。

（3）设计、施工一体化工程项目工程量清单由谁编制，谁对工程量清单的正确性负责？这种项目实际有两种工程量编制方式：

①与传统的工程量清单报价方式相同，设计方提供施工图纸，由业主方（或业主方找的第三方）编制招标工程量清单后，统一公开招标或议标。这种操作方式业主方实际将设计与施工程序（不是主体）分离，投标阶段，设计方身份转换为投标单位参与工程项目施工的投标过程，在与其他对手的竞争过程中，最初的设计方并不能保证一定能中施工标，因此进入招标阶段后会向业主方请求结算前期设计费用，这种项目招标文件里通常有一条：中标方负责支付××××元设计费。这种操作与传统的清单计价原则相同，工程量清单的正确性由招标方负责。

②设计方中标（类似EPC项目管理模式），这时的工程量清单由投标方编制，责任主体已不是招标方（或业主方），而是投标方。这个问题的依据从《建设工程工程量清单计价规范》GB 50500—2013角度分析解释最清楚：

总则第1.0.5条规定：承担工程造价文件编制及核对的工程造价人员及其所在单位，应对工程造价文件的质量负责。

谁负责编制工程量清单，谁就对工程量清单的正确性负责，而不是一般认为的由固定主体对工程量清单的正确性负责。

这种磋商议标项目，合同结算模式也是固定总价合同，只要设计方案中标，报价金额双方协商一致，承、发包双方就可以签订工程施工合同，一切清单报价失误的损失（或者占得便宜）统一包含在固定总价合同中。

设计、施工一体化模式是设计与施工主体关系发生了质的变化，经历过这类项目的工程造价人员，思维模式可以得到一个适应性的锻炼转变过程，最终成功进入EPC项目管理模式的运营体系中。对这类模式具体优缺点评价没有什么实际意义，要做的就是遇到这类项目知道自己应该做些什么。如身处设计、施工一体化模式的公司，就要能对着现场图片、效果图，最多一张平面布置图和设计师几张手绘草图准确地计算出工程量，并且给业主方迅速地报出相对合理的价格，最高的技能是能猜测出对方听到报价后的心理活动内容。在这种项目做报价，通常不可能有精确、完整的施工图纸等着造价人员建模、算量、定额组价，有的只是脱口而出的清单项目综合单价（如图2-1定制的艺术灯具，在没有找到供应商之前就要将安装综合单价3000元/个的成本预算清楚，保证3000元/个灯具报价能有利可图）及设计方案、施工方案、措施方案的解释与修改全过程的商务谈判全方位（算量、组价、取费）的基本功。

2.4 用餐前是选择餐厅还是挑选厨师

前段时间看到这样一则消息，大致意思是：作为招标方的"瑞金市新征途文旅发展有限公司"下发一条公告宣布：××市红色教育培训基地（××市委党校）EPC项目招标于2020年11月9日按照程序进行了开标、评标，中标候选人公示已于2020年11月10日进行了公告。

在公示期间，文旅发展有限公司收到了其他投标人的异议书，提出对××（集团）有限公司拟派的项目总负责人兼施工负责人（建造师）刘××存在管理在建项目的质疑，经查实此质疑属实。

根据《××市红色教育培训基地（××市委党校）EPC项目招标文件》的要求，项目总负责人和项目施工负责人在开标时不得有管理在建工程的相关规定，取消××（集团）有限公司、××设计研究院有限公司（联合体）的中标候选人资格。

中标方被取消资格公告不是什么新闻，关键是这一项目的投资金额54748.63万元，让人为中标方感到惋惜。仔细分析公告内容，中标方被取消中标资格的理由就是因为将来负责该项目的项目总负责人和项目施工负责人因开标期间没有从其他项目中抽身（公告所描述的存在在建项目），也就是经常听到的注册一级建造师证书被锁定状态不能接手下一个项目的工作。

单独从逻辑关系上解读，中标方被竞争对手黑了也是硬伤所为，本节不探讨工程项目背后的政治问题，单独从这个事件本身的起因、发展、结果做一个分析，从而也从失败者的教训中吸取一些将来成功的经验。

真正意义上的EPC项目能走到中标这个节点，之前应该经历了项目招标、招标答疑、初步设计方案、设计方案选定，经过两轮甚至多轮筛选、经济标也经过初轮、二轮，甚至多轮清标过程，招标方最终与幸运的这家投标方达成中标意向，下一步就是签订建设项目工程总承包合同（注：此合同范本已经在2021年1月1日开始实施）。

项目还未实施就宣告中标人夭折，分析原因用婚宴来做模型。某人办婚事到一个餐厅预订10d后的100桌婚宴酒席，指名席上的招牌菜"××红烧鱼"必须由厨师张师傅掌勺，"××清蒸肉"要由厨师李师傅主厨。交完订金后说明婚宴合同生效，但因为各种原因两位大厨这几天不在店中，5d后才能返回，这与合同条款不符的客观因素是否影响10d后的婚宴，只有合同当事人去协商承诺。

EPC项目从招标文件发出到中标文件签署，间隔时间最短也要用"月"来计量，长则数年也不一定能落实，5.4亿元体量的项目，设计上一年半载、再谈上一年多都属于正常进度，这么长时间投标方的项目负责人都没有得以从上一个项目抽身可见摊上了难缠的项目。

有人总说我们投EPC项目的标3～5d就能定调，3周后就能进场施工，哪用得着三年五载这么长时间。真正意义上的EPC项目比的就是那个"E"，国外的EPC项目操作程序是：投标方的设计方案未通过（也就是未中标），该投标方的经济标将长期处于封存状态，也就是没有人再去关注设计方案未中标人的投标报价，按现在的理解就是废标了。EPC项目评标不是单纯比投标价格，而是全面衡量设计方案与报价的性价比，如果设计方案令招标方拍案叫绝，同时报价又在投资方资金可接受范围之内，这样的投标方签约概率与商务谈判过程时间会明显成反比之势。

设计方案只是EPC项目里的方案统称，实际设计方案应该具体分为几个组成部分：

（1）设计方案：主要体现工程项目的功能与效果，用来吸引招标人的眼球。

（2）施工方案：就是把图纸变成实物的全过程文字、图像、音视频等描述，用来告诉项目投资人这个项目实施具有的科学性、合理性、可行性，说得再明确一点，就是打消投资人对设计方案能否最终形成与图纸中效果一致的实物和与设计方案描述相符的使用功能的顾虑。

（3）措施方案：为了实现施工方案而采取的所有可行性措施。如汶川地震后要对形成的燕塞湖进行最短时间内的疏导作业，措施方案就是动用26m直升机将数台挖掘机吊运至作业区进行堤坝挖掘，从任何角度考虑，在当时这就是最佳的工程措施方案。

（4）应急方案：这个方案不是必须上报的，但也是非常重要的投标内容，在这个方案中，可以将招标文件中不确定因素以假设的方式提出，如地下情况因招标方没有给出地勘报告，遇到设计方案之外的情况如何处置（言外之意就是如何在将来结算时加钱找到合理的借口）；招标文件要求的功能偏高或偏低（话外音就是我们报价可以按正常取费，如果招标方不采纳我们的合理化建议，仍然坚持偏低标准，将来质量出现问题就要坐下来细分负责比例，并且也从侧面暗示，招标方执意使用低端标准，报价还有打折的可能，如果招标方仍然坚持偏高的标准，就不要在商务谈判中跟我们谈打折、让利的事项了）。

回到案例中5.4亿元的总承包项目是否非刘××亲自出场不可，轻易地取消中标方资格，再换下一家公司又要经历漫长的商务谈判流程，所有的方案问题落实需要不断重复，笔者参与过上千次的商务谈判，别说5.4亿元规模的工程量，就是5.4万元的项目，将项目流程重复3~5遍都会引发心理障碍。因为中标方被取消，招标方之前所有工作付之东流，再找到与刘××水平相当的项目负责人要经过多少道测试环节的沟通与协调都是未知数。如果说招标方只是看中了××（集团）有限公司和××设计研究院有限公司（联合体）的资质招牌，多一个或少一个刘××又有什么关系。

案例中这个项目的招标方关注点是什么不得而知，但从招标程序上分析实在是太流于形式，作为投标方也属于经验不足类型。刘××在投标阶段身兼其他项目，在应急方案中应该明确这一客观问题，并作出"此项目如果中标，进场动工后确保刘××无其他在建项目"的类似承诺，如果招标方接受这一事实，公示阶段再被人揭示出来项目负责人有在建项目的问题，招标方也可以出来做个合理解释。

EPC项目从收到招标公告到进场施工，期间不可能让一个年薪几十万元的项目经理脱离工程项目来专职负责一个不确定的项目投标工作，万一所投项目不中标，谁又能来报销投标费用？

案例分析

3.1 被"逼急眼"的业主与"手足无措"的施工方

工程措施费之所以被称为"生死措施费",是因为在措施费问题上,参与工程项目施工的各方都被吓怕了,从下面几个案例中可以看出,各方心态在措施费项目上的充分表现。

【案例1】材料二次搬运费是否需要施工单位出专项方案?在结算中,业主认为每项工作内容都要有专项施工方案,不然不予结算,感觉业主很刁难,什么时候需要专项方案?怎么理解?

从案例1,不用问就知道承包方在工程项目结算中向业主方索赔材料二次搬运费了,业主方一着急,就向施工方要"每个清单项目"的专项施工方案。下面分析一下"材料二次搬运费"是否属于专项施工方案,以及专项施工方案到底应该是什么样。

材料二次搬运费一般意义上属于组织措施费范畴,如钢筋原料进场后,钢筋加工场工人要将其分规格、型号搬运到钢筋成型机、钢筋调直机旁,加工成型的钢筋再搬运到塔式起重机能吊运的场地上,待塔式起重机将成型钢筋垂直运输到各施工部位。除了钢筋,还有模板、脚手架管、跳板、砌块等建筑材料,每种材料搬运的方式各不相同,但施工方案对常规的材料二次搬运可能是一句话带过,并没有详细的专项描述。但特殊情况下,材料二次搬运就有可能会编制详细的方案进行施工组织设计和费用计取。如施工现场没有垂直运输机械,瓷砖与铺贴瓷砖用的砂浆要运输到5层楼上进行施工,墙、地砖工程量合计3000m^2,在现在这种科技条件和劳动力成本条件下,真用人工从地下2层将瓷砖搬运到5层,材料二次搬运费比瓷砖铺贴费都高,这个项目投标报价仅材料二次搬运费就会超过20万元，这样报价显然会影响投标竞争力，但材料二次搬运费这项费用在这个项目中又不可掉以轻心，作为投标方就要认真地对材料二次搬运费做好施工组织设计方案，以方便工程成本测算，以这个项目为例，投标方会出具2~3个方案：

方案1：用汽车式起重机吊运。在5层楼某个部位拆除一樘外窗，并做好四周的成品保护，从拆除的外窗处将所需要的材料吊运至5层，再用手推车水平运输到各个施工部位。实施这个方案要解决：

（1）汽车式起重机型号、吨位：以满足最佳吊装效率。

（2）辅助工具：吊运瓷砖用什么辅助工具，吊运砂浆、吊运石膏板等又采用什么辅助工具。

（3）吊运材料的先后顺序：先上瓷砖还是先吊龙骨、石膏板。

（4）将一层建筑材料吊运到位，一共估计要用几个吊次、一吊用时多少、分几天吊完等。

方案2：在电梯井里安装卷扬机运送。优点是不用过多考虑上料的钩数，卷扬机安装后一天24h都能随时工作，虽然一次吊装量小，但使用方便，施工现场材料随用随运，解决了如雨期露天运输水泥手忙脚乱的问题，直接将水泥运到地下2层再慢慢倒运到施工部位。

方案3：卷扬机与汽车式起重机混合使用。大构件用吊车吊，小件材料用卷扬机上料，能保证速度又可以兼顾环境。

以上这些内容解决就是材料搬运的专项方案，经过成本测算各项方案费用约4万~5万元，投标报价时可以心中有数。

【案例2】定向钻试回拖可以考虑为相应的质量保障措施吗？施工方作为专业的施工队伍，报价前该费用是否自行考虑，是否误认为含在措施费中？结算时此费用是否该给施工方？

工程施工各工序操作都有严格的标准要求，有的标准条款是为了保障安全，有的是为了保障质量，如混凝土泵车浇筑混凝土之前要先用砂浆做"润管"工作，目的就是为了测试泵管内部是否畅通，顺便把干的混凝土渣带出来。定向钻试回拖也应该是一道标准的工序要求。如果正常套用拉管定额子目，这项工序应该包含在定额子目的工作范围之内，不应该再单独索要措施费用，在结算时既然业主方说了每个清单项目都必须附专项措施方案，施工方正好将此正常的施工工序方案做成要钱的理由。

工程项目已经竣工验收合格，在没有发生安全事故、质量事故、文明施工不达标、工期拖延等情况的前提下，探讨工程专项措施方案没有什么意义。反过来说，各清单项目合格的前提就是运用科学的施工组织措施方案才得以保证实施。

【案例3】一道清单项目特征描述的组价练习题。

（1）结算时不因施工中实际土方、淤泥、石方和流沙类别、比例、运输距离、弃土场地、开挖方式不同引起的综合单价改变而调整综合单价。

（2）土石类别：土石综合。

（3）基础类型：独立基础。

（4）开挖深度：综合。

（5）场内运距：投标人自行考虑。

只看以上（1）～（5）项，谁能把价格报出来并且报准确？现在许多人说做工程造价不用去施工现场，面对这一切综合考虑、自行考虑的问题，作为投标人应该如何考虑？这就是一位投标报价人面对清单项目特征描述的已知条件后做的无奈咨询，回答这个问题首先反问"招标控制价编制人面对这些综合类费用如何判断出报价成本"？实际是招标控制价编制人不知道土方费用具体应报多少合理，才将球踢到投标人的脚下，解决这类看不见的量就要深入现场。具体工作如下：

（1）看现场环境：虽然透视不了地下情况，但淤泥、石方和流沙在表面还能看得见。

（2）认真审图：这个项目底标高不在一个平面上，所以招标控制价编制人连建筑物基础具体深度都无法正确描述，只能靠投标人凭经验判断。

（3）开挖土方措施方案：通过现场勘察，可以判断施工现场是否有地方存土，通过施工现场地点定位可以反算出土方排渣的距离（土方运距）。

将含糊不清的工程量清单项目特征描述透明化，才可以相对准确地测算出土方成本。如果是招标控制价编制人，绝对会将土方中"淤泥、石方和流沙"等不可控因素纳入变更范畴内，如果开挖 $10000m^3$ 土方出现 $8m^3$、$10m^3$ 淤泥、石方，变更金额增加几百元，影响不了投资成本，将不可控因素纳入工程施工合同可调整范畴内，可以彰显发包方的公平、公正，如果开挖 $10000m^3$ 土方出现 $8000m^3$ 淤泥、石方，就算按上述清单项目特征描述签入工程施工合同，承包方也会以各种理由办理变更、洽商。

现在签订的工程施工合同，实际上把措施费用这根绳子两端分别套在了发包方与承包方身上，由于措施费用看不清、算不准造成投资概算措施费丢项过多，导致招标控制价低于成本，投标报价只能打折让利。施工过程中，承包方不甘心赔钱又会在施工阶段从措施费上大做文章，所有清单项目中的措施工序都有可能被承包方拿来作为索赔的依据，最后投资方出此下策也是没有办法的办法。工程措施费是在保证工程施工项目安全、质量、文明施工、工期等指标的前提下，完成工程实物量的有效辅助工序，投标文件"技术标"中的施工组织设计方案与"经济标"标中的措施项目完全对应，并且费用合理才是高质量的投标文件，低价不是中标的唯一条件。措施费可以固定总价，但要将范围、时间定义在合同签订之前，像案例3中的项目特征描述属于风险转嫁，这种情况如果出现风险并且承包方发现无法自行承受风险损失时，他们唯一的选择就是退场、清算，清算不清退场。发包方在合同中签订的看似聪明的摆脱风险的招数实际害的还是自身。

工程项目中的风险高于一切普通商品的交易风险，项目管理人员能做的就是制定如何应对风险的预案和方法。第一种是消除风险，实际这项工作基本不可能完成，只能说努力降低风险等级，如安全风险通过长期安全教育与增加安全措施投入减少安全隐患；第二种是化解风险损失，如组价时计入风险费系数以应对将来的人工、材料涨价风险。现在许多成本控制、成本管理的课程对工程成本控制并没有多少积极作用，课程中许多关于如何转嫁风险和设置陷阱的技巧，这类概念在工程施工合同中随处可见，如图3-1所示。

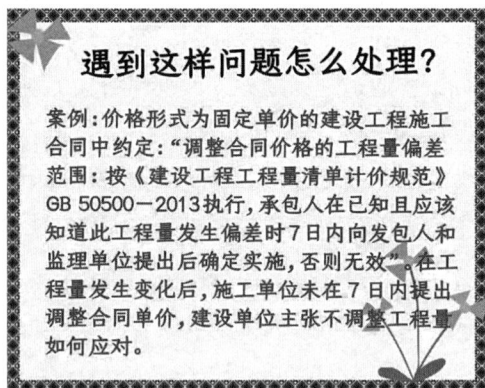

遇到这样问题怎么处理？

案例:价格形式为固定单价的建设工程施工合同中约定:"调整合同价格的工程量偏差范围：按《建设工程工程量清单计价规范》GB 50500－2013执行，承包人在已知且应该知道此工程量发生偏差时7日内向发包人和监理单位提出后确定实施，否则无效"。在工程量发生变化后，施工单位未在7日内提出调整合同单价,建设单位主张不调整工程量如何应对。

图3-1　问题处理

没有多少成本控制的理论文章明确建设方（业主方、投资方等）如何与工程项目其他各参与方联手合作，共同抵御未来可能要发生的风险。看完本书，如果看到有人在传授如何规避风险的秘籍，这时读者应该想到他们实际是在传播引火上身的技巧。

3.2 不可抗力不是万有引力

虽然现在因新冠肺炎疫情将不可抗力推到风口浪尖，但作为工程管理人员，至少要能判断什么是不可抗力，把工程项目中所有事件都归结为不可抗力不可取，不可抗力不能变成万有引力。

从图3-2中可以看到一段道路在施的场景，几块巨大山石横落在正在修建的道路上，一个安置在路边已经被山石砸破损的类似筒状的设备。

在施项目高边坡上面因为有危岩，需要做防护网措施处理，旁边在做边坡素喷（图3-2）。边坡下方正在施工桩基础，大风吹落了几块大石头，把下面的喷浆机砸坏了，喷浆机价值1万多元/个。现在想要对此损失提出索赔，请问这个签证理由该怎么写才说得通？

图3-2 道路施工现场场景

监理工程师的意见是：

（1）按施工组织设计方案内容，高边坡上面本应该先做防护网，然后下方道路才可以进行施工，因为承包方实施措施方案不利，进度太慢未及时做好防护措施，属于施工方的责任，不予签认。

（2）落石属于不可抗力，各单位损失各单位自行承担，施工方的喷浆泵被砸坏，损失由施工方自行承担。

对于监理工程师的意见，笔者认为也对也不对，监理判定第（1）条属于施工方责任可以认为是正确的回复。从图3-2中可以判断，在高边坡下，施工中，不知道对高边坡上方的石头进行拦阻防护属于安全常识不足，没有及时处理，就是施工方自身的责任。

第（2）条认为落石属于不可抗力，属于推卸责任。没有施工经验的人都可以看出来高边坡上方的山石风险系数，对施工组织设计方案"高边坡章节措施"，监理工程师应该严格审查并监督具体实施，从第（1）条看，施工方这方面措施工作滞后，导致风险成为现实。虽然只造成万元损失，但项目参与方应该都有教训。

现在作为承包方想弥补此次损失，于是提出索赔要求，在此帮施工方出具一条意见。从监理工程师第（1）条结论来看，确实施工方索赔要求的成功率非常渺茫，但可以运用合同作为索赔的依据，前提是：

（1）合同中约定这类的风险属于不可抗力可以办理洽商、签证形式进行费用补偿。

（2）相关的施工组织设计方案已经送达监理工程师手中，并且审核时间已经超出合同"通用条款"中规定的期限。

上述两条前提如果成立，这份索赔就可以从不可能变成可能，理由如下：合同约定可调整的费用上报后在规定时限内应该有明确回复，超过期限视为默认。承包方在施工组织设计方案中如果真的将高边坡阻拦山石方案写得有操作性，并且有相应预算报价，因为监理工程师没有及时办理此项费用款审批，造成措施费用不到位而致使措施方案实施延误，最终导致事故发生，监理工程师至少应该承担相应责任。

上述案例属于没有搞清楚不可抗力的属性，而界定不可抗力等级就是更大的难题，下面再看一个问题。

问题：自然灾害和不可抗力事件有区别吗？

答案：自然灾害属性为天灾，但能不能构成不可抗力，应该从两个方面提出证据。

①合同里对不可抗力等级是如何约定的？如多大降水量的降雨算是暴雨，刮多少级的风属于台风等。

②政治上如何定义？也就是官方对事件的强制定义结果。

天灾、人祸事件等级不可能被全面地一一写进工程施工合同内，每个工程项目所处环境不同，各地区对天灾风险的预案等级也不相同，如内陆山区不可能遇到台风、海啸等自然灾害，这些地区面对更多的是洪水、泥石流造成的灾害，在这类地区施工，防范洪水、泥石流的施工组织设计方案及相应对洪水、泥石流自然灾害造成损失的界定应该更详细地记录在合同条款里。

因为不可抗力等级难以定义，于是就有人提问：清单或者定额哪里有解释风力多少级属于不可抗力的说明？

工程造价人员遇到问题首先想到的处理意见就是找文件支持，这已经成为常态思维，但定义不可抗力等级概念清单或者定额真的没有这个权力，想将风险防范于发生之前，就需要投入更多的资金和采取措施，而不是发生风险后推卸责任。不可抗力定义只有两种：

①官方强制定义。

②合同约定不可抗力事件，如天灾、人祸的具体细化确定，也叫不可抗力事件定性。还有就是事件定性后的等级约定，如问题里提到的"风力多少级属于不可抗力"。

除此之外，不可抗力发生后再找其他相关证据很难说明问题。相反，还有人对不可抗力事件定义过于明确而质疑："风力10级以上、地震6级以上"，这是招标文件对不可抗力的规定，不可抗力可以这样私自规定吗？要是6级风刮上十天半个月，塔式起重机不能动，这也不算不可抗力么？

应该说，招标文件对不可抗力进行约定属于未雨绸缪，对事件等级设定没有格式上的限制，招标文件规定风力10级以上算不可抗力，风力6级就不算不可抗力，因为塔式起重机运行安全规范要求5级风以上必须停止作业，提问人担心6级风刮上十天半个月会耽误工期的想法没错，但工程施工要考虑的问题方方面面，作为有经验的承包人，应该对施工项目所在地区的气候条件、地理环境、人文景观等有大致的了解，这个地区6级风能刮上十天半个月的情况处于哪个季节，项目工期里包含这个季节没有，如果包含了，在这个季节当中应该采用什么样的垂直运输方式在施工组织设计方案中应该有预案。招标投标的目的不是要坑害对方，招标方在对不可抗力进行约定时故意将风力等级扩大了两个级别，其想法是发挥不可抗力免责条款（即免除由于不可抗力事件而违约一方的违约责任）。作为投标人看到免责条款范围被人为缩小，害怕将来真的发生自然灾害后，承担太多的工期责任而对招标条款质疑是清标的一项正常程序。实际上，如果在工期内真的发生连续十天半个月6级以上大风天气，承包方同样可以提出工期延期签证要求。作为发包方真正想看到的也许是承包方对待连续大风天气的应对措施和真实的合作态度，也就是在塔式起重机不能运行的情况下，施工方如何想办法组织材料垂直运输。

不可抗力是天灾、人祸的事件，但也让所有人认识了投标人、招标人的经营理念。如图3-2所示，化解落石的方法除了设置防护网，还可以通过人力将山石提前撬落山下，此工序如同挖土方时的放坡措施，提前将要塌方的土方及时挖走。但因为低价中标，投标方连运用人力清理落石的风险资金都当利润让渡了出去，到了施工阶段，连几个劳动力都懒得投入到安全生产中。出了事打报告要求索赔，如果山石砸坏的不是喷浆机而是作业人员，这个项目谁又会是赢家。

3.3 对造价同行工程成本概念的认知测试

现在，工程造价行业中关于工程成本的概念分类很多，为什么要对工程成本如此分类，造价同行对这些成本分类的具体操作又达到什么水平，这些均以测试题的方法来做一个水平考核。考核按初、中、高级分为理论概念的理解、实际操作表格的编制、实战成本控制的方法三部分内容，由浅入深地将工程成本从理论概念落实到实际操作中。

（1）工程成本的分类。

工程成本分类目的是满足不同成本需求者对工程成本不同角度分析的需要，如决策者只需要成本金额，而中层管理者需要成本单价，初学者要完成的就是工程量的统计工作等。设计工程成本分类的目的，有的用于考核项目管理人员的业绩，有的用于施工现场管理，有的用于公司决策层指导项目开展等。不同层次的人，对工程成本的数据构成、表格类型实际上都有不同的需求。下面从成本管理的需要者开始分类：

1）决策者：需要事前预测成本，具体指标大致分为：成本金额、利润率、主要材料消耗量、人工工日消耗量、特殊措施方案单项成本等内容。完成这些工作的依据除了成本管理人员的经验就是不同部门的协作配合；之前相关项目的数据积累，甚至要规划出完成预测成本保障的主体构成（如劳务分包、专业分包、材料供应商、构件加工商等）。

决策者关心的成本数据偏重金额，因此实物量数据可以在表3-1中表示。

工程项目总成本报表   表 3-1

序号	项目名称	单位	总成本（万元）	建筑面积（m²）	单方成本（元/m²）	其中（元/m²）				
						土方	基础	主体结构	二次结构	水电安装
1	1号楼	栋								
2	2号楼	栋								
3	3号楼	栋								
4	……									

2）中层管理人员：是成本数据的存储空间也是成本报表的设计人。成本分事前、事中、事后不同阶段的数据说明，一个成本从头到尾要列示的数据可能有多个，如一个建筑物的钢筋消耗量。

例题说明：①招标工程量清单工程实物量钢筋为9500t；②根据招标图纸计算实际需要的最理想钢筋消耗量为9800t，其中措施方案钢筋为150t；③事后发现没有考虑周到，但实际发生的措施方案钢筋消耗量为300t；④变更、洽商、签证增加实物量部分钢筋消耗量为300t；⑤已知实际采购钢筋为10300t；⑥项目可回收钢筋为350t。现在就要对这个项目的钢筋做一个成本最终分析见表3-2。

对不同性质的成本数据汇总、筛选并加以分类存储，及时按不同决策者的要求编制出最简洁、易懂的成本分析报表是中层管理人员要掌握的技能。表3-2钢筋分析表结构不复杂，但包括事前的成本预测分析、事中的错误纠偏分析以及事后的总体成本分析，从量上对钢筋管理各阶段的成本控制做了一个总结，如果财务部门再配以不同时期的价格加上文字分析说明，一份完整的钢筋成本报告就可以呈现给决策层，用于项目经验数据、考核（奖励）依据、指标体系参考等多方面的用途。

除实物量表分析以外，财务的成本分析表（五项费用表）也是非常重要的编制内容（表3-3）。

项目钢筋成本分析（七）（单位：t）

表3-2

序号性质	费用名称	材料收入分类			材料实际支出分类						实际采购	备注
		合同	增项	合计	事前预测	增项发生	未估计	损耗量	损耗率	合计		
一	收入类											
1	合同收入	9500		9500								
2	增项收入		295.26	295.26								300-4.74
二	实物量支出											
1	招标图纸实物量				9650.00			152.37	1.58%	9650		9800-150
2	增项实物量					300		4.74	1.58%	300		300×1.58%
三	措施钢筋量											
1	预测量				150.00					150		
2	实际量						150			150		
四	合计			9795.26	157.11			157.11		10250	10300	
五	分析		收支分析	454.74	4.64%							
六	损耗分析	采购	损耗	额定损耗	157.11	措施损耗	297.63			实际损耗	154.74	350t 已经回收

五项费用表　　　　　　　　　　　　　　　表 3-3

单位工程：1 号楼

序号	项目名称	人工费（元）	材料费（元）	机械费（元）	其他直接费（元）	间接费（元）
1	土方工程					
2	基础工程					
3	主体结构					
4	二次结构					
5	水电安装					
6	……					

可以看出，表3-3实际是对表3-1的成本深化分析，将一项分部成本细化为五项费用。

3）初级从业人员：面对表3-2，初级从业人员对采购损耗不用承担责任，工作重点应该从收支分析表差额（454.74t量差）入手，按程序核算并分析量差产生的原因：

①清单工程量的准确性。

②清单工程量包含内容的完整性（工程量清单中对于措施筋的定义及含量）。

③措施项目的钢筋可回收率。

作为初级从业人员，成本控制之路任重道远，绝不是简单地建立模型，出一些清单工程量、定额工程量就算完成任务。如对图3-3钢结构模型如何转化成实物要考虑的直接费成本之外的因素还有很多，如构件放样费、加工费。因为钢板激光切割费是以米（m）计量收费，单纯按原来算量思路只计算出钢结构重量远不能满足成本测算需要（也就是笔者常说的初学者有时算出的量并没有保证金量），计算加工费就要将单块构件的切割长度全部计算出来才能满足需求。

（2）项目部制定的成本指标控制用到的成本概念。

为了便于工程项目管理，各大公司普遍实行的是项目责任制，就是在工程施工合同的基础上，对项目成本进行分解后，公司负责公司的管理费运作成本控制，项目部负责项目上直接费、其他直接费和间接费的成本控制，我们经常听到的工程成本控制90%的内容是控制项目工程成本。最初对项目部制定的责任成本大多以中标预算价为

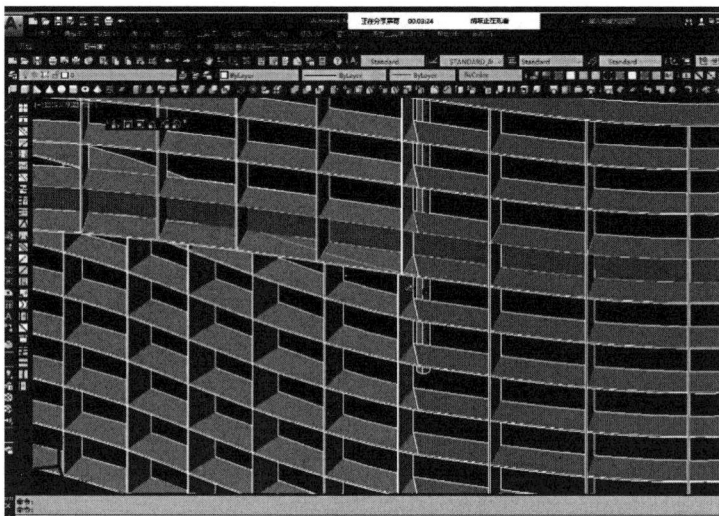

图3-3 钢结构模型

基数，公司收取一定比例的管理费后剩下的全部交由项目经理部支配，这时的项目控制成本叫"预算成本"。如果最终预算成本有账面结余，项目经理有权将成本降低额在本项目团队中进行奖励分配。

后来因为公司投标部门为了中标概率（签单率），在激烈的市场竞争中经常采用打折、让利的方式竞价，造成低价中标甚至低于市场价中标的现象，再用"预算成本"的方式对项目部进行考核分配，项目经理不肯接受，因此更加科学合理的项目承包模式出现了，这就是"目标成本"法。"目标成本"与"预算成本"不同之处在于其融入了"标价分离"的理念，"标"可以解释为承包方向发包方承诺并获得认可的完成所承包内容需发包方支付的工程价款，也就是中标价（合同价）。"价"是指在既定的施工环境和市场条件下，根据企业现有的生产力水平、管理特点，按企业费用支出标准计算，项目经理部为完成工程合同义务而支出的各项费用总和（或项目经理部为完成所签订的项目责任合同的预计支出），即项目责任成本（目标成本）。

"目标成本"的管理模式诞生后，表3-2内的分析数据中，项目部90%的成本管理精力投入只需要放在钢筋采购总量10300t与结算收入总量9795.26t的504.74t数量差额分析上就可以，至于钢筋投标单价3600元/t与实际采购单价3800元/t的价格差引起的成本变动问题，项目部承担的责任不到10%。

（3）个人对成本控制的能力培养。

工程造价三要素分为量、价、费，整个行业对大型综合项目预算期间的"费"有掌控能力的人数约等于0。这里的"费"不仅指文件中规定的取费基数×费率这么简单的计算，而是要把相对数的费用转化为绝对数的实物量的过程，如成品保护费计取材料费为基数的3%，材料费1000万元，成品保护费就是30万元。这30万元计取后，50%用于购买成品保护的材料，如纤维板、木工板等，30%支付人工工资，投入成品保护的人工工日累计300工日，一个工日单价300元，共支付工资90000元，与30%的成本预测值相符。工程造价人员事前成本预测的重点80%应该放置于"量"的审核与测算上，如表3-2所列。如果之前能够准确测算出工程实物量与单项措施方案的钢筋量，钢筋采购损耗可能会降低，钢筋投标含量会增加，相对中标价更接近实际，原来含量是9800/9500=1.05158，如果计算正确，含量是（9800+150）/9500=1.047368，可以看出钢筋的成本偏差可以缩小0.42%。如果工程量清单综合单价在报价时提高0.42%，相应在办理钢筋增项时也同样要采用原合同清单综合单价，后增的钢筋量综合单价也会水涨船高。

表3-2中1.58%的定额损耗率只是投标测算时的理论值，实际施工过程中的钢筋加工、运输、安装损耗也许会超过这个指标，有些钢筋算量师通过本公司大数据已经可以精确测算出钢筋按中心线计算工程量和用外边线计算工程量之间不同的钢筋消耗量，相信项目承包协议对钢筋损耗指标也是一个非常敏感的数值，损耗率定高了会削减公司利润，定低了则难以完成成本控制指标，容易损害项目经理管理的积极性，到底制定多少合适，工程造价人员必须提供3组数据：①清单工程量的准确率；②实际完成图纸工作内容与本公司之前相似项目的项目消耗量水平指标；③措施方案工程量的消耗。

实际组价的合理性完全在于工程量计算的准确性，一个人不管经验是否丰富，都不可能预知未来的材料费涨跌走势，投标时要做的只是将投标时点的钢筋市场价了解清楚即可，未来钢筋是从现在时点单价3600元/t涨到3800元/t，还是跌到3500元/t，与投标报价人关系不大，如果合同范本约定工程项目施工期间人、材、机单价不予以调整，投标报价选择多少风险费率是决策层考虑的问题。如果合同范本约定钢筋是可以调整单价的材料，并且约定材料单价有±5%的风险范围，若预计采购钢筋10000t，承包方要承受的钢筋最大风险是3600×5%×10000=1800000.00（元），公司有能力消化这个风险金额，可以不在清单综合单价中体现。如果认为风险金额不能忍受，可以在风险费中将其计入工程量综合单价中。

以上所述笔者没有借用任何现有的预算定额，也就是想对同行暗示，没有预算定额照样可以组价、报价、测算成本。不管预算定额将来取消或维持，成本控制的工作只能进一步加强而不可以削弱。

3.4 工程施工合同条款中措施费的陷阱

工程施工项目中用于工程措施项目的费用占工程总造价比例越来越高，原因主要有：

（1）安全、文明、环境保护类的措施标准要求越来越严苛。如北京市出台了安全文明施工费的专用图集，以量化的形式用来对安全文明施工费用等级进行分类，从而最终确定施工现场安全文明施工费的投入标准。

（2）质量标准越来越精细。原来精装修工程如铺地砖、墙砖的质量要求是平整度、不空鼓、不脱落，就是合格工程，现在不但要求墙、地砖缝隙宽窄一致、平整度达标，甚至要求精装修项目的厨房、卫生间的墙、地砖要对缝，仅此一项要求会增加20%以上的瓷砖设计损耗率。

（3）工程措施费项目越来越多。如经常有人提问材料检测费、工程检测费都由谁支付费用？原来做工程一说材料检测就是钢筋拉伸、混凝土强度、土方密实度等指标检测，现在由于新工艺、新材料的出现，各种各样的检测项目也层出不穷，如有些重点项目石材、瓷砖要做放射性检测。加上消防等标准的完善，材料的防火等级检测也是一样不能缺省。

（4）不可预见的措施项目经常出现。如扰民问题，曾经有人问过，村民以各种借口不让施工方通行，要求得到补偿，影响施工进度应该如何申请扰民的补偿费用？

（5）设计作品越来越新奇。设计师为了标新立异，在方案设计上不断推陈出新，在大量使用新材料的同时，还在工艺上大胆创新，如将木作工艺运用于金属材料上，卯榫是传统木结构几千年的传承工艺，将钢结构用卯榫连接可以说每一处都要从零开始，为了实现设计效果，在措施项目的投入费用甚至超过钢结构材料的费用。

导致工程措施费用在工程施工合同中屡屡出现争议的原因是：

（1）受原来行政文件的约束。翻开定额版本后发现，定额里能指导编制措施费用的项目屈指可数，不能满足现阶段大量没有计取费用依据的措施项目的需要。发生了特殊材料检测费如何办理费用追加？何种材料又属于特殊材料？这些不知道、没依据等困扰接踵而至。又如二次搬运费，审计方一解释，没有材料二次搬运费的发生，但材料从库房不经过二次搬运如何自己跑到施工部位？有人又会出来澄清，定额里已经包含材料多少距离范围内的二次搬运费用，可套用定额时发现，完成某项实物量工序定额人工费收入不及市场人工费实际支出的60%，材料二次搬运费从何谈起。

（2）招标控制价编制人没有能力预测工程措施费金额。因为编制招标控制价的人没有施工组织设计方案作为参考，许多项目实施过程中，措施费占比可能超过实物量成本，遇到此类清单项目如果没有组价的经验，遗漏了措施项目工序，算出的清单项目控制价还不足实际成本的50%，让投标方如何进行正常的投标组价。

（3）合同起草方为了推卸责任。在许多工程施工合同中会出现如图3-4、图3-5所示的控制措施费成本的条款。

图3-4中看似有效的约定条款，实际是将无限风险转嫁给承包方，条款中"投标方已经综合考虑设计变更，工程量增减"。投标方如何预测到将来的设计变更是什么内容？工程量增减又会发生在哪个清单项目中？这样图3-4中条款实际是无效条款，发生了可以索赔技术措施费，如因为混凝土工程量增加导致模板增加，模板费用就要在结算时计取增加的部分。

图3-5中关于措施费条款的意思这里解释一下。因为投标报价时已经按计划的措施方案计取了相关费用，但因为后期计划有变或其他非承包方原因造成，如原来计划

● 工程量清单措施项目（含总价措施费、单价措施费）总价包干，投标人已综合考虑设计变更、工程量增减、施工组织设计调整及其他影响措施项目费用的因素，结算时本项费用不再调整。

图3-4　措施费条款约定

30）本工程纯粹的措施项目施工方案变化（即：不是由于设计图纸变更引起的措施项目的施工方案或工艺变化）导致措施项目费用增加由承包人承担，即使是发包人对变化后施工技术方案签字认可，此类方案变化导致的费用增加同样由承包人承担。

图3-5　防止施工方利用措施方案调整结算时增加费用

用放坡方式挖土方，但后期改为基础支护方式（图纸未出现变化），原来组价时因为放坡多挖的土方费用不用扣除，实际支护的费用也不增加。这一条约定避免了结算时的不必要争议，应该是合理条款。但还应增加一句话：措施费报价不做调整，避免结算时因为土方少挖导致被审减费用。

现在甲乙双方处理工程措施费的方法问题多多，表现在：

（1）招标投标阶段：招标投标方能和稀泥就不澄清。招标方对措施费约定含糊不清，经常以固定总价妄图转嫁所有失误和风险；投标方佯装不知，虽然有招标答疑程序，但考虑到将措施费问题暴露出来后，招标方一句"综合考虑"反而让投标方不好组价。因此工程措施费问题问不如不问。

（2）中标签订合同时：不断抛出措施费项目让发包方澄清，如桩检测费应该谁出钱，空检费应该如何承担费用责任等，往合同里加入一大堆关于工程措施费的补充条款。

（3）施工阶段：工程措施费项目更是层出不穷，承包方为了弥补投标让利损失，变着法地在措施费上打主意要求增加项目、调整费用。发包方看到工程措施费的洽商更是避而远之，不愿意签字。

（4）竣工结算时：工程措施费更是焦点，措施费不同于工程实物量看得见、摸得着，措施费等工程完工后，一切痕迹都随之消失，取证非常困难。

工程措施费这一系列从头到尾的含糊不清导致最终要钱困难重重，竣工结算的审减额大头基本出现在措施项目上。这种不负责任的做法最终没有赢家。

笔者现在的工程，总承包合同里各种各样的费用（如各种分包相关的费用）有很多都是由总承包承担的，总承包只收取按分包合同总额一定百分比的总包服务费，其他还有很多为了满足甲方需要而实施的措施费用都是一句"乙方自己综合考虑"来略过。如果按官方文件中的措施费率计取措施费，最终措施成本造成亏损后谁来承担责任？

审计方人员来了一句"咨询单位：我管你合不合理，政府部门盖了章的我就认"。

有的地区定额编制方因为不想承担措施费项目责任，许多措施费只有项目没有费率和取费基数。如北京地区2012预算定额，一切交投标方自主报价。官方这种躲避的行为从某种角度看起了积极的作用，正好符合清单计价"自主报价"的原则，但作为招标控制价编制人的咨询方一时找不到方向，许多措施费如果计取没有依据怕受到质疑，如果不计取则很容易导致整体项目总造价低于工程成本，出现这种问题的后果就是烂尾楼，后果更严重。因此，笔者建议招标控制价编制人如果经验不足，不要涉及措施项目费用预测，让投标方与招标方在清标阶段协商处理措施费项目及费用。

有些新投标人（或编制招标控制价时找不到工程成本的方向）不停地询问：各类工程措施项目费率、取费基数是多少，不管谁给出的"正确"答案，都是不完整、不客观、片面的，缺乏依据的猜测，因为工程项目具有单一性，措施项目随工程项目施工的地点、时间、人文环境、工期以及建筑结构本身形状、高低等因素影响，措施费投入各不相同，措施费投入比例也不一样，不按实际测算成本，得出的结论很容易最终导致赔钱。

解决工程措施费含糊不清问题的最好方法就是让措施方案透明，措施费用公开。招标投标阶段引入实质性的清标机制是关键所在，而不是走马观花似的在监控下走一个评标过场。如投标方想低价中标，本来按工期要求实施应该用3台塔式起重机同时运行，实际垂直运输费用组价只够勉强维持2台塔式起重机运行费用，清标时对照投标方施工组织设计方案关于垂直运输的方法，再对应投标组价进行质疑，发现技术与经济内容不衔接可判定投标方失误。以客观的清标态度评标，就算淘汰投标人也要让他们心服口服，如果投标人中标，所有清标内容写进工程施工合同，施工期间合同执行起来哪些项目包含在合同内、哪些是合同外措施项目就一目了然。

3.5 考完造价师，学会编定额

关于工程施工实际人工费单价与预算定额人工费的单价差似乎是工程造价人员永远解不开的结，就在此时，国家又出台了《住房和城乡建设部办公厅关于印发工程造价改革方案的通知》（建办标〔2020〕38号），将取消最高投标限价按定额计价的规定，逐步停止发布预算定额作为改革方案实施。作为工程造价人员，如何面对将来无定额子目可以参考的困境，今天就通过造价师考试题里对人工消耗量的计算分类方法，来分析实际人工费为什么与定额人工费有差距的原因。

如地面铺地砖，工长安排2个瓦工与1个小工组合，一天铺完一个教室45m²地砖工作，已知上班时间8：00，3个工人8：10来到施工现场，工长指派小工找手推车运送砂子、水泥、水、瓷砖到4层教室（1），安排瓦工铺砖的部位及铺贴的起点位置

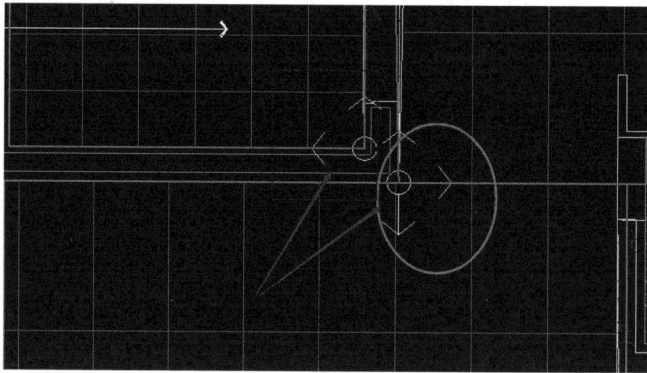

图3-6　地面铺装起点

（图3-6中箭头所指的符号叫"铺贴起点"符号）。

8：40，瓦工完成电动工具的接线工作，并且按瓷砖起始铺装点开始放线，这时小工也将第一车材料［1袋水泥、3包砂子、1袋胶粉、2箱瓷砖（规格600mm×600mm，6片/箱）、1桶水］运至4层教室（1），并开始搅拌结合层及粘结层砂浆。9：00，1袋水泥、3包砂子、1桶水已经搅拌均匀成为可以使用的1：3干硬砂浆和1：1粘结砂浆，2箱瓷砖也打开了包装，同时2个瓦工也完成了放线工作开始摊铺1：3干硬砂浆结合层（厚度20～30mm厚），9：00之后，小工以每30min一车的间隔，向4层教室（1）地面铺装部位运送1袋水泥、3包砂子、2箱瓷砖（规格600mm×600mm，6片/箱）、1桶水，2个瓦工也依次按放线位置向纵横两个方向同时铺设地砖，每个人平均速度6min/片铺设一块地砖，具体的铺砖的工序：

取出箱中的地砖→坐浆（均匀倾倒1：1粘结砂浆约5mm厚，现在这道工序材料已经被瓷砖胶粘剂所代替，直接将瓷砖胶粘剂涂抹在瓷砖背面）→安放铺砖→调整地砖间隙→锤实→找平→擦拭砖面。

到18：15，4层教室（1）45m²地面铺装（不包含勾缝）全部完成，18：30正式收工下班。已知一天时间里，中午吃饭休息每人用时60min，中间因交叉作业每人停顿时间80min，瓦工平均每人返工时间40min。下面用造价师考试理论来分析这组工人的各种用时与效率。

（1）基本工时：45m²地面铺装全部由2个瓦工完成，中间小工帮助摊铺水泥砂浆结合层及帮助瓦工切砖用工忽略不计，用时45m²/0.36m²（单片瓷砖面积）×

6min/60min/2人=6.25（h）。

（2）规范时间：定义见图3-7，用时8：00~9：00（上班准备时间），18：15~18：30（下班准备时间），中午吃饭休息时间1h，交叉作业停顿时间80min≈1.33h，累计1+0.25+1.33=2.58（h）（中午吃饭休息时间不算）。

（3）辅助工作时间：是指为保证基本工作的顺利完成所消耗的时间。返工时间40min显然与辅助工作时间定义不符。笔者认为辅助工作时间应该由"取出箱中的地砖、擦拭砖面等"工序用时间组成，因为计算这部分时间时直接计入了基本工时，所以第（1）条基本工时应该称为"工序作业时间"（图3-7）更准确。

4层教室（1）铺砖工时=工序作业时间+规范时间+返工时间=6.25+2.58+0.667（返工时间）=9.5（h）。

从造价师考试理论上分析了人工的消耗量，下面计算实际人工消耗量，如果运用造价师考试理论各个工时概念的比例：

（1）基本工时（工序作业时间）：$6.25 \times 2 = 12.5$（h）。

（2）规范时间：2.58×2（瓦工规范时间）$+9.5$（小工规范时间）$=14.66$（h）。

（3）返工时间：$0.667 \times 2 = 1.333$（h）。

总时间=12.5+14.66+1.333=28.5（h）。

工序作业时间所占比例=12.5/28.5=43.86%。

规范时间所占比例=14.66/28.5=51.44%。

从工作时间占比分析，笔者认为现在工程项目施工，措施费所占比例越来越高，真正完成实物量作业的时间，从地面铺砖工序分析，工序作业时间所占比例小于规范时间所占比例，再进一步分析可以发现，其中规范时间所占比例中，材料二次搬运时间比例占了33.33%。现在许多人总在说"定额子目中人工消耗量已经包括了一部分

•规范时间=准备与结束工作时间+不可避免的中断时间+休息时间
•工序作业时间=基本工作时间+辅助工作时间=
•基本工作时间/（1−辅助时间%）

$$定额时间 = \frac{工序作业时间}{1 - 规范时间\%}$$

•=基本工作时间/（1−辅助工作时间）/（1−规范时间%）

图3-7　规范时间定义

材料二次搬运消耗量"，下面根据北京2012房屋建筑预算定额分析，看看地面铺砖工序包含多少材料二次搬运人工消耗量。

图3-8是完成1∶3水泥砂浆结合层消耗的人工工日0.068工日/m²。

1∶3水泥砂浆结合层工序主要由清理基层、摊铺1∶3水泥砂浆结合层两项构成，参考图3-9。

地砖铺贴定额子目及工作内容如图3-10、图3-11所示。

从图3-10可以看出，铺砖的定额子目人工消耗量0.296工日/m²，与之前1∶3水泥砂浆结合层人工消耗相加，铺1m²地砖综合工日消耗0.068+0.296=0.364（工日/m²），

11-31		定	楼地面找平层 DS砂浆 平面 厚度20mm 硬基层上		装饰				m2	1	QDL

工料机显示	单价构成	标准换算	换算信息	安装费用	特征及内容	工程量明细	反查图形工程量	说明信息
	编码	类别	名称	规格及型号	单位	损耗率	含量	数量	含税预算价	不含税市场价	含税
1	870003	人	综合工日		工日		0.068	0.6202	87.9	109	
2	400034	商浆	DS砂浆		m3		0.0202	0.1842	459	459	
3	840004	材	其他材料费		元		0.135	1.2312	1	1	
4	840023	机	其他机具费		元		0.265	2.4168	1	1	

图3-8 1∶3水泥砂浆结合层定额子目工序

11-31		定	楼地面找平层 DS砂浆 平面 厚度20mm 硬基层上		装饰				m2	1	QDL

工料机显示	单价构成	标准换算	换算信息	安装费用	特征及内容	工程量明细	反查图形工程量	说明信息

子目工作内容和附注信息

工作内容：
基层清理、抹找平层等.

图3-9 1∶3水泥砂浆结合层工作内容

11-44		定	楼地面镶贴 块料 每块面积0.16m2以外					m2	1	QDL		9.

工料机显示	单价构成	标准换算	换算信息	安装费用	特征及内容	工程量明细	反查图形工程量	说明信息
	类别	名称	规格及型号	单位	损耗率	含量	数量	含税预算价	不含税市场价	含税市场价
1	人	综合工日		工日		0.296	2.6995	104	109	109
2	材	地面砖	600*600	m2		1.02	9.3024	78	78	78
3	材	硬质合金锯片		片		0.003	0.0274	45	45	45
4	商浆	胶粘剂	DTA砂浆	m3		0.0051	0.0465	2200	2200	2200
5	材	其他材料费		元		3.999	36.4709	1	1	1
6	机	其他机具费		元		1.496	13.6435	1	1	1

图3-10 地砖铺贴定额子目

| | 11-44 | 定 | 楼地面镶贴 块料 每块面积 0.16m2以外 | | m2 | 1 | QDL | 9.: |

| 工料机显示 | 单价构成 | 标准换算 | 换算信息 | 安装费用 | 特征及内容 | 工程量明细 | 反查图形工程量 | **说明信息** |

子目工作内容和附注信息

工作内容:
基层清理、面层铺设、嵌缝等.

图3-11 地砖铺贴定额子目工作内容

铺45m²地砖定额消耗16.38工日，转换成工时16.38×8=131.04（h）。

再看实际工时，因为地砖没有勾缝，将来45m²地砖勾缝时间估算16h（1个瓦工+1个小工干一天），工长摊销工时及之前完成的工作完成面放线和未来保修时间按2h估算，教室（1）45m²地砖共用时28.5+16+2=46.6（h）。

实际用时与定额用时比例46.5/131.04=35.49%。

分析一下人工费：

（1）实际人工费：瓦工2+1=3（工日）（铺砖+勾缝工日），工资500元/人（因为有加班工资）；小工1+1=2（工日）（铺砖+勾缝工日），工资300元/人，工长给工人开支总额500×3+300×2=2100（元）。

（2）分包人工费：50元/m²×45m²=2250（元），瓦工工长从装修公司承包铺砖项目一间教室人工费2250元，给工人开支后还要有结余作为自己的管理费。

（3）定额人工费16.38×109=1785.42（元）。

定额人工费与实际人工费比例=1785.42/2250=79.35%。

教室空间面积铺600mm×600mm地砖是最高效、最理想的铺地砖工序，干到最后发现人工费还是赔钱，用北京地区预算定额人工单价要控制在109/0.8=136.25（元/工日）才可能不赔钱，其他地区定额的人工消耗量一般会低于北京定额人工消耗量，人工单价也低于北京地区人工单价。

人工费金额不做更多解释，单独分析定额工时与实际工时的差距：

（1）现在用的瓷砖是玻化砖，相比之前的釉面砖和通体砖铺装施工之前要有泡砖工序，因为使用了吸水率小于3%的玻化砖，这道工序可以省略。

（2）加工机械的现代化程度提高，极大地提升了工作效率，原来切砖时一个工地就一台云台机，还是台式的，只能放在室外加工瓷砖，所有施工部位切砖要先在瓷砖上画好印迹，将砖搬运至楼下，切割完成后再搬运回施工部位，二次搬运费成倍增加。现在瓦工人手一套电动工具，而且切砖工具也变得小巧精致，一拉一推完成一块瓷砖的切割工作。瓷砖小批量加工无论是切割还是磨边、倒角都是在施工部位一次完成加工工序。

（3）由于案例采用的是理想化的教室地面铺砖作业，所以与定额人工消耗量相比显得比例略低，如果施工部位改为厨卫地面，工作效率将大大降低。如果再要求墙地对缝铺贴，人工费每平方米单价比教室铺砖将增加30%以上，如果地砖单片规格变成300mm×600mm，铺一块地砖的速度不是3min/片，而可能是4~5min/片甚至更长时间。影响工作效率的因素很多，把工作时间按不同性质进行合理分类，相当于把人工费成本分解，通过积累各工序基本工时消耗、规范工时消耗、辅助工时消耗等，可以为编制企业定额打下基础。

3.6 工程造价人员应该站在什么视角看《中华人民共和国民法典》

许多工程审计人员在工程项目结算期间总喜欢拿着各种各样的行政性文件来解释工程施工合同内的条款，从2021年1月1日起，《中华人民共和国民法典》（以下简称《民法典》）正式实施，作为经过法律常识培训过的人，在今后的工作中尽可能不要因为自身对法律常识误解而制造出不必要的争议和纠纷。最容易引发同行法律条款的误区如下：

（1）**澄清了之前对组价原则的误解**：《民法典》第四百六十五条规定：依法成立的合同，受法律保护。对此，《建设工程司法解释（一）》第十九条第一款规定：当事人对建设工程的计价标准或者计价方法有约定的，按照约定结算工程价款。"因建设工程的计价标准或者计价方法的相关规定并非法律和行政法规的强制性规定，所以即使发包人和承包人的合同约定与住房和城乡建设部和各级住房和城乡建设部门发布的相关文件、定额等规定不符，该合同约定仍然合法有效，双方应当按照合同约定的计价标准或者计价方法结算工程价款"。针对《建设工程司法解释（一）》第十九条第一款规定，下面这个结算过程中工程审计方以图3-12中第十四条第4款内容为由，认为定额已经包含垂直运输费，结算时扣减原合同中已经计取的措施费中的垂直运输费。这个工程审计的做法明显与《民法典》第四百六十五条规定相悖。

十四、定额消耗量的确定及包括的内容

1. 人工消耗量包括：基本用工、超运距用工和人工幅度差。不分列工种和技术等级，以综合工日表示。

2. 材料消耗量包括：主要材料、辅助材料和零星材料等，并计入了相应的损耗，其内容和范围包括从工地仓库、现场集中堆放地点或现场加工地点至操作或安装地点的运输损耗、施工操作损耗和施工现场堆放损耗。

3. 机械台班消耗量是按正常合理的机械配备综合取定的。

4. 本定额中包括材料（设备）自施工现场仓库或现场指定堆放点运至安装地点的水平和垂直运输。

图3-12　定额总说明条款

这个案例就是一个典型的缺乏法律常识引发的争议。图3-12中第十四条第4款内容原意是定额编制人提醒定额使用人，材料的二次搬运费在编制定额子目工序中，没有特殊情况不用再次计取材料的二次搬运费。现在劳务分包对材料二次搬运费是必取的费用，因为原定额中的材料二次搬运费劳务消耗量已经不能满足现实工程项目的需要，因此在投标报价时投标方计取了二次搬运费并且中标后签订了工程施工合同，这项费用同样受《民法典》第四百六十五条的保护，结算期间工程审计方不能以施工方没有发生材料二次搬运费为由扣减。

《民法典》第四百六十五条彻底终结了结算期间“不平衡报价”的概念，在工程结算阶段，不管投标报价与合同综合单价有多少不合理的因素包含在其中，工程结算时都不能调整工程量清单综合单价。如果工程审计认为投标人所报价格严重不合理，可以选择不接受投标人报价，如果评标人没有及时发现不平衡报价，之后造成国有资产流失应该追究评标人的责任。

（2）事实重于形式原则得到落实：《建设工程司法解释（一）》第二十条规定：当事人对工程量有争议的，按照施工过程中形成的签证等书面文件确认。承包人能够证明发包人同意其施工，但因各种原因，发包方未能提供书面签证文件证明工程项目事件和工程量时，可以按照当事人提供的其他证据确认实际发生的工程项目和工程量。双方对工程量有争议是工程结算时的正常现象，最佳的解决方式是提供双方在施工过程中形成的签证文件。

事实重于形式原则是会计原则之一，工程审计也是财务审计的一个组成部分，因此用会计原则来约束工程审计属于合理、合法。事实重于形式原则的会计理论解释意思是：账面数据如果与实际数量不符时（账实不符），不管账面数据的正确与否，都要以实际存在的数量为准计量。不看实际只认形式的案例出现在工程结算阶段举不胜举，为了压缩投资，审计阶段出现过许多类似因不签证单只注明项目名称（如地面铺砖）。审计时只给地砖的钱，至于地砖如何按规范要求铺设到地面而发生的其他费用（结合层、粘结层等工序）一概不予考虑，因为甲方签证中没有说明结合层、粘结层等工序的做法，结算组价时不予以支付，有图像、影音资料，没有书面签字也不认账。

下面一个案例同样说明之前工程审计对客观的无视，给项目结算各方造成的心理阴影："由于工程项目分布范围较广，受征地拆迁和其他因素影响，先施工的桥梁工程土围堰需要外购约10000m³土，想问一下，施工前及过程中需要收集哪些材料，通过什么途径和方式才能保证认定购土的价格和运距不被后期审计审减？"这种属于实物量的项目，采购的土方回填到施工部位构成工程实体，获得影音资料非常容易，取证也非常简单，如监理资料、现场施工场景都可以证明，10000m³数量也可以从图纸上获得计算结果，如果说在合同没有约定项目固定总价的情况下，如此大的工程量和这么简单的工艺做法都可以被随意扣减，说明工程审计的权限失去了制约。

《建设工程司法解释（一）》第二十条实际上是理顺了工程项目的流程环节，根据该条司法解释的规定，发包人即使口头下发的指令，承包人只要能提供双方函件、影像资料、实物形态等其他证据来证明工程量实施过程及费用发生的依据，结算时也可以作为证据得到支持。

有人解释说《民法典》的核心思想是体现诚信原则，其实之前的民事法律法规同样也是以弘扬诚信精神为主题，只是没有人认真学习《中华人民共和国合同法》或者是学习了却没有学以致用。工程造价同行学完法律知识只是为了考证而没有与工程造价本行业的具体情况联系起来，再或者就是有意行为，明知无理还拿着各种与合同法律效力不对等的证据来否定工程施工合同。

学习《民法典》并不是为了考试而学习，而是要通过学习增长法律常识，工程造价人员特别应该从以下几方面对待和重新认识《民法典》的内涵思想。

（1）建立自主报价的思维：销售商品的人最大的权力就是对商品的定价权，如果这个权力都没有，如何出售商品。有人总在问：这项或那项费用可不可以计取？只要认为清单项目中的单价合理，什么费用都可以计取。所谓漫天要价、就地还钱指的就是交易过程，当然做买卖要以诚信为本，工程造价人员的定义是制造合理价格的人员，而不是手持造价师证书执业资格的人员。无中生有的价格不应该报，预计将来会发生的费用一定要预先取费，先不管别人对价格如何评价，自己首先要有这个意识，把每一个清单综合单价报合理，然后再让别人去挑不合理的地方。《住房和城乡建设部办公厅关于印发工程造价改革工作方案的通知》（建办标〔2020〕38号）"取消定额组价的形式"，就是为了打破定额计价的思维模式，充分发挥企业自主报价的优势，不能因为价格高怕客户方不接受而随意低价打折，最终导致清单项目综合单价低于成本，这种不切合实际的低价是对客户最大的不负责和不尊重。

（2）充分尊重组价原则：从报价到认价再到签订合同，甲乙双方反复的商务谈判过程就是为了追求一个尽可能合理的价格，既然合同双方彼此都已经认可了清单综合单价，以后的程序就是认真遵守和履行合同，而不是节外生枝地挑剔某个清单项目组价有错误。如果真要对价格负责，就请在合同签订前将清单项目的综合单价认真核对，确保每一个清单综合单价的合理性。组价原则的概念如果理解不了，就先从工程量清单综合单价解释，构成清单项目综合单价的要素有：

①分部分项清单项目综合单价：这类实物量的综合单价容易理解，如钢筋项目7500元/t，C30混凝土构造柱3000元/m³（包括C30混凝土，ϕ10以内及以外的钢筋制作、运输、绑扎，复合模板支护等工序）。

②费率、税率：如风险费率、利润率、税率等，一旦进入合同，所有组价程序包含这类取费的项目都要按合同费率和税率计取，无论是可竞争项目还是不可竞争项目。

③固定价格：有独立费性质的项目，如设计费，或者是以"项"为单位，以"1"为数量的总价费用项目，合同对固定价格的在施工过程中如果没有发生变更、洽商等因素，结算时就不再审核调整。

④暂估类性质的项目：如计日工单价也属于组价原则范畴性质，投标时不填写单价，结算时按0元确认。

⑤人工、材料、机械单价：新增项目如果与合同内的人工、材料、机械单价相同的，要以合同内的单价为依据。

这几个要素出现在清单综合单价里时，不能够随意调整。但有一个概念要搞清楚，清单项目综合单价不等于直接费人、材、机单价，如果合同条款明确：固定单价合同结算模式，人、材、机单价可以按某个时点发生期单价进行调整，需要操作的只是调整人、材、机单价，而不是调整清单项目综合单价。

（3）措施费的计价与结算：工程措施费存在非常大的争议，争议来源多是无中生有的猜忌，如现场没有发生夜间施工工作，结算时扣减夜间施工费。这个问题从组价原则中就可以获得答案，如果以人工费为基数（夜间施工费又叫夜间施工降效费，之所以计取此费用就是因为完成同样工程量的施工工序内容，夜间人工消耗量与白天消耗量相比大大增加），夜间施工费费率以人工费为基数按65%计取，人工费基数如果是100000元，夜间施工费就计取65000元，投标时计取，结算时不能扣减。有人质疑夜间施工费65000元费用是否过高，不管高低，合同签订前议论清楚此费用，合同签订后就不要再讨论价格高低之事。

《民法典》出台目的之一是希望在每一个行业中能营造出公平、公正、公开的诚信环境，建筑行业里每一个工程造价同行应该用敬畏的心情去仰视法律、法规，而不是像之前那样以"自我为中心"的主观态度去对待工程结算工作。

4

如何深入才能叫深度学习

4.1 为什么你的努力付出不如别人获益多

现在有个名词叫"刻意练习"，也就是类似职业运动员一样，日复一日地重复、反复、机械地做同一个或一组动作，直至达到不需要通过大脑就可以本能反应过来的境界。还有一种工作叫"机械重复劳动"，刻意练习与机械重复劳动表面看似都是重复、反复、机械地运动，但二者之间存在的最大的不同就是，刻意练习要一边重复动作一边不断动脑，而机械重复劳动就是停止动脑，所有的运动只是机械性地动手动脚。

在平台上经常可以看到工程造价同行的抱怨：10多年来一直在做招标文件（或投标文件）工作，现在做得身心疲惫，实在做不下去想转行了。有这种想法的人在行业中有不少，个例的抱怨实际代表着众多的人群，10年内把一个职业做得身心疲惫，就像职业游泳运动员谈职业生涯时，到快退役的年龄阶段时，看到泳池内碧蓝的一池清水就感到恶心一样，拥有这种心态的人普遍存在以下几个特征：

（1）对自身从事的职业没有爱好：之前所完成的工作就是被动的任务结算，虽然天天加班但业绩并不突出，久而久之这种抵触情绪越来越强烈，直到压力超限最终爆发，放弃现在的行业而转行。

（2）机械重复劳动：之前的工作就是机械重复劳动，而不是刻意练习的过程。机械重复劳动最终导致的结果一定是从事一个职业越做感觉越累，心理上的阴影不断扩散导致生理出现病症，然后就顺理成章地归结为职业病，梦想着赶快换工作、尽快转行等。

（3）工作始终没有创新：刻意练习并不是一成不变地延续重复，而是有创新地发展，最能说明问题的是中国乒乓球运动中的直拍横打技巧，拿直拍的握法去用球板的背面发力击球，犹如厨师开发出刀背切削法，这种创意并不是大脑发热后的奇思妙想，而是刻意练习后的职业竞技升华。

（4）没有规划自身的能力目标：许多做工程造价的同行都在以他们看到的领导、师傅的现状为榜样，总是在重复问一句话，我何时能进入管理岗。造价人员身在工程造价的岗位，不管是负责招标投标，还是负责成本结算，都处于管理岗位，他们心中所谓的管理岗或许就是高级一层的中层管理岗甚至是处于决策层的高级管理岗，如果只是把师傅、领导的岗位看成是发展进步的目标就是没有目标。在民营企业中，副总一职只不过是名片上的标注，有些人还只是一名兼职业务人员而已，个人能力方面追求和掌握的应该是师傅、领导这些人从业多年的经验，可恰恰是一些领导给出新人的要求就是：结算审核要扣除施工方的规费和税金。

不管将来或现在将要从事什么行业，行业新人在从业入职前一定要对自身情况做一个选择性分析，测试的方法并不困难，可以从教训中吸取经验，在以下几个方面对自己的能力做个测试：

（1）天赋如何：爱好是成功的催化剂，能起到事半功倍的作用，一个人对职业的爱好选择也许到40岁甚至50岁才可以认知，40岁知道自己有做工程造价的天赋后，选择改行都不算迟。但是如果没有爱好而选错职业，每天处理繁乱的图纸，统计枯燥的数字的工作就是煎熬。

（2）面对不爱好的职业是一种什么态度：走出校门入什么行真不是个人可以随意做主的，自己在没有从业经验的时候也多半不知道自己将来应该做什么、适合做什么，如同搞不清楚"从哪里来，到哪里去"，这时就先明确自己不喜欢做什么。万一进入到自己不喜欢的行业中，第二步就要明确，如何把自己不喜欢做的事做好。计算工程量是所有造价人都头疼的事，把所有人不爱做的事通过刻意练习而实现做得更好，从主观上说是态度认识，从客观上分析就是成功的捷径。同时拿到图纸，别人还没看明白结构形式，你已经把成本装入胸中，商务谈判时的主动权始终掌握在自己手中，这种成就感会反过来会促进从业人员的爱好和积极性。

（3）操作要达到职业水平：任何职业会干都是入门级的水平，做精是领先其他同行的核心竞争力，刻意练习就是从业余上升到职业的过程，达到用感觉来协助操作，如看一眼图纸就可以估算出项目各专业的成本，至于准确率可以通过精细化计算来验证自己的猜测。工程造价行业需要刻意练习的环节很多，最基础的就是识图与算量，笔者所说的算量，不是利用算量软件就能绘图计算，而是针对每一个不同的项目，设计出最高效的算量程序和格式，用最少的测量尺寸去实现尽可能多的工程量计算数据。有老师介绍经验说是高手负责列项，新手负责填空，这种流水作业实施起来工作效率可以提高。作为新手个人而言，如果只是在图纸上画图，再机械性地在表格的项目栏填数，就容易成为算量的机器，最终进入机械重复的复制、粘贴的工作程序中。既然岗位无法选择，新手就要在其他方面做刻意练习的功课，在实战中对高手列的项目进行开发性地深化，在计算表格中融入自己对工程量的看法和理解，或者是对高手列项的补充，使工程量计算更加科学、准确、合理。如计算石材水池台面工程量，清单项目单位可能是"m"，定额单位也可能是"m²"，不管是以长度单位还是面积单位计算工程量，算量人在计算出清单（或定额）工程量后，都应该备注计算一遍构成水池台面的石材的实际含量，这个注释含量是非常有价值的，可以帮助高手在组价过程中用口算将水池台面价格组成，不会组价就等于不会算量，算量不到位，高手在组价过程中还要重新算一遍含量，之前计算出的清单（或定额）工程量价值就不是很大。

（4）要学会用理论指导操作：开始做不到理论指导操作，就学会用理论解释操作。如领导让在审核结算时扣除规费与税金，理由是施工方没有办理员工的五险一金，没有出示购买材料的发票。作为工程审计得知施工方存在这类违法行为时，能做的就是通过流程到相关部门举报施工方的违法行为，然后把规费与税金计入工程结算金额中去，工程审计没有权力直接对施工单位实施类似扣除规费和税金等的法律制裁，至于相关部门对施工方的罚款与补交处理，是行政部门依据法律行使的权力。

总结区分基本功训练的效率和价值时，以主观能动性和自主创新性为标准，入职后能在短期内迅速建立起这种思维的人，将来就是适应行业发展需要的人才。能充分考虑自身原因，分析自身对职业不爱好还是懒惰的原因造成的被动局面的人也算是自知，笔者年轻时知道自己不喜欢内容僵化、形式主义的工作内容，但喜欢逻辑分析，从财务转工程造价也许既可以发挥逻辑思维的优势，又摆脱了固定思维的约束，一遍又一遍地把工程造价的理论与现实中错误操作做对比分析，并提出大量的改进意见。如提出税率调整退还法（税后退还因税率从11%调整为9%之后，之前按11%税率取费时结算多余的税金），而不是许多人操作的税率调整扣除法（结算时直接将原合同中

11%的税率改为9%，违背了清单计价组价原则的错误操作），虽然两种方法最终得数相同，但工程造价不是在做算术题，而是在做应用题，税率调整退还法符合清单计价组价原则的一切基础理论，操作起来条理清晰，一切都是顺理成章，没有一个环节存在依据不足的问题。假如签订合同税前金额1000万元，签订合同时的税率是10%，一年后工程进度款已经支付了40%，并且施工方开具了10%的专票，之后政策文件将税率调整为15%，剩下的60%工程款假如没有合同外的增减项目，最终发包方支付此项目的工程款应该是多少？

结算金额=1000×（1+10%）=1100（万元）。

税金返还=1000×60%×10%−1000×60%×15%=−30（万元）。

发包方支付承包方工程款=1100−（−30）=1130（万元）。

这三步公式操作用文字解释完全符合实际过程变化。

错误的计算公式（税率调整扣除法）：虽然结算金额相同，因为用文字解释不通其中的数字变化规律，因此说此方法是错误的操作。

1000×40%×（1+10%）+1000×60%×（1+15%）=1130（万元）。

4.2 工程项目固定总价有这么可怕吗

如果卖家指着一堆白菜对客户说：要收摊了，这几棵菜10元钱都拿走吧。作为买主这时要算的就是平时白菜1元/500g，今天一堆10元，第一个问题：这几棵菜有没有5000g？平时1元/500g的菜可挑可捡，这几颗菜都是别人挑剩下的，价格自然应该打7折，10元钱应该买到10/0.7=14（斤）以上的菜才感觉心理平衡。

通过上面买菜的案例我们知道了固定总价的性质，固定总价合同结算模式也称双方约定的结算规则。有人拿着工程建设施工合同原来的版本总结，工程项目结算模式有"可调整价格合同""总价合同""成本加酬金合同"三种结算模式，实际上这几种模式是定额计价时期的产物，清单计价通用结算模式就是一种：固定单价合同。此外，EPC项目管理模式（固定总价模式）与费率合同结算模式（类似成本加酬金合同结算模式）应该成为将来工程项目结算的几种新型模式。工程项目的固定总价比买白菜要计算的问题复杂万倍，可许多工程施工合同在条款中又喜欢将工程固定总价结算模式写入合同。编写施工合同的人与签订施工合同的主体在面对固定总价合同时的操作方法有千万种，先从合同中的承、发包主体对合同总价的态度说起。

（1）承、发包方对总价合同的态度

①发包方认为固定总价合同是最佳合同模式：因为固定总价合同风险责任大部分在承包方，发包方只管付款，竣工结算时不用对合同内的工程量、综合单价做什么调整性的变动，也就是说不用负更多的经济责任。

②承包方认为固定总价合同是最不容易操作的合同模式：因为报价过高会失去竞争力不中标，报低价不考虑任何风险因素，中标后项目实施期间因为成本控制不利或不可预见因素极易造成项目赔钱还要负成本责任。因此有人在问，用什么方法能让招标方更改招标文件中合同范本的结算模式？

③笔者看法：《建设工程工程量清单计价规范》GB 50500—2013中并没有"固定总价合同"这个概念，只有"总价合同"概念（2.0.12 总价合同：发承包双方约定以施工图及其预算和有关条件进行合同价款计算、调整和确认的建设工程施工合同），而且按标准中总价合同的概念操作最后趋向于单价合同。

（2）承、发包方对总价合同的操作方法

1）发包方认为固定总价合同的范围是无限的，这个"范围"的概念非常重要，不仅指三维空间，还有时间范围。范围越广包含的内容越多，相对价格固定也就越容易。如招标文件条款"工程量清单按清单计算规则计算（基础按直上直下开挖方式计算），承包方自行考虑土方放坡、工作面工程量及土方运距"。这条招标文件内容要说明的就是挖土方和运输土方工程综合单价固定，其中不管是人、材、机单价，还是土方含量都包含在综合单价之中。发包方这样编制合同范本，目的是让不容易控制的成本在合同条款范围内固定。发包方运用总价合同结算模式为了充分保护自己的利益。

2）承包方的人对于总价合同结算模式总有抵触心理，担心操作时又抓不住主要矛盾，结算时出现争议问题不敢大胆运用法律武器保护自己。实际在工程项目承包中，承包方是销售方，中标前属于弱势群体，一旦中标角色立刻转变为进攻方，所有的主动权掌握在自己手中，任何结算模式都要经过一个攻守转换的过程，在防守阶段只要做好以下操作，固定总价合同并不可怕：

①明确合同中的风险项目：拿到招标文件、工程量清单和图纸，有时间必须认真看图核量，不要相信招标方对工程量清单的正确性负责的承诺，讲道理的招标方最多为自己编制的分部分项实物量清单工程量负责，而不会为任何与综合单价有关的含量

负责，也不会为工程措施费项目的缺失负责。看不见的量如果算不清楚，到实际发生时只能自费处理而没有别人为此买单。如常见的土方放坡及工作面工程量的计算，不常见的如精装修项目的阳角收口处理等环节。

②明确固定总价范围：如果招标文件对承包的范围写得含糊不清，承包方在投标阶段只需要做两件事：a. 把所有不明确的招标范围条款用答疑文件形式落实，让招标方在答疑文件里明确合同条款生效的区域范围，区域之外内容算作合同外费用，到时候单独算账。如招标文件中明确工程措施费固定，结算时不予以调整，答疑文件中的标准提问格式：措施费固定的空间与时间范围以什么文件作为界限约定？答复：以招标文件。说明招标文件之后的所有措施费变化都可以调整；b. 要装糊涂大家一起装，在此处留下不平衡报价，到时通过走法律程序讨回利润，如果投标时已经做了打官司的准备，这场官司的胜率已经有了分晓。

③对非承包方责任的错误坚决予以追溯：不管合同结算模式如何，只要是招标文件错误，是谁的错误就由谁承担责任，承包方坚决不替招标方背锅。如合同条款中有"清单工程量超过15%以上综合单价调整"的约定，对待此条款的方法就是：不接受任何形式改变施工图纸做法的变更、洽商；原工程量清单工程量错误引发的综合单价调低导致的经济损失，追溯工程量清单编制人的责任。

④对于合同没有约定必须提供的证据，结算时承包方不予以出示：如公司交纳的"五险一金"、完税证明、材料发票等经济资料，因为这些资料已经在投标阶段出现在投标方商务标当中（一般投标文件需要提供投标方投标近3个月的社保缴纳证明及近3个月的税金缴纳证明），结算阶段承包方没有义务再次提供这类文件。对于过程中发生的材料发票、机械台班发票属于施工企业商业机密，如果没有合同条款明确的具体用途，结算时不予以提供，如果合同条款明确以材料发票作为调整材料单价的依据，承包方只要提供材料发票（前提是发票必须具有真实性），结算时不能对发票单价质疑。

（3）对工程固定总价合同的理解

现在清单计价单价合同结算模式实际已经非常科学，不需要再发明一种固定总价合同结算模式。清单计价结算模式基本的可变与不变的内容是：

①清单综合单价结算时不能调整。

②所有合同内的费率、税率结算时不能调整，包括建筑工程增值税率从11%降低

到9%，国家在2年内调整了两次税率，但工程造价结算文件里体现的仍然是当时签订合同时的税率。

③所有总价措施费、带有独立费性质的项目结算时不能调整，这里带有独立费性质的项目指招标代理费、设计费等。总价措施费必须同时满足三个条件才能称为总价措施费：a.项目单位以"项""组"等不能被精确测量的单位表示；b.项目数量为"1"；c.项目综合单价=项目总价，只有这三个条件同时满足才能称为总价措施费。

④工程量清单中的清单工程量结算时可以调整：这个本来体现最基本公平、公正的程序却要被合同编制人以固定总价合同结算模式所取缔，说明合同编制人从来没想过在买卖交易中实现公平。

⑤工程措施费中的专项技术措施费用：因为有实物量的变更、洽商，措施费的增减也是不可避免地存在，如混凝土工程量增减，与之对应的模板工程量必然随之变化，措施费变化是客观存在的，并不是一纸合同可以约定措施费用固定价格，如果合同内有此条款，对于变更的混凝土构件，承包方采取的措施就是绑扎完钢筋后等待发包方找人支护模板，浇筑完混凝土后等待发包方找人拆除模板，所涉及合同外工程措施费用让发包方自理，承包方一概不添加费用。

⑥合同范围外的一切费用：结算时不变的是合同内的约定，变化的是合同外的增减项，"投标看报价，挣钱靠后加"，工长总结出的这句话就是结算的规则。

总结一下固定总价合同的利弊：无论合同结算模式如何约定，处于哪一方的合同主体也没有主、被动之说，利润都是为那些有准备的人预留的，小规模的工程项目实施固定总价合同结算模式对于承包方并没有什么不利之处，固定总价可以节省大量的竣工结算成本，对资金回笼速度有很多益处。大型工程项目如EPC项目，事前算不出50%以上的毛利就不要去接此类固定总价的项目。

4.3 工程造价是看不懂对不上的费用

国内工程造价定额类系统一直沿用几十年前的概念，2003年清单计价才开始在国内普及运用，清单系统的概念几乎没人能解释清楚，加之在操作过程中与之前定额计价体系概念相混淆，不同计价体系在不同地区对工程造价的解释，仿佛给工程造价同行的脑中注入了多个不确定因素，难以拆分。

例如，定额中施工机械与工具用具费用是如何界定的？某些地区的定额说明里可能有明确条款：凡单位价值2000元以内，使用年限不超过一年的，不构成固定资产的工程机械，不列入机械台班消耗，作为工具用具在建筑安装工程费的企业管理费中考虑，其消耗的燃料动力等列入材料。这个问题的答案对错不去探讨，通过这个问题可以把"施工机械与工具用具费用"性质在此做个结论。

财务账户里有"固定资产"和"低值易耗品"两个账户。上例中"凡单位价值2000元以内，使用年限不超过一年的，不构成固定资产的工程机械"应该列入"低值易耗品"账户，财务账户将固定资产与低值易耗品分清楚了，可工程造价这里还在讨论。下面就从施工机械与工具用具字面上来分析两种费用的性质。单位价值2000元以内，使用年限不超过一年的机械设备归纳为工具用具完全可以，工具用具费用是否一定要在建筑安装工程费的企业管理费中考虑，应该是不确定的答案。

（1）项目经理部办公室内用的电热水器、电暖气、文件柜等符合工具用具的特点，因为费用发生在项目经理部办公室，所以对应的收入也要到企业管理费中寻找。投标人将企业管理费打折为0的人，总在抱怨工地条件不尽如人意的同时，采用恶意打折、低压中标策略淘汰对手的人，当心工程中标后连口热水都没得喝。

（2）一线操作工人使用的电钻、电锤、电锯等小型电动机具，这些机具用具是为完成工程实物量而发生的措施费投入，因为在大量工序中运用普遍，金额不大，没有必要在措施费里单独列示一个机具用具使用费项目。因此，定额编制人将这类费用用一个经验公式的形式体现在定额子目的其他机械费中。

（3）分不清楚性质的机具用具使用费。如工人宿舍使用的太阳能热水器等，可以在措施费中体现，有些地区机具用具使用费甚至在措施费项目中还有官方指定的取费基数和费率，多数地区让投标人自行综合考虑这类费用。

作为机具用具，从财务账户及工程造价费用性质两个角度进行了解释。应该说定义这类占工程总造价比例很小的费用，其费用分类非常简单，用三句话就可以准确概括：

①为管理提供服务的机具用具费用计入企业管理费中，为项目经理部所购置机具用具费用在财务成本会计核算中计入间接费。

②一线操作人员使用的机具用具，成本计入机械费中。

③分不清楚的机具用具使用费计入措施费项目中，财务成本核算处理时计入"其

他直接费"。

之前有些地区官方发文也对机具用具费用做了定义，如：

（4）施工机具使用费：是指施工作业所发生的施工机械、仪器仪表使用费或其租赁费。

（5）企业管理费：是指建筑安装企业组织施工生产和经营管理所需的费用。内容包括工具用具使用费，是指企业施工生产和管理使用的不属于固定资产的工具、器具、家具、交通工具和检验、试验、测绘、消防用具等的购置、维修和摊销费。

官方对机具用具的解释更多的是为财务人员服务，因为没有从事过建筑行业财务的人员，搞不清楚什么叫"其他直接费"成本，何种费用计入"其他直接费"中。

真正从事工程造价的人员很少在机具用具问题上争议，因为都知道这类费用实在少得不足以引发争议。可是争议仍频发，主要存在两个方面：

（1）实际使用机械与定额子目机械不符，如何补偿或扣减？

（2）实际使用机械台班单价与市场不符，问是否可以自行调整，不按照信息单价执行。

现在实行的是清单计价，认为市场价与定额价（或信息价）不符可以调整机械台班单价。笔者深有感触的一个案例是：4.5m长×1.2m宽×1.5m深，共用机械台班费3000元，人工消耗5个工日，挖出8.1m³的沥青混凝土（上下三层共挖出三条路的路面和路基）费用约5000元。这种特殊的工序部位，如按部就班地套用定额，500元也算不出来，不调整挖土、运输的机械台班一定会赔钱。

定额子目机械台班与实际使用机械不符，定额是几十年前编制的，当时的机械设备与今天不能同日而语，机械台班型号、消耗量也存在差异，当定额子目机械台班与实际使用机械消耗量不符时，可以在措施费中增加相应费用或在定额子目中进行机械名称、型号、单价的调整（图4-1）。

如果认为子目内机械"800024"编号空压机与实际安装钢梁用机械不符，可以将空压机改为汽车式起重机，型号20t，机械单价也可以调整。如果投标时施工单位认为此钢结构项目工程量虽然不大，但施工难度系数很大，虽然钢梁重量只有1t，但因为周围环境影响，理论上20t汽车式起重机无法满足吊装要求，需要租赁更大的80t汽车式起重机，单个台班及进出场费总计15000元/台班，这种情况下组价有两种方法。

| 16 | □ 010604001001 | | 项 | 钢梁 | | | | | | t | | | 1 | | | | | 1 | | | |
| | 6-29 | | 定 | 空腹钢梁 钢结构 | | 建筑 | | | | t | 1 | QDL | | | 1 | | | | | | |

工料机显示		单价构成	标准换算	换算信息	安装费用	特征及内容	工程量明细	反查图形工程量	说明信息	组价方案	
编码	类别	名称	规格及型号	单位	损耗率	含量	数量	含税预算价	不含税市场价	含税市场价	税率	合价	是否暂估	锁定数量
5	090290	材	电焊条	(综合)	kg		0.8967	0.8967	7.78	7.78	7.78	0	6.98	□	□
6	030093	材	木方		m3		0.0106	0.0106	1900	1900	1900	0	20.14	□	□
7	030001	材	板方材		m3		0.001	0.001	1900	1900	1900	0	1.9	□	□
8	840007	材	电		kw.h		2.5844	2.5844	0.98	0.98	0.98	0	2.53	□	□
9	840004	材	其他材料费		元		109.···	109.911	1	1	1	0	109.91	□	□
10	800024	机	空压机	6m3/min	台班		0.0299	0.0299	32.5	32.5	32.5	0	0.97	□	□
11	800033	机	交流电焊机	32kVA	台班		0.1495	0.1495	15	15	15	0	2.24	□	□
12	840023	机	其他机具费		元		29.897	29.897	1	1	1	0	29.9	□	□

图4-1 钢结构梁安装子目

| 16 | □ 010604001001 | | 项 | 钢梁 | | | | | | t | | | 1 | | |
| | 6-29 | | 定 | 空腹钢梁 钢结构 | | 建筑 | | | | t | 1 | QDL | | | |

工料机显示		单价构成	标准换算	换算信息	安装费用	特征及内容	工程量明细	反查图形工程量	说明信息	组价方案	
编码	类别	名称	规格及型号	单位	损耗率	含量	数量	含税预算价	不含税市场价	含税市场价	税率	台
5	090290	材	电焊条	(综合)	kg		0.8967	0.8967	7.78	7.78	7.78	0	
6	030093	材	木方		m3		0.0106	0.0106	1900	1900	1900	0	
7	030001	材	板方材		m3		0.001	0.001	1900	1900	1900	0	
8	840007	材	电		kw.h		2.5844	2.5844	0.98	0.98	0.98	0	
9	840004	材	其他材料费		元		109.···	109.911	1	1	1	0	
10	800024@1	机	汽车吊	80t	台班		0.0299	0.0299	32.5	15000	15000	0	
11	800033	机	交流电焊机	32kVA	台班		0.1495	0.1495	15	15	15	0	
12	840023	机	其他机具费		元		29.897	29.897	1	1	1	0	

图4-2 定额台班更改单价

（1）在定额子目中直接改机械费单价，如图4-2所示。

（2）可以在措施费中单独计取80t汽车式起重机15000元/台班的机械费用。

判断什么情况下用第（1）种方式组价，什么情况下用第（2）种方式报价，还要从算量说起。看图4-2中定额人、材、机表可以发现，吊装1t钢梁用机械台班约0.03个，一天至少要吊装33t的钢梁取得的收入才足以抵扣80t汽车式起重机15000元/台班的费用支出。如果该项目钢梁工程量很大，组价时选用第（1）种方式比较科学。如果此项目只有2t钢梁需要安装，实际吊装只用了1h时间，可租赁一台80t汽车式起重机同样要计算15000元/台班的费用支出，这时15000元/台班的80t汽车式起重机费用计入措施费可以提醒评标人注意，因此选择第（2）种报价方式更合理。

工程造价没有固定的组价专用公式，一切尽在把工程量清单综合单价组价合理才是工程造价人员的核心竞争力。跳出造价做造价才能感受到清单计价优越于定额计价的方方面面。

4.4　企业管理费率及对应取费基数应该如何确定

工程企业管理费是一个可竞争的费用，也就是说该费用是一个变化幅度非常大的变量，在此研究企业管理费率与取费基数能为将来工程项目取费提供有意义的参考，还是先从企业管理费的取费基数争议开始讨论。

（1）企业管理费取费基数是行政文件的规定，这是第一种说法。国内长期实行定额计价，企业管理费在定额计价时期只包含一级管理费用（也就是公司级管理人员的开支及办公费用开销），定额计价的程序就是：

①计算工程直接费和其他直接费；

②计取现场经费：现场经费由现场管理费+临时设施费组成；

③计算企业管理费，其公式为直接费或用（人工费、材料费、机械费中）某项（某几项）直接费要素×企业管理费率。

长期以来，工程造价人也养成了固定的思维方式，企业管理费也按行政文件给出的参考性费率和取费基数直接固化在计价软件中，组价时自动计取相应的数值，至于费用能不能满足工程管理成本的需要，工程造价人连直接费都没有算准，更不用谈管理费收入与实际支出的差距水平了。

（2）第（2）条是对第（1）条的解释，如：由于材料费在不同定额子目中占比不一样，作为计算基础，不是很稳定的变量值（也就是变数很大的变量值不适合做取费基数），影响不同工程项目中企业管理费绝对数金额。许多地区在设置企业管理费取费基数时也只用人工费为基数或人工费+机械费为取费基数。

（3）第（3）条又是对第（2）条的解释，材料费单价里面已经计算了材料采购保管费，定额含量里面也包含损耗，材料费里面本身就包含管理费，如果后面再以材料费为基数计取企业管理费就重复了。

对于材料采购保管费与企业管理费两个不同性质的概念应该在此有一个澄清：材料采购保管费的范畴［项目部材料采购保管费承担项目部材料管理人员（包括库管人员）的开支及办公费用］，不包含在企业管理费之中。材料采购保管费只负担材料采购发生时支付的人员、车辆等费用以及保管期间发生的材料损耗的责任，并不对材料的采购质量标准、数量偏差、安装损耗等风险负责，材料采购质量、数量的失误风险属于管理风险，包含在企业管理费里。这个解释同时也澄清了材料检验试验费为什么不包含在材料费里，而应该在企业管理费里或单独在技术措施费里体现的原因，因为材料采购保管费不对材料的质量负责。

2003年国内开始实行清单计价之后，取消了现场经费这一级（项目部的管理费用）管理费用，企业管理费的内容组成增加了原定额计价时期的现场管理费内容（临时设施费内容并入安全文明施工费中）。现在的企业管理费由原来的一级管理变成二级管理（公司和项目经理部两级管理机构）。

了解完企业管理费及与之相关联的其他费用，笔者从第（3）条解释开始反向对企业管理费进行一下剖析，看一个案例：

一个项目设备费税前1000万元（包括主材+辅助材料费用+2.5%的采购保管费），安装费1000元（人工费+机具费），招标文件规定按人工费+机具费为基数计取200%的企业管理费（包括利润）费率。

税前造价=10000000+1000+2000=10003000.00（元）。

问题：

①该项目直接费成本是多少？

②如果不考虑间接费成本，该项目最理想的利润率是多少？

直接费成本=10000000×（1-2.5%）+1000=9751000.00（元）。

最理想的利润率=（10003000.00-9751000.00）/10003000.00×100%=2.52%。

以上计算内容只是按最佳成本测算指标考虑，如果融入资金指标（计算时间成本），这个项目看上去很合理的取费费率算下来还不够利息支出，显然企业管理费按人工费+机械费为基数取费，存在不合理的个例，解决这一问题的方法可以制定一条补充应急取费条款：如当材料费比例>70%工程总造价时，材料采购保管费调整为6%～10%。如果这个项目的采购保管费率为8%，最理想的利润率为：

{10003000.00-[10000000×（1-8%）+1000]}/10003000.00×100%=8.02%。

配合预付款及回款时间约定，这个项目能看见8%的利润就可以抵御不可预见的风险，这样设置取费率，虽然项目施工时需要垫资，但计算成本后也会有投标单位心动。

有人会补充：这类项目采用甲供材可以解决承包方的资金压力问题，看上去项目利润率虽然低一点，但时间成本也可以忽略不计。工程成本除了实物量成本和时间成本外，还有风险成本，用2000元的利益所得应对10000000元的设备安装风险，可以说摸一下都会产生说不清的费用。这个项目如果是甲供料，承包模式基本趋于包清工形式，但包清工是不用承担材料风险的，况且包清工的毛利率应该在25%～30%（因为保修期要发生费用），现在用3%的利润让人做清包工的事，除非在合同中注明设备免责条款。

有了补充应急取费条款就可以对第（2）条进行合理的解释，有人担心材料费变数大、不稳定，不适合作为企业管理费的取费基数，其实这个顾虑有些牵强，如果材料费作为变量变化幅度不可控，之前的一切工程经济单方指标都变成没有意义的数字，材料费变动影响基数显然不符合大数据的科学统计理论，有些地区（如北京）土建专业企业管理费按直接费基数取费，安装专业按人工费取费，充分考虑了材料费变动因素与经济统计指标的关系，在定额子目人、材、机表中可能看到，安装定额子目中未计价材料越多，说明这个专业的材料费变数越大，现在的安装、装饰装修专业想通过建筑面积计算单方经济指标几乎没有可参考性。土建专业结合单位工程建筑面积、单层建筑面积、层高、檐高、建筑物地域位置、结构形式等技术参数，通过大数据可以得出相对可借鉴的经济指标，能计算出有意义的经济指标，取费基数自然也可以控制。像案例中的特殊项目，可以用补充应急取费条款进行取费处理，保证合同双方风险可控。

最后，回顾关于企业管理费的第（1）条解释，定额计价时期国内施工企业大多是两级管理（即工程公司与工程队，工程队就是之后的项目经理部），下面还有作业队与班级，但这后两级机构不纳入企业管理费范畴，班长就是现在的带班负责人，作业队长类似现在的工长。施工单位发展到现在，管理机构从项目经理部向上推算有：项目经理部、工程分公司、工程集团公司、集团总公司四级管理机构，后两级机构几乎不做实体，只是发展业务，费用开销多多少少要由前两级管理机构承担一部分。企业管理费不仅要支付各级管理层实实在在的开销费用，还要兼顾补贴人工费差价的作用，投标时许多投标方还在企业管理费率上打折让利，低价中标的工程中一个偌大的项目没几个人管理就容易解释了。

与50年前相比，现在企业管理费涵盖内容要增加许多，主要有：

（1）流转税的附加税费（如城市建设维护税、教育费附加、地方教育费附加），一些地区将此税费计入企业管理费中，使企业管理费中原本的契税、印花税、财产税、车船使用税等税种又得到增加。

（2）高科技的信息管理费，如数字化工程、现场监控、工地实名制登记等利用高科技手段管理工程项目所发生的费用。

（3）应急费用：如新冠肺炎疫情期间的防疫投入资金，雾霾期间的停工怠工费用等。

实物量成本分析指标随处可见，如钢筋加工、运输、绑扎1200元/t的人工+辅料成本，浇筑1m³混凝土50元/m³人工费用等，但很少看见有人分析企业管理费在一个项目中所占的实际成本比例，因为企业管理费不仅包括项目部间接费成本，还包括公司一级的费用支出，除了财务人员谁也不了解公司的管理费用去向，所以分析不出来一个项目具体要计取多少企业管理费合理，投标时只能随主流"合唱"取费、调价、让利的三部曲。

本节开头已经明确，企业管理费是可竞争费用，投标时制定什么费率及采用何种取费基数都是投标方的经营策略。一句取费基数、费率对与错就否定投标人自主报价的选择权利是将工程造价重新拉回计划经济的负能量。通过分析企业管理费率及取费基数，可以帮助工程造价人员在将来建立计取其他措施费项目时正确的费用性质判断能力，从而合理选择费率与取费基数。如夜间施工费取费的依据说明：

（1）因为夜间施工费增加的费用主要是人工降效费，照明电费可以忽略，取费基数自然以人工费为基数。

（2）夜间施工费率依据：因为夜间施工人员工作时间是白天的80%，工作效率又是白天的80%，夜间施工费率按人工费为基数计取60%的费用，可以弥补夜间降效带来的成本增加对项目的影响。

工程造价三要素之一的取费环节是组价的最后一步，这一操作步骤往往是公司中层甚至是决策层负责人的工作内容，大部分做工程造价的人还没有意识到工程项目中的费率与取费基数与自己有什么重要关联，工作还停留在机械地使用软件自动生成功能组价层面，看完本节希望能进阶更高深一级。

4.5 工程中让人不得其解的常规做法

机电安装中的支吊架问题，要想算准可真不容易，甚至很多资深造价师也不敢打包票。支吊架到底难在哪里？支吊架在实际工程中与图纸上有多大差别？如何减少结算中的争议？

（1）支吊架算量到底难在哪里

支吊架为何这么难算？主要因为标准的混乱与现场的复杂性。支、吊架几米一个？有的图纸说明里有，有的注明参照××图集，还有的什么都不写，直接按"常规"做法施工，那么每个人对"常规"的理解就会五花八门。

即使数量没问题，图纸写清楚1.5m/个，那么现场是这样施工的吗？这个支吊架间距适合竖向吗？如果以上都有清楚的标注，那么每个支吊架是多重？是圆钢配合角钢制作的还是纯角钢制作，亦或是混合的？这些问题要看了现场才知道，可看现场时有多少人会把精力用在支吊架上？竣工后吊顶内的支吊架又怎么看？

此外，由于支吊架是现场制作，每个支吊架都不一样。因此，个数乘单重的算法本身就不准，得出的结果偏差就更大。

（2）实际工程中的支吊架

工程"常规"做法实际上是与措施方案相关联，但又没有统一的规范量化参数说明工艺做法。本文只讨论民用建筑管道支架。

民用工程管道支架的主要作用是在不同的环境中，利用自身形态的变化特点，将管道固定在建筑构件上。民用管道支架的特点是规格较小、重量轻便、形态各异，包括图4-3中的吊挂式支架、图4-4中承托式支架、图4-5中的电气桥架支架。

在预算阶段，支架的数量、形状、规格往往需要造价人员用经验去预测，事前成本估算与事后竣工结算不一致是必然的，如图4-6～图4-8这段不足10m长的管道，如果图纸没有标注管道支架，要想象出用5个支架（2个竖向支架和3个横向支架）不是一朝一夕的经验可以算准，竖向支架间距约2.2m，横向支架间距3m（图4-7中300mm宽外墙砖之间间隔10块砖）。

在笔者看来，即便对"常规"的理解不同，只要有施工经验，熟悉图纸后再到施工现场走上一圈，也许就能估算出图

图4-3 管道吊挂支架

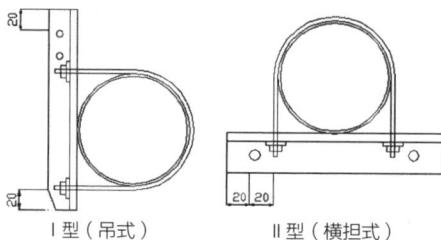

Ⅰ型（吊式） Ⅱ型（横担式）

图4-4 承托式支架

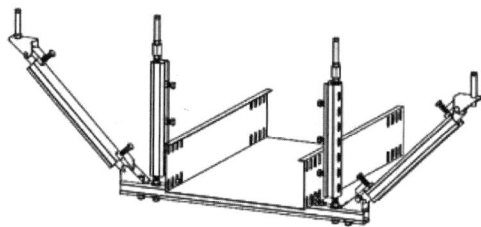

图4-5 电气桥架支架

纸中大致用多少个管道支架。将事后竣工结算期间的结果与事前投标工程量进行差异对比，本身就是对工程造价这一行业的误解。因为事前的预测与事中的纠偏再到事后的结果，管道支架无论数量、规格、形状都会与之前技术参数有一个变化，只要承、发包双方在竣工结算时没有人对管道支架发起质疑，应该视为对合同的默许。

真正意义上的算量实际是需要计算出图纸上看不见的量，这个看不见的量在计算过程中如何尽量减少偏差，可以通过一个项目（如管道支架）分三步来提高：

第一步：知道管道必须要有支架，做到列项时不丢项。

第二步：根据管径规格，知道选择相应规格的支架，如设计图纸在管道支架上标注不全，可以去其他已完工的类似建筑物中寻找答案，估算出单个管道支架的材料费及安装成本。

第三步：在图纸标注不详的情况

图4-6 竖向管道支架

图4-7 横向管道支架

图4-8 特殊转角管道支架

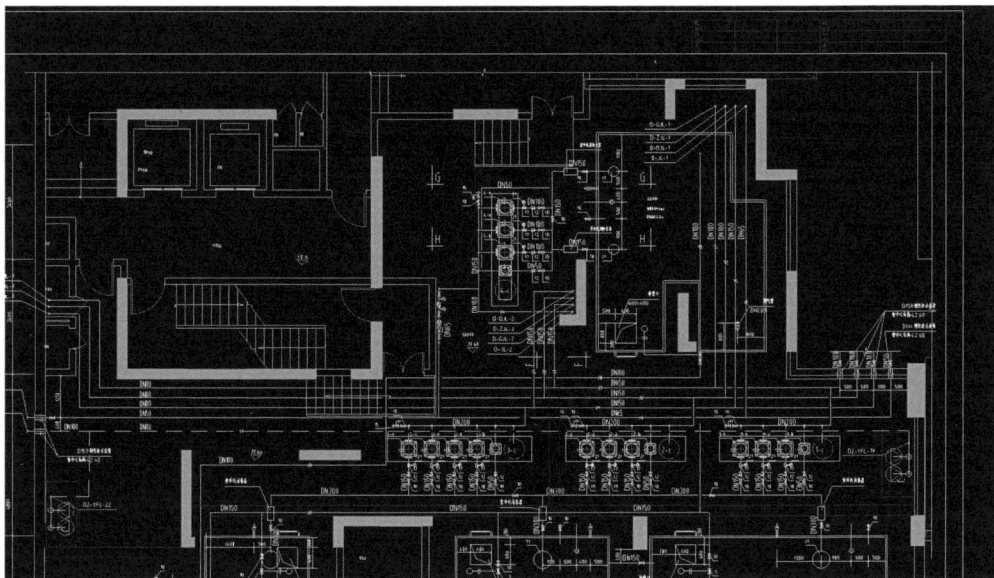

图4-9 复杂的管道支架

下，估算出管道支架数量。

图4-6～图4-8中几个支架单重约1kg/个，套定额组价清单综合单价（也就是15～18元/kg）估计不够成本。为了满足成本需要且有利可图，在综合单价不变的情况下，报价人可能通过将工程量放大100%的方法达到理想中的合理综合单价，这种操作也许就是产生所谓的对于常规做法理解的巨大差异的原因。

图4-6～图4-8中支架运算简单，如果遇到图4-9这样大面积运用安装管道的工程项目，许多人就会问：支架应该算多少？

为了满足工程造价同行的需求，许多定额编制专家也在做不懈的努力，管道支架含量系数表（表4-1）就是专家为不太精通管道安装的同行给出的支架含量系数，如果到时真的算不清楚，利用这张表也可以解一时之急。

（3）如何减少竣工结算争议

可从以下三个方面入手，即可大大减少竣工结算中的争议。

1）官方在清单计价标准中完善法规建设。

管道支架如果要在清单项目中单独列项，管道支架清单项目单位最好以"个"计量（螺栓固定架可以用"根"为单位），投标人自行考虑综合单价（如果招标文

室内钢管、铸铁管道支架用量参考表　　　　　表4-1

单位（kg/m）

序号	公称直径（mm 以内）	钢管		燃气	铸铁管	
		给水、供暖、空调水			排水管	雨水管
		保温	不保温			
1	15	0.58	0.34	0.34		
2	20	0.47	0.30	0.30		
3	25	0.50	0.27	0.27		
4	32	0.53	0.24	0.24		
5	40	0.47	0.22	0.22		
6	50	0.60	0.41	0.41	0.47	
7	70	0.59	0.42	0.42		
8	80	0.62	0.45	0.45	0.65	0.32
9	100	0.75	0.54	0.50	0.81	0.62
10	125	0.75	0.58	0.54		
11	150	1.06	0.64	0.59	1.29	0.86
12	200	1.66	1.33	1.22	1.41	0.97
13	250	1.76	1.42	1.30	1.60	1.09
14	300	1.81	1.48	1.35	2.03	1.20
15	350	2.96	2.22	2.03	3.12	
16	400	3.07	2.36	2.16	3.15	

件硬性规定必须套定额组价，但按定额组价又赔钱时，投标人可以在清单含量中将"1"改写为"2"，使管道综合单价达到投标人的理想范围，一旦投标人中标并签订合同，从法律角度上将工程量放大100%的错误变成了正确），简单的操作从根源上解决了提问者列举的管道支架无法估算单个重量的问题（每个支吊架是多重，实际又是多重，到底是圆钢配合角钢制作、纯角钢制作还是混合的，都要看了现场才知道）。

2）建立、承认和完善发起人制度。

发起人即是文件的编制人，招标文件的发起人是招标方，对招标文件的质疑是投标人的权力。反之，投标文件、竣工结算文件的发起人是投标方、承包方，对投标文件、竣工结算文件质疑的是招标人和发包方，施工期间所有工程项目的参与方都可能是文件的发起人。

发包方让承包方完成合同外的工作内容，承包方质疑额外工作费用如何计算完全是正当的交易流程。如追讨合同外的费用，FIDIC条款翻译过来就是索赔的意思。

招标人对投标文件质疑无误后进入合同履行阶段，工程完工后进入竣工结算阶段，此时工程审计人员对承包方上报的竣工结算文件质疑：如，管道支架单个重量实际只有1kg，为什么你们投标报价按2kg计算？这个质疑本身没有问题，但是从法律角度上分析，这个质疑应该在招标阶段对投标文件提出才是恰当的程序，竣工结算文件中承包方没有改变合同文件里管道支架的综合单价，工程审计人员提出报价与实际含量不符的问题，就是要改变工程量清单综合单价，但是他们忽略了合同中的工程量清单综合单价是法律文件组成部分，合同当事人单方对合同发起挑战是没用的，更何况工程审计还是工程施工合同之外的第三方，从另一个侧面就解释了为什么全国人大常委会要取消"以审计结果为结算依据"这一违法条款。

工程审计只有对竣工结算文件中的错误质疑的义务，没有节外生枝的权力。

3）招标控制价可以不包括措施费用。

曾有人反映，某个投标项目措施方案费用怎么算都是千万元以上。因为招标控制价编制人缺乏相关经验，措施费偏差太大，招标控制价公开后报价不能超越，合同范本条款又将措施费固定，导致投标人怎么报价结果都是赔钱，最终某个与建设方关系硬的投标方硬性闯入，在基础还没开始施工时，工程洽商就上报了1000多万元。

工程招标是一次普通交易的报价程序，建设方的目的是找到最佳合作人，现在的中标人与招标人如因计价问题不能很好合作，这种工程项目在起跑线上就注定充满无限风险。

如果招标控制价编制人对措施项目的把握感觉能力不足，可以公开弃权，如这一项目不知道会发生多少扰民费，将来合同签订后甲乙双方自行以协商取费形式解决这项开支，相应咨询费基数不考虑措施费用金额，投标方不受措施费的约束，可以真正实现按施工组织设计方案报价，因为把自主报价的权力真正交给投标方，在下一步施工合同签订过程中将"招标范围内措施费固定"条款公平、公正地展示给中标人，明确传递给他们一条信息，施工阶段合同内的措施费增项一分钱也要不到。

如果招标控制价编制人不愿意放弃利益，认为自己有能力控制措施费成本，将来承包人有权力将措施方案履行义务转嫁给咨询方，如整个项目措施费咨询方招标控制价编制共1000万元费用，承包方认为费用差距过大无法实施，可以直接将施工合同内或招标控制价措施金额全额退还给咨询方。例如，一个工程钢筋绑扎完成后，模板支护由专业的措施项目施工方完成，模板验收合格后工程实体承包方再继续浇筑混凝土工序。中间如果出现跑模、胀模等质量事故，模板施工方还要全额赔偿事故费用。

无限责任制不一定是要动用"索赔"概念，但一定要落实在实处。

总结：

构成工程实体但又不能在设计图纸中体现的措施费项目之所以被错误定义为措施费，而不是实物量，不是因为设计师偷懒没在图纸上标注，而是因为这类措施方案每个项目都不尽相同，设计师也不知道实际施工时承包方会具体用什么方法解决这类问题。

因此只能用一句话概括当时措施方案人的想法，如马镫筋、螺栓固定架等所谓的"常规"，就是达到合格支撑目的，浇筑完混凝土后这些构件就失去其价值，虽然留置在工程实体中了，但对工程实体不再发生作用，**竣工结算时再纠结这些措施方案用了多少料也没有什么意义，同行所谓的管道支架操作困难程序也许出现在竣工结算阶段。**设计师之所以不重视这类构件的描述，是因为对于这些构件，承包方如何运用常规方案实施对设计人员不存在风险，设计师都不愿意多投入精力的地方，为什么工程造价人员总在没完没了地重复对错问题。

4.6 投标前的几个小问题扭转结算时的大被动

许多人学习工程造价都在关注如何做好工程结算，做工程千辛万苦为的就是换来那张有几方签字的结算单据。可在结算过程中要涉足多少难以预料的激流险滩，所有经历过的人都有种上战场的感觉。能不能顺利地度过让人头痛的工程竣工结算时光，笔者在长期实践中得出的结论就是：把结算的起跑线尽可能向前延伸。

当从购买工程项目标书那刻起，就开启了结算倒计时。许多人到了工程完工才想起应该做工程结算，于是发现建设工程施工合同条款中这样规定：工程措施费不予以调整；人工费、材料费涨价不予以调整等一系列的霸王条款。手中一摞关于工程措施费的洽商签证瞬间变成废纸，即使结算书上报了上千万元相关工程措施费的增项结算，也为工程审计人员审减额提成做了贡献。措施费不予以调整的争议甚至触及暂估类项目。下面有一个案例。

根据京建法〔2019〕9号北京市住房和城乡建设委员会关于印发《北京市建设工程安全文明施工费管理办法（试行）》的通知：施工总承包发包时，安全文明施工费的计取应当针对施工总承包范围（包括总承包范围内的专业工程暂估价项目）内的全部工程内容，但暂估价的专业工程可能发生的特殊施工措施所需的费用除外。

暂估价的专业工程发包时，标准化管理等级标准应当与总承包合同约定的等级标准一致，其计取安全文明施工费的措施项目应当与总承包合同相衔接，不得重复。暂估价专业工程可能发生的特殊施工措施在专业工程工程量清单中单独列项，相应的费用应当根据具体施工措施和市场价格测算确定。

在结算时工程审计方提出：既然合同条款已经明确工程措施费结算时不予以调整，暂估类项目（用于应对不可预见的变更、洽商、签证情况发生的预提款项——暂列金额项目以及预估的将来必然发生的专业工程暂估价项目）按实际发生计算，不再计取安全文明施工费及其他与项目有关的工程措施费。分析一下工程审计方这段解释存在的错误：

京建法〔2019〕9号（七）规定，"安全文明施工费的计取应当针对施工总承包范围（包括总承包范围内的专业工程暂估价项目）内的全部工程内容，但暂估价的专业工程可能发生的特殊施工措施所需的费用除外"。这句话的意思是：

①安全文明施工费已经包含在暂估价的专业工程项目当中，投标时已经包含在暂估类项目中，结算时需要将原来暂估打包的形式转化为分门别类的实物量、措施费、规费、税金等明细费用，按实际发生分开填报。本条里暂估价专业工程项目的措施费是合同签订前就已经包括，与合同条款中所述"措施费不予以调整"性质不同。

②京建法〔2019〕9号（七）还规定，"暂估价的专业工程可能发生的特殊施工措施所需的费用除外"。这句话强调的是之前投标时计取安全文明施工费里不包括特殊的工程措施费用项目。如土方专业工程暂估，实施过程中挖到积水或淤泥，应该采取什么措施就计取什么费用。第②条里的内容显然是合同签订后才发生的费用，受不受

合同条款"措施费不予以调整"的约束，一般人也只能各说各有理。为避免不必要的争议，可以用一个最简单的方法将工程措施费争议范围缩小。具体操作方法：

①程序时间：招标投标阶段的答疑期间。

②操作程序的主体：投标方、招标方。

③质疑的问题：关于"措施费不予以调整"条款所作用的时间及空间范围。

答疑文件递交后招标方要在招标文件规定时间内公开答复，具体回复答案可能有：

①按质疑问题回复了"措施费不予以调整"条款所作用的具体时间、空间范围，如合同签订前或图纸范围内等。只要有了界限，签证时避开界限范围内就可以与合同条款不相冲突，按实际发生主张增加措施费用可以有充分依据。

②如果回复"工程全过程发生的工程措施费都不予以调整"。只要招标方这样回复，将来再发生需要付费的措施项目，立刻停止作业，并要求发包方安排完善具体措施，如20m高度安装一个吊灯，吊灯买来后先放在安装部位，待发包方搭设好井字架或找来升降机后再实施安装。施工阶段不再申请措施费签证，同时也不再投入增项要发生的措施费用，如果措施项目未达标，就不进行下一程序的施工。

"措施费不予以调整"，只是工程施工合同霸王条款内容之一，投标方在进行工程项目投标时，内部履行的投标评审环节非常重要，群策群力发现招标文件、合同范本内对己方不利（或将来会增加费用投入）的条款和计算公式，为将来工程项目竣工结算铺平道路。不要等到发生争议才愤愤不平地指责合同条款不符合规定，要怪只能怪自己在应该发现问题的时间段没有及时发现前路的坎坷。

5

文件解读中的误区

5.1 工程量清单规范条款中的有意与无意

先看下面的一个问题：

甲方下发的招标文件清单工程量计算错误。例如：钢结构工程图纸中有钢结构工程量200t，但是在清单项目中只列出工程量钢结构10t。实际施工时按图施工，完成200t钢结构的安装工作内容。在合同条款中有以下约定："由于变更引起的合同清单工程量表中工程量的增加或减少应该做以下调整：工程量增加5%以外的按照合同清单工程量综合单价乘以下浮比例进行结算。"请问各位，在该工程结算时应如何结算？是否应将综合单价进行下浮？

这类问题在工程项目竣工结算时出现的频率非常高，在此不探讨合同条款中"工程量增加5%以外的按照合同清单工程量综合单价乘以下浮比例进行结算"的下浮比例应该是多少的问题，先看一下问题的第2问：是否应将综合单价进行下浮？

针对这样的问题，笔者也无数次地给出重复的答案：甲方招标文件清单工程量出现计算错误，责任在招标方，施工方可以对任何非自身原因导致本方利益受损的主体要求进行追溯赔偿。合同内工程量清单综合单价不因为清单工程量变化而进行调整。

但没想到笔者的回复进一步受到提问者质疑，理由是：

《建设工程工程量清单计价规范》GB 50500—2013第2.0.16条中关于工程变更的解释。工程变更：合同工程实施过程中由发包人提供或由承包人提出经发包人批准的合同工程任何一项工作内容的增、减、取消或施工工艺、顺序、时间的改变、设计图纸的修改，施工条件的改变，招标工程量清单的错、漏从而引起合同条件的改变或工程量的增减变化。

《建设工程工程量清单计价规范》GB 50500—2013（以下简称清单规范）中关于清单工程量编制错误责任主体判定的解释，在总则里第1.0.5条中这样规定：**承担工程造价文件编制及核对的工程造价人员及其所在单位，应对工程造价文件的质量负责。**关于如何改正错误实现公平，清单规范总则里第1.0.6条中这样规定：**建设工程发承包及实施阶段的计价活动应遵循客观、公正、公平的原则。**这条虽然看似无关痛痒，实际上可以成为解决问题中钢结构从10t调整为200t的法律依据条款。关于清单工程量编制错误责任主体判定的解释在清单规范中还有提及，如第4.1.2条："**招标工程量清单必须作为招标文件的组成部分，其准确性和完整性应由招标人负责。**"

可见在工程量清单编制错误认定和责任划分上，清单规范给出了明确的、无可争议的答复，但如此明确的条款为什么在竣工结算执行过程中却争议不断？下面继续看清单规范第2.0.16条和第2.0.17条：**工程量偏差：承包人按照合同工程的图纸（含经过发包人批准由承包人提供的图纸）实施，按照现行国家计量规范规定的工程量计算规则，计算得到的完成合同工程项目应予计量的工程量与相应的招标工程量清单项目列出的工程量出现的量差。**问题中钢结构从10t调整为200t，实际应该属于清单规范第2.0.17条解决的问题，属于工程量偏差错误，在调整此错误时，一般会单独设置一个费用分部——图差调整。可不知道为什么工程量清单的漏项、错误归结到了第2.0.16条工程变更条款里，是清单编制人复制粘贴的错误还是有意为之，看清单规范第9.3.1条似乎会有一点线索。

因工程变更引起已标价工程量清单项目或其工程数量发生变化时，应按照下列规定调整：

（1）已标价工程量清单中有适用于变更工程项目的，应采用该项目的单价；但当工程变更导致该清单项目的工程数量发生变化，且工程量偏差超过15%时，该项目单价应按照本规范第9.6.2条的规定调整。

（2）已标价工程量清单中没有适用但有类似于变更工程项目的，可在合理范围内参照类似项目的单价。

（3）已标价工程量清单中没有适用也没有类似于变更工程项目的，应由承包人根据变更工程资料、计量规则和计价办法、工程造价管理机构发布的信息价格和承包人报价浮动率提出变更工程项目的价格，并应报发包人确认后调整。承包人报价浮动率可按下列公式计算：

招标工程：承包人报价浮动率$L=$（1−中标价／招标控制价）$\times 100\%$　（9.3.1−1）；

非招标工程：承包人报价浮动率$L=$（1−报价／施工图预算）$\times 100\%$　（9.3.2−2）。

（4）已标价工程量清单中没有适用也没有类似于变更工程项目，且工程造价管理机构发布的信息价格缺价的，应由承包人根据变更工程资料、计量规则、计价办法和通过市场调查等取得有合法依据的市场价格提出变更工程项目的单价，并应报发包人确认后调整。

为更加说明清单规范第9.6.2条，现附清单规范第9.6.2条如下：

对于任一招标工程量清单项目，当因本节规定的工程量偏差和第9.3节规定的工程变更等原因导致工程量偏差超过15%时，可进行调整。当工程量增加15%以上时，增加部分的工程量的综合单价应予调低；当工程量减少15%以上时，减少后剩余部分的工程量的综合单价应予调高。

清单规范第2.0.16条编制的目的就是在为第9.3.1条做铺垫，但是在操作过程中出现一个难以解释的逻辑错误，本来始作俑者错误工程量清单编制方，因为清单规范第2.0.16条和第9.3.1条的纠缠，导致清单规范第1.0.5条和第4.1.2条执行时出现了矛盾和争议，错误的制造者不但没有因为错误得到应有的惩罚，相反与错误毫无关联的一方却要为错误背锅。许多人甚至不乏律师等法律工作者都在为工程量清单综合单价可以调整的相关规范条款进行辩解：合同条款怎样规定，合同当事双方就怎样执行。毕竟民法解释顺序：有约定看约定，没约定看法定。但是如果清单规范条款的错误仅影响到一份工程施工合同的操作执行，只能算个例问题，没有必要在此花费大量手笔，但深入探讨这个问题可以发现，如此按清单规范第2.0.16条和第9.3.1条解释和执行这个案例问题，当初的工程量清单编制错误就可以为某一方带来利益，因为错误而可以获利，这个错误就成了无法回避的问题。

有人以工程量增长、成本会降低作为解释的依据，下面就分析一个工程量增加、成本会不会一定降低的问题。

一项由8mm厚钢板制作而成的钢结构件总重80t，综合单价18150元/t，单价构成见表5-1。

8mm 厚钢板制作的钢构件　　　　　表 5-1

序号	费用工序名称	单位	含量	单价（元）	金额（元）	备注
1	深化设计方案费	t	1	1000	1000	
2	切割加工费（8mm厚钢板标准单价）	m	50	4	200	50m/t
3	加工运输费	t	1	50	50	
4	原材料（包括运至加工厂的不含税费用）	t	1.6	5000	8000	损耗率 60%
5	安装人工费	t	1	3000	3000	
6	安装辅材费	t	1	400	400	
7	油漆费	m²	5	300	1500	m²/t
8	综合税前取费	t	1	4000	4000	
9	综合单价合计	t	1		18150	8mm 厚钢板

因为业主对钢构件强度要求增加，设计师将8mm厚的钢板改为10mm厚钢板，其他安装工艺、安装尺寸及安装标准仍然执行原图纸和相关标准要求。因为材料规格改变，钢构件总重量由原来的80t增加到100t，相应的综合单价会出现什么逻辑性变化，见表5-2数值。

10mm 厚钢板制作的钢构件　　　　　表 5-2

序号	费用工序名称	单位	含量	单价（元）	金额（元）	备注
1	深化设计方案费	t	0.8	1000	800	1/10×8
2	切割加工费（10mm厚钢板标准单价）	m	40	5	200	50/10×8
3	加工运输费	t	1	50	50	
4	原材料（包括运至加工厂的不含税费用）	t	1.6	5000	8000	损耗率 60%
5	安装人工费	t	1	3000	3000	
6	安装辅材费	t	1	400	400	

序号	费用工序名称	单位	含量	单价（元）	金额（元）	备注
7	油漆费	m²	4	300	1200	5/10×8
8	综合税前取费	t	1	4000	4000	
9	综合单价合计	t	1		17650	10mm厚钢板

因为工程量增加，从工序构成费用上分析，单价没有任何变化，但综合单价10mm厚钢板制作的钢构件变成17650元/t，相比8mm厚钢板制作的钢构件18150元/t的综合单价每吨（t）降500元就断言：因为工程量增加，综合单价一定会降低。

因为变更10mm厚钢板代替了原设计8mm厚钢板，导致钢结构油漆含量降低（并不是成本降低）引起的综合单价降低300元/t，深化设计因为图纸没有变化，只是材料规格变化，深化设计的工作量没有改变，产生了含量的变化影响了200元/t的单价。这个案例如果反过来，当初设计为10mm厚钢板，后来变更为8mm厚钢板，作为专业的工程造价人员不能简单地在结算中用量差（80–100）×17650元/t=–355000（元）为结算画句号，正确的操作应该是按表5-1方法重新组综合单价，用新组的综合单价计算出的项目清单合计减去原来合同中的项目清单合计：80×18150–100×17650=–313000（元）。

从案例分析可以看出，从一个侧面印证了之前对综合单价变更的解释：材料规格、形状、颜色等非材质变化的变更，应该作为变更方式处理（也就是要重新组价，而不是简单地调整价差）。通过这个案例，应该掌握对工程量增减而调整综合单价的计算方法，至于说因为各种原因调增或调减清单工程量，综合单价是不是一定会按正比例变化，没有任何依据支撑这一说法的正确性。

整个案例出现了解不开的"死循环"过程，归根结底问题出在清单规范条款编制人只是草草地说明了前因，但没有相对应的后果。如果对应第1.0.5条和第4.1.2条附加两条责任条款，如：因工程量清单错误导致的合同当事人损失，全部由工程量清单编制人承担。或者工程量清单编制人对工程量清单正确性负无限责任，受损失方可以对发包方（或工程量清单编制人等任何一方进行追溯经济补偿）因自身错误对承包方（或发包方）造成的经济利益损失进行追溯（发包方也可能因为第三方工作失误的受害者，他们也有要求经济补偿的权力）。清单规范中增加了几行字，案例中10t与200t的工程量偏差错误可能会减少许多，至少工程项目竣工结算时争议会减少很多。

5.2 工地实名制的前生今世

20世纪90年代以前，建筑公司内部无论管理人员还是一线施工操作人员统一都是企业正式员工，大部分还是非合同制的国企员工，进入90年代之后，农村剩余劳动力大量涌入城市，那些操作简单、工作环境艰苦且需要消耗体力的工作被进城务工人员迅速取代，加之建筑行业推行了管理岗位与操作岗位的分离制度，建筑施工企业只需要培养少数管理人员，通过工程项目这个支点，以支付少量管理费用这根杠杆去撬动占比大的劳动力市场。

大多数的一线施工操作人员从农村涌入城市后，一些头脑灵活的人便成为广大劳务队伍的领军人物，一般工地上称之为"工长"，俗称包工头。有实力的包工头还成立了劳务公司。正规的承包方一般与劳务公司签订劳务合同，劳务费结算后进入劳务公司财务账上，不正规的承包方为了降低成本，连劳务公司的税金都不愿意支付，工程完工（或阶段性完工）后直接与包工头结算，劳务费由施工单位直接交给工长，再由工长发放给工人。

这种模式沿用了30年，过程中经常听说××工地因为民工讨薪事件造成交通堵塞等消息。因为无法对场内讨薪人员身份进行有效核实，从而也没有办法进行判断讨薪行为的合法性，只能劝解双方在法律框架内解决问题，往往是施工单位被迫支出与劳务工程量不匹配的劳务费后才能实现劳务队清退。

施工现场实名制，考勤管理科学化，资金结算电子化，每月工资准时发放到每一名工作者手中。2020年因为新冠肺炎疫情暴发，国家顺势将长期构建的一站式施工现场实名制在2020年5月1日开始实施，目的是保障劳动者合法权益，同时加强了施工企业劳务成本的控制管理力度。

现在实行现场实名制后，施工单位直接跳过工长给工人开工资，以下问题必须要考虑周全：

（1）工长还有没有积极性去管理工人？工长之所以会组织工人去承包劳务工程，

其动力是利润驱使，从工人剩余价值中抽头获利。现在工长权力没有了，动力是否依旧还要看今后的操作。

（2）工长的指令对工人还有没有效力？以前工长有"紧箍咒"来约束工人，现在工人头上的"金箍"被摘除了，工人是否还会一如既往地听从工长调遣，又要用时间证明。

实施一站式施工现场实名制还有一个对工长最大的"不利"就是：使劳务成本透明化。原来施工单位将资金打入工长账户，工长分发给工人工资，具体发放了多少，只有工长一人知道，劳务成本完全是工长一人说了算，只听他们说工人400元/天、500元/天工资水平，钱是否真实地按他们所说的金额发到工人手中，谁也不知道。现在施工单位直接给工人开工资，劳动力成本变得透明，原来劳务单价里藏匿了30%的劳务利润（按人工费占工程总造价25%～30%计算），劳务费中30%的利润折合成工程总利润就是30%×30%=9%，这数字有点让施工方项目部眼红，因为做几个亿元的工程，施工单位能看到的利润点不到5%，劳务方却直接分走了9%的利润，让项目部很不情愿。

是不是劳务工长在项目中比承包方公司利润拿得都高，这里站在工长的角度算一笔账：

（1）质保金3%：在工长眼中这不是利润，应该用30%–3%，为什么要这样计算？因为工人干完活退场时工长要给工人结账，工人走后项目出现质量问题，工长没法无偿让原来施工的工人回来整修，只能再找其他工人维修，维修完质量问题后，工长要再次出钱将维修工工资结算清楚。干一份活，工长收到了一笔钱，可支出却是两笔，这就是工长不会把质保金3%计算在利润之中的原因。

（2）质量风险因素：工长实际是替施工单位寻求劳务资源并管理劳务工人的特殊管理人员，他们管理工人的方法大多也是计件制管理，但找来的工人技术水平自己有时也不清楚，曾经有工长抱怨：2个瓦工半天贴了19块墙砖，300mm×450mm规格的墙砖一块面积0.135m²，19块墙砖总面积2.565m²，工长从施工单位分包的墙砖铺贴单价65元/m²，2个人半天只创造了不到166.73元收益（因为墙砖还没有完成勾缝工序），而2个人半天工资收入是500元，工长只能掏500元工资将这两位辞退，这种隐形风险实际每天都在发生。

（3）安全风险因素：工长找来的工人出了安全事故，工长逃不了干系，虽然这类情况不经常发生，并且大的正规项目施工工地，施工方都给工人上工伤保险，但真出了安全事故，工长还是要出资赔钱。

（4）劳保、机具的费用：许多工人进入工地后，工作服、安全帽、手动工具都是工长给配备的，看似30%的利润中实际还包含一些劳保用品、机具和工具上耗材费用，疫情期间还要为工人发放口罩等防护用品，这些费用从工资表上显示不出来。

一站式施工现场实名制确实有许多管理上的优势，但也存在后续的问题，笔者担心的不是工长的成本透明度问题，而是担心将来工长管理的责任心和力度问题，原来老国企员工不服领导管理，是因为企业领导不能随意解除工人的劳动合同，也不能随意给工人降薪。现在农民工同样可以不服从工长管理，如何赋予工长管理工人的积极性，如让工长通过辞退工人、工资表薪资浮动调整等手段管理工人。再有就是工人如果对工长制作的工资表有意见而向施工方直接发难又如何应急的预案问题等，都是新管理办法所面临的新问题。

现在建筑行业劳动力年龄趋向老龄化，许多重体力或重污染的工种已经找不到40岁以下的操作人员了，劳动力成本逐年上涨，而且涨幅趋势超过GDP的增长速度。2020年，焊工8h工作日工资水平已经达到400元/工日，而且中午还要管饭。原来有人测算成本时说一个工人8h能砌筑3m³标准砖，现在测算一下劳动力成本，就算工人能完成定额指标，2个瓦工+1个壮工一天砌筑3000块标准砖，一块标准砖人工单价按劳务合同0.5元/块计算（预算定额人工单价远低于0.5元/块），工长收入1500元，支出共计1300元（瓦工一天工资500元，壮工一天工资300元），工长从三个人一天工作中抽成200元对于工长的风险还是非常大的，万一事与愿违出现一点偏差，如劳动效率降低10%，工长就无利可图了。一站式施工现场实名制到点开工资的道路虽然满目鲜花盛开，但也任重道远。

一站式施工现场实名制开展以来，新型劳务管理模式也展现出来，原来是工长一人获利、一人承担风险，现在工长实行劳动力股份制原则，也就是每个人都以自己的劳动力作为出资金额，按劳动力的价值测算系数，如有工长说了：我与大家一起干同样时间的工作，我的系数1.1，普通技术工人的系数是1，技术水平差的系数是0.9，如果10个人干一天活，挣了4500元劳务费，经过计算10个人的系数之和是9，每个系数的单价=4500/9=500（元），工长一天工资500×1.1，工人分别就拿其相应系数的工资，如果一天干下来不太顺利，只收入3600元，每个系数的单价=3600/9=400（元），这样一来，风险大家分摊，1个人出工不出力，9双愤怒眼睛会瞪圆了注视不出力的人，进入施工现场干活不卖力，身上就会像长刺一样难受。这种以劳动力入股的模式有其先进性，但也有局限性，这种模式承包工程项目如果人员在15人以内还可以实施，超过15人管理难度加大，积极方面的效果也会逐渐减退，这种模式仅适合5～15人的工队承包项目。

5.3 关于造价表的热议解释

一部描写工程造价人生活、工作的电视剧《理想之城》播放之后，工程造价同行纷纷给出不同观点的议论，其中对于"造价表"一词颇有争议，认为导演是工程造价的外行，随意发明了一个行外的概念，让人摸不着头脑，剧里所说的"造价表"到底是什么，干净不干净又是从什么角度去观察和探视？

笔者认为"造价表"一词换成工程造价报价的其中任何一种报表名称都不适合出现在电视剧里，如工程造价行业清单计价最常用的分部分项综合单价计价表全称叫"分部分项工程和单价措施项目清单与计价表"，造价同行天天在用这张表，能叫出其全名的人估计不多，电视剧不是教学视频，在剧中出现这么一个绕口令似的报表名称，外行人就真的看不懂了。工程造价的报表不仅这一种，在《建设工程工程量清单计价规范》GB 50500—2013中的报表有20多种，此外还有定额计价的报表，企业内部编制的成本预测、成本核算、成本分析报表等，上百种的工程造价专业报表在剧中只能浓缩成一个全称来代替，"造价表"概念过于新颖，笔者认为用"预算报表"更接地气。

报表叫什么名字不是什么问题，今天只想分析一下从什么角度观察叫"干净"。干净的报表原产地是财务报表，因为财务人员做假账造成财务报表的失真，给国家税收同时也给企业带来许多经济损失，干净的财务报表是客观、真实的数据反映，作为工程造价报表需不需要像财务报表这样的清洁和干净呢？下面从工程造价不同的岗位来分析一下：

（1）造价咨询岗位：提出"干净的造价表"这一说法的编剧可能出身于咨询行业。过去在定额计价年代，预算报价套定额子目，定额子目内的任何信息（人、材、机单价、定额含量）包括取费都不允许调整，只要工程量一致，简单的项目每个人做出来的报价金额有可能相同。这类报表从剧中的角度分析应该是最干净的，因为每个人操作报表都是循规蹈矩，如果有偏差也是个人主观水平上的差距导致套用定额子目丢项漏项造成。2003年之后国家改定额计价为清单计价，但定额计价的思想不知如何传播给了"90后"甚至"00后"的同行，他们追求的报价思想不考虑市场、成本，而是一味追求"有依据"，就如同当年的郑人买鞋忘记带尺码一样，宁可信任官方发布的文件，也不相信真实的市场。官方发布的文件真的就脱离市场吗？其实市场的任何波动都在官方掌控之中，如新冠肺炎疫情期间全国各行政区域几乎都出台了疫情期间的施工补偿方案，大部分地区统一补偿价格40元/（人·d），这个价格虽然不是强制性指标，不管新旧项目有多少通过协商真正将这笔费用落实到位。被打了折扣后的执行依据的报表一定不干净。

（2）施工造价岗位：施工方造价报出的报表一定不会干净。因为施工造价处于销售环节，漫天要价是销售最基本的经营手段之一，让施工方在市场变幻的环境中循规蹈矩报价，他们会质疑：为什么市场人工单价现在400元/天，而定额单价才150元/工日？这种一眼看上去就赔本的买卖怎么才可以做到不赔钱是施工方要考虑的首要问题。为了销售商品不赔钱甚至要有利可图，他们可能会在单价、含量、取费上做一系列文章，把一些看似没有依据的费用重复计取（如材料二次搬运费），因为有定额说明注释：定额子目中材料已经考虑了现场150m以内的运距，超过此距离可以计取材料二次搬运费。分析定额子目人工费含量也确实包含材料二次搬运的人工工日消耗，但因为铺砖的瓦工工资500元/天，套定额只能算出400元/天的人工费收入，如果实际综合人工（大工+壮工）平均完成$10m^2$/人铺砖工程量，为了人工不赔钱，报价时只能另加10元/m^2的材料二次搬运费，这样才能够保持收入与支出持平，也就是不赔钱。

（3）建设方工程造价岗位：与施工方工程造价岗位对立，建设方工程造价岗位处于采购环节，就地还钱是他们追求商品低价高质的目标。能不给的坚决不给是采购的原则，在这种利益的驱使下指望预算报表的干净就是无稽之谈。在对自己有利的法规文件条款上要做足工夫，如工程量清单项目结算时实际工程量>合同清单量15%以上时，清单项目综合单价可以调低，如图5-1所示招标工程量与实际偏差8倍，即使结算时按实际调整补偿清单工程量，清单综合单价只能降低，本来报价就不高的清单项目综合单价更是雪上加霜。

咨询下：1. 招标清单给的管子的项目特征是1.名称：塑料管，2.材质：刚性阻燃，3.规格：DN20mm，4.配置形式及部位：综合；然后招标清单数量是21371.95m，中标后，招标人说这个管子是预埋管，且实际数量是170174.71。就是实际数量是招标数量的8倍。由于我们在投标的时候，报价很低，这样增加8倍，我们亏很多。怎么办？
有2个问题：1. 可以说招标人的项目特征没有说是预埋吗？2. 招标清单和实际差距这么大，怎么办？

图5-1 招标工程量偏差

这种错误不管是人为授意还是工作失误，造成的最终结算争议很难得到化解。麻烦事件出来后对任何个人都不是好事，许多甲方解决问题的方式就是开除当事人，这里的当事人可能是甲方的管理人员，也可能是咨询方的合作关系。把矛盾做得不可调和并不是获利的方式，更不是正确的经营之道。

预算报表里的数字充满着利益关系的逻辑，要求像财务报表那样真实、客观不可能实现，施工方在明码标价的基础上掺杂一些水分；建设方在囊中羞涩的窘境下要求低价中标；咨询方在业主压力和审减提成的诱惑下无视对自己不利的文件条款都是可以理解的行为。但以下这些篡改预算报表的行为最好不要为之：

（1）咨询方：在编制概（预）算时故意漏项、少量、降低取费标准、任意更改含量的行为。编制概（预）算的环节，工程项目并没有开始实施，业主方找咨询公司的目的不是让他们编制一份虚假的预算报表，而是真心想知道工程项目的实际成本，咨询公司的造价人员作为业主方的顾问，尽可能将工程项目的预计费用考虑周全，以专业人士的角度为业主提供优质服务是最基本的职业道德。并不是编制一份低价的投资成本报表以博得业主的眼球，最终因为投资金额不足造成整个项目烂尾。即便业主方资金真的是捉襟见肘，也要为他们提供分部分项的报价意见。如，一个业主方想在本公司院内建一个篮球场，因为资金有限，建议他们将前期的设施先达到可以组织球赛的标准。具体方案是：

①完成球场基层处理工作：也就是建造球场达到的标准，如挖土方，换填3∶7灰土、水泥稳定层、C25钢筋混凝土垫层、找平层等工序。

②完成球场PU面层及画线的施工工序项目。

③完成球场周边的设施，如排水沟、周边绿地、围栏基础、电气线管敷设等项目施工准备。

④暂缓球场周边围栏、照明项目实施，等资金落实后可以再次动工，因为围栏基础已经完成、线管布置到位，下一步安装金属围栏、引电源线增加球场照明等工序不

用再大兴土木就可以完成。

在有限的资金条件下把项目做得尽可能达到使用要求，是咨询顾问给业主提供的有价值的方案，而不是教业主如何去制造低价陷阱。

（2）施工方：尽可能不要故意做不平衡报价。不平衡报价不是高水平从业人员的大智慧，只是抱着侥幸心理的小聪明。施工方靠不平衡报价获利给业主方造成一种被欺骗的心理感受，知道上当受骗还要付钱一定不会情愿。而且不平衡报价经不住时间的测试，一旦暴露出不平衡报价本质，业主方会采取反制措施，到时聪明反被聪明误的施工方只能自食其果。笔者在施的一个项目，清单工程量中轻钢龙骨隔墙与吊顶面积基本相同，报价时也许是造价人员经验不足，轻钢龙骨隔墙综合单价中能看出60元/m²的利润空间，而吊顶清单项目综合单价直接赔40元/m²，这种差异如果从总价分析，轻钢龙骨隔墙与吊顶项目平均利润有10元/m²，但实际施工时，业主方办理变更叫停了轻钢龙骨隔墙项目，挣钱的项目被取消，赔钱的项目还要继续履约，直接导致20000m²吊顶项目亏损几十万元。

施工方不平衡报价绝对不是获利的法宝，最有可能变成伤害自身的双刃剑。

（3）建设方：不要被不干净的预算报表迷惑双眼。现在工程项目投标报价时，许多投标方就是利用人性的弱点来获取中标订单。如果是合理的低价（也就是不赔钱的低价）还可以接受，但4.85亿元的招标控制价能让485万元中标相当于每个清单项目的综合单价小数点被左移了两位，选择此中标方的勇气何来。有人可能解释：中标方如果觉得做不了自然退场，到时投标保证金不退还，建设方还可以免费得到临时设施还不用付款。如果以这种思维方式去理解施工方，建设方损失一定会大于投标保证金的收入，最简单的方式是施工方进场后把围挡一圈，拖上100d不干活，建设方花485万元的清场费都不一定够。现实中因许多不履约行为导致建设方的损失也会大于施工方，如劳务队伍10个人铺了2d地砖，因为质量达不到标准，劳务队伍被清理出场。10个人2d工资按500元/（人·d）计算，施工方损失10000元。之后甲方出了15个工日将原来铺的地砖全部铲除，这次返工甲方除了支付拆除人工费用，还有垃圾清运、消纳费用，砂浆、瓷砖材料的浪费成本，再次铺砖的材料二次搬运费用等，费用累计一定会超过10000元。

造价表干净不干净只是笔者对剧情的猜想，从业人员保持一个干净的心态是做好本职工作的关键，做工程项目如果没有双赢的理念，一定是两败俱伤的结局。

5.4 怀念曾经使用过的工程量清单中的条款

图5-2是《建设工程工程量清单计价规范》GB 50500—2003。

在2003版本的清单规范中，原汁原味地展示过哪些现在版本已经见不到的清单规范条款呢？让笔者以剪切的方式为读者一一解答：

UDC

中华人民共和国国家标准　**GB**

P　　　　　　　　　　　　　　GB 50500—2003

——————————————————————————————

建设工程工程量清单计价规范

Code of valuation with bill quantity of construction works

2003年7月1日国家发布了第一版国标清单——《建设工程工程量清单计价规范》GB 50500—2003，之后每5年发一版，分别是2008版、2013版，而2018版因为各种原因拖延至今未发布（网上有征求意见稿）。

图5-2 《建设工程工程量清单计价规范》GB 50500—2003

《建设工程工程量清单计价规范》GB 50500—2003（以下简称2003版清单计价规范）中的第2.0.5条预留金（图5-3）许多年轻同行可能听着陌生，预留金这个概念已经被改为"暂列金额"。在《建设工程工程量清单计价规范》GB 50500—2013（以下简称2013版清单计价规范）第2.0.53条中有概念解释："招标人在工程量清单中暂定并包括在合同价款中的一笔款项，用于工程合同签订时尚未确定或者不可预见的所需材料、工程设备、服务的采购，施工中可能发生的工程变更，合同约定调整因素出现时合同价款调整以及发生的索赔，现场签证确认等的费用。"2013版清单计价规范的概

2.0.5 预留金

招标人为可能发生的工程量变更而预留的金额。

图5-3 预留金

念在文字上增加了许多，但大致意思与2003版清单计价规范的预留金概念没有明显变化。

预留金也许是当初的外文直译名词，与暂列金额单独放在一起比较没有什么优劣之分，但笔者更愿意用"暂列金额"的叫法延续"预留金"一词，而暂列金额移位到"专业工程暂列金额"中，现在使用的"专业工程暂估价"与"暂估价材料"概念太容易出现概念混淆。清单规范概念的使用不是为了考试，把概念做得越难越好，而是越简便越容易操作。

2003版清单计价规范中的第2.0.7条零星工作项目费（图5-4）估计也是外文直译，在2013版清单计价规范已经无处可寻，增加的（或称替代的）概念是第2.0.20条"计日工"。概念如下：工程施工中承包人完成发包人提出的工程合同范围以外的零星项目或工作，按合同中约定的单价计价的一种方式。实际从字面意思可以理解：零星工作项目的性质是项目，而计日工的性质是人工费。零星工作项目的工作流程是通过人使用工具或操作机械完成"发包人提出的工程合同范围以外的零星项目或工作"。2013版清单计价规范概念里用到的"工程合同范围以外的零星项目或工作"比2003版清单计价规范中的第2.0.7条零星工作项目费概念要完整和准确。但计日工这个概念具有用来解决零星工作项目费用的作用，许多同行不知道，因此在招标投标时会忽略这个概念的存在，到了结算阶段，突然发现承包方交来这么多零星工作，最后确定计日工单价都成为矛盾焦点。

2003版清单计价规范中的第2.0.8条消耗量定额（图5-5）条款在2013版清单计价规范中已经消失，而第2.0.8条消耗量定额概念恰好是工程预算定额的本质体现，无论是官方编制的工程预算定额，还是企业内部工程预算定额，消耗量都是最原始、最有价值的要素，定额中缺省了人工、材料、机械台班的消耗量就不能称之为工程预算定

2.0.7 零星工作项目费
完成招标人提出的，工程量暂估的零星工作所需的费用。

图5-4 零星工作项目

2.0.8 消耗量定额
由建设行政主管部门根据合理的施工组织设计，按照正常施工条件下制定的，生产一个规定计量单位工程合格产品所需人工、材料、机械台班的社会平均消耗量。

图5-5 消耗量定额

额，而定额中增加了其他多余的内容，如人工、材料、机械台班单价、取费率等要素的定额也只能叫画蛇添足的定额。

现在随着各地区取消定额的文件发布实施，逐渐意识到编制客观、准确、完善的消耗量定额是提高成本控制的好方法，于是一些地区陆续开始出台消耗量定额。

2003版清单计价规范中第3.4.1条里（图5-6）有一项"材料购置费"，在2013版清单计价规范没有出现，在2003版清单计价规范中第2章术语里也没有解释，后来在2003版清单计价规范宣贯资料中看到这样一条解释（图5-7）：

因此，可以得出结论：在2003版清单计价规范实施的年代，设备费还是在其他项目清单中列示并且不计入工程量清单综合单价，2013版清单计价规范执行过程中辅助材料、主材、工程设备（购成工程实体的设备，如配电室内的变压器）都统称"工程材料"且计入工程成本，再说设备费不计入工程总造价的解释本来就是错误。

2003版清单计价规范第3.4.3条至今可以使用，如当招标方要求投标方将设计费计入工程造价中（招标文件要给出设计费具体金额）时，可以在其他项目清单中单独加入一行"设计费"项目，输入招标文件给出的设计费（不含税）金额计入工程总造价当中，中标后承包方取得设计费专用工程款后如数（招标文件给出的设计费金额）将设计费转给设计单位，工程税金（无论按3%还是9%税率计取的税金）自留。但现在

3.4 其他项目清单

3.4.1 其他项目清单应根据拟建工程的具体情况，参照下列内容列项。

预留金、材料购置费、总承包服务费、零星工作项目费等。

3.4.2 零星工作项目表应根据拟建工程的具体情况，详细列出人工、材料、机械的名称、计量单位和相应数量，并随工程量清单发至投标人。

3.4.3 编制其他项目清单，出现3.4.1条未列的项目，编制人可作补充。

图5-6 其他项目清单

11 材料和设备的划分，在工程量清单计价中如何处理？由投标人采购的设备（如变压器）是否应纳入综合单价？

答：设备费在项目设备购置费列项，不属建安工程费范围，因此，清单报价中不考虑此项费用。

12 在执行"工程量清单规范"时，牵涉到安装工程量中的多专业（工种）"联动试车费"是否能计取？如果能计取，请问怎样计算？

答：联动试车费属工程建设其他费用，不属建安工程费范围，因此，清单报价中不考虑此项费用。

图5-7 2003版清单计价规范宣贯资料

计价软件在其他项目清单中任意增加行后，所列的费用不会自动统计到总造价当中，操作时注意验算一个其他项目清单中的分、总费用是否相符（图5-8）。

2003版清单计价规范第4.0.10条与第4.0.9条应该调换位置，解释起来就非常顺畅了，对于因各种原因产生的工程量清单项目中的清单工程量增、减变化，2003版清单计价规范明确"由承包人提出，经发包人确认后作为结算依据"。明确第4.0.9条最后一句的结果是因为第4.0.10条的前因导致，所以第4.0.10条与第4.0.9条应该调换前后位置，因果关系就可以看得很清楚。2003版清单计价规范这两条之后为什么演变成为2013版清单计价规范第9.3.1条和第9.6.2条令人费解，整个转变过程实际上发生了变更主张主体本质的变化。关于清单计价的核心原则——组价原则，最后以案例形式予以说明。

2003版清单计价规范相比2013版清单计价规范虽然结构上显得简单，概念、条款文字略显简洁，但主体关系相对比较明确，操作程序比较规范，在此看一下现在常用的"模拟清单"在2003版清单计价规范宣贯中是如何解释的（图5-9）：

4.0.9 合同小综合单价因工程量变更需调整时，除合同另有约定外，应按照下列办法确定：

1 工程量清单漏项或设计变更引起新的工程清单项目，其相应综合单价由承包人提出，经发包人确认后作为结算的依据。

2 由于工程量清单的工程数量有误或设计变更引起工程量增减，属合同约定幅度以内的，应执行原有的综合单价；属合同约定幅度以外的，其增加部分的工程量或减少后剩余部分的工程量的综合单价由承包人提出，经发包人确认后，作为结算的依据。

4.0.10 由于工程量的变更，且实际发生了除本规范4.0.9条规定以外的费用损失，承包人可提出索赔要求，与发包人协商确认后，给予补偿。

图5-8 关于变更重新组价的主张主体

16. 由于工程量将来要按实际核定。在制订工程量清单时，可否使用一个暂估量，以节省发包方的人力投入？

答：如果该工程只有初步设计图纸而没有施工图纸的，可按暂估量计算，若有施工图纸的必须计算其工程量，结算时可因工程量增减为增减量调整。招标人应尽可能准确提供工程量，如果招标人所提供工程量与实际工程量误差较大，投标人可以提出索赔或策略报价。

17. 为便于将来设计变更不会因为投标书中无单价而使承发包双方发生不必要的纠纷，可否采用多做法共存的工程量清单？如，某工程楼地面7000平方米工程量。在工程设计中为水泥砂浆楼地面，在工程量清单中分别列出水泥砂浆楼地面、水磨石楼地面、地板砖楼地面、大理石楼地面……等等，其各自工程量均为7000平方米（或暂定一个数量）？

答：不可以。只能根据施工图纸及施工方案进行编制工程量清单，若发生工程变更工程量增减，按合同的约定竣工时按实核量结算。

图5-9 2003版清单计价规范关于"模拟清单"的概念操作解释

2003版清单计价规范宣贯解释（图5-9）的意思是：如果图纸齐全不能暂估量，不能模拟清单项目，要求按招标图纸实事求是地编制工程量清单。因为篇幅有限，还有许多随时间发展让工程造价同行找不到方向的操作，回顾2003版清单计价规范可能会带来一些启示：

有人会说，当时的操作条款（图5-10）是"营业税"体制下制定的，现在实施"增值税"后甲供材操作随税制体系改变而改变了。实际上这种解释是对税法的无知，不管是"营业税"还是"增值税"都统称流转税，只是"营业税"属于价内税（在当时实际工程造价计价操作时，仍然按价外税的计算方法操作，性质上不是价外税），"增值税"属于价外税（性质上就是价外税），"营业税"要计入工程成本，而一般纳税人增值税-进项税额不需要计入工程成本中。从"营业税"改革为"增值税"对于工程造价操作是有一些影响，如原来机械、材料是含税价计价，现在一般纳税人是按除税价计价。再有就是税率上的变化，但税法改革涉及工程造价这些微小的变化不足以改变工程造价整个体系的重大变动。因此，原来甲供材如何操作，现在还是应该如何操作。

关于工程量清单综合单价结算时能否调整的问题，2003版清单计价规范宣贯文件也给出了答案：

宣贯文件第24条（图5-11），提问人还是站在定额计价的地平线上看清单计价的天际线问题，回复者的答案已经非常明确地解释了工程量清单的核心问题。

对于编制工程量清单的要求，2003版清单计价规范宣贯文件也对清单编制方提出了要求：

2003版清单计价规范宣贯文件第19条（图5-12）实际是对本书关于将来咨询方是否在招标控制价中必须编制措施费这一观点做的理论性解释，编制合理的工程措施费

10. 甲方供料是否计价？是否放入投标报价中，还是放入其他费中的招标人部分？

答：甲方供料应计入投标报价中，并在综合单价中体现。

图5-10　甲供材是否计价问题

24. 执行工程量清单后是否工程结算方式和原来的定额法不一样？

答：按工程量清单计价的工程结算方式与按定额计价的工程结算方式的不同点：工程量清单计价，综合单价一般不作改动，没有价差，也不用调整各项费率。

图5-11　清单综合单价是否能够调整的问题解释

需要一个合理的施工方案和措施方案，而作为编制招标控制价的咨询方没有编制施工方案和措施方案的能力，让他们编制招标控制价内的工程措施费也是在套定额凑数，根本满足不了真实的特定建设项目工程措施费成本的需要。最后再从2003版清单计价规范宣贯文件中体会一下组价原则：

2003版清单计价规范宣贯答疑第1题（图5-13），如果供应商报价600元/樘（包安装），让投标方组综合单价，投标方靠套定额的方法很难组出600元/樘的整数定额单价，这时可以用强制修改综合单价的方法直接输入150元人工费、430元材料费、20元机具费，如果企业管理费、利润、风险费综合取费20%（以直接费作为取费基数），这项门的清单项目最终投标综合单价显示的是600×（1+20%）=720（元/樘）。

到了结算阶段由于涨价原因，清单项目中的门供应商单价涨到800元/樘，结算重组清单综合单价时：

清单综合单价=（150/600×800+430/600×800+20/600×800）×（1+20%）=960（元/樘）。

有人会问直接费单价已经明确800元/樘，结算时直接用公式800×（1+20%）=960（元/樘）不是更加清晰直观？这道题之所以可以用800×（1+20%）=960（元/樘），

19. 采用工程量清单编制标底价，按步骤必须先确定施工方案，请问：招标人或中介咨询机构如何编制一个合理的施工方案，依据又有哪些？

答：标底是指招标人或委托的工程造价咨询单位在工程量清单的基础上编制的一种预期价格，是招标人对建设工程预算的期望值，标底并不是决定投标能否中标的标准价，而只是对投标进行评审和比较时的一个参考价格。因此，在编制标底时，招标人或中介咨询机构一定要依据项目的具体情况，考虑常用的、合理的施工方法、施工方案进行编制。

图5-12　对中介咨询机构编制措施费用提出的质疑

1. 所有的综合单价是否均由人工费、材料费、机械费、管理费、利润和风险因素构成？（例如：根据经验，红榉木包门套 600 元/樘，全包价，是否需分析人、材、机？）

答：任何分部分项工程的综合单价都应由人工费、材料费、机械使用费、管理费、利润和风险因素构成。一些不发生材料费或机械使用费的分部分项工程，可不列材料费或机械使用费。凭经验所列出的综合单价，如招标人要求对该项目综合单价进行分析时，投标人也应按要求进行分析。

图5-13　成活价的解释

是因为前提是直接费取费，如果题目变成人工费+机械费取费，人、材、机的单价就要按组价原则同比例增减得出新的人工和机械费单价进行取费，无论直接费单价如何变化，组价时不能改变人、材、机在直接费中的占比就是组价原则操作方法之一。

从2003版清单计价规范到2013版清单计价规范历经3个版本，清单计价规范概念、条款的取舍与文字变更为工程造价同行带来了什么启示，还希望听到不同的意见和观点。

随着时间的推移，工程量清单虽然更新了一版又一版，每一版本的更新都伴随着大量强制性条款的出台，但实际操作过程中造价人对于清单规范的执行力度变得越来越低。

案例：招标文件约定：

（1）合同价格形式：固定综合单价合同。

（2）工程经招标定标后，除经批准的设计变更、经济签证外，其他工程造价增减均不予签证计价。但承包人未施工内容结算时应扣除。

（3）投标人应对工程量清单的清单描述、清单工程量、清单列项进行复核，如有疑义，应在招标规定期间内提出，如未提出，视为认同，后期对工程量清单内容不予调整。

现场施工清单漏项较多，也有重复项，审计要求重复项扣除，清单漏项（已办理签证手续）不予增加。现在想要清单漏项部分费用，有什么理由吗？还能不能要来呢？

工程量清单规范条款早在2008版本中已经将工程量清单编制责任以强制性条款的格式明确到招标人，现在招标人还是无视自己的错误，以招标文件第3条"投标人应对工程量清单的清单描述、清单工程量、清单列项进行复核，如有疑义，应在招标规定期间内提出，如未提出，视为认同，后期对工程量清单内容不予调整"为由转嫁自身的失误。对于招标文件的这条霸王条款，作为投标方可以用简单地答疑方式予以确认：因为投标时间紧张，投标方无力对"工程量清单的清单描述、清单工程量、清单列项进行复核"。

对于工程量清单编制的错误，投标人是否有追溯经济利益受损害的权利？关于这个质疑，招标方无论持"是"或"否"的态度都不会有合理的解释：

如果回复：有。相当于把工程量清单编制的第三方彻底出卖，结算期间再出现这类问题，承包方只需要对工程量清单编制的第三方"穷追猛打"追讨经济损失。

如果回复：无。相当于把所有的投标方逼上了绝路，大家报价时只能异口同声地出高价以应对将来工程量编制的错误。

如果回复：投标人如果没有能力复核招标工程量清单，可以放弃本次投标。这句话相当于在明确告知所有投标人，这份清单就是要坑害中标方，看谁上套而已。

这种工程施工合同中霸王条款并不少见，如果是已经中标的项目，破解的方法就是抛弃图纸、只管清单，如果10层楼清单只有9层的工程量，干到9层后立刻停工，办理变更要求增加第10层的清单工程量。案例中的局也容易破解，把漏项签证改为变更就可以重新计算漏项费用。

5.5 建设项目工程总承包合同概念解释

《建设项目工程总承包合同（示范文本）》GF—2020—0216（以下简称合同范本）已经正式颁布，其合同条款是以EPC项目管理模式为原本开发与修订的，整个合同的架构依然是按照建设工程施工合同的框架搭设的，文本分三个部分：合同协议书、通用合同条款与专用合同条款。合同范本重点对前两个部分条款做了深入、细致的编制，因为专用条款针对不同的建设项目及考虑到许多项目独有的环境、地理、人文、气候、时间等因素相互制约的关系，让合同双方当事人制定得具有项目特点的合同条款，此合同范本只是一句带过，并未对合同双方当事人做更多的专用条款签订的约束，但笔者认为应该在此处多加一句："专用条款可以根据合同双方当事人的意愿签订，如果通用条款已经有明确的解释，应该直接引用通用条款；如果认为通用条款含糊不清，可以对通用条款内容做详细的深化补充，但不应该与通用条款有原则上的背离。"如第1.12条（图5-14）《发包人要求》和基础资料中的错误，要求承包人在合同签订前进行阅读并审核，发现错误后通过相关程序得到更正。为了回避第1.12条通用条款，常规做法是在专用条款里直接写上一条规定：承包人投标期间未审核出来《发包人要求》和基础资料中的错误，结算时不能以"不能调整"为由，拒绝对发包人自己制造的错误承担责任，变相转嫁因为己方失误造

1.12 《发包人要求》和基础资料中的错误

　　承包人应尽早认真阅读、复核《发包人要求》以及其提供的基础资料，发现错误的，应及时书面通知发包人补正。发包人作相应修改的，按照第13条[变更与调整]的约定处理。

图5-14 《发包人要求》和基础资料中的错误

成的经济损失。

合同范本从费用形式上将工程施工合同的性质转化成建设项目工程总承包合同性质，突破了原来总承包单位就是工程施工总承包的概念认知范围。从合同协议书的版本中可以看到合同价格内容构成（图5-15）。

虽然之后还会有第（4）~（6）项价格组成，但前3项核心的内容已经把EPC模式涵盖其中。

第（1）项设计费与第（3）项建筑安装工程费没有什么特殊要说明的内容，这里仅对第（2）项设备购置费提一个小的建议。

看到第（2）项设备购置费，有人自然联想到EPC项目模式中的"P"（Procurement），认为是工程设备采购过程的费用组成，实际上，Procurement直译为获得和取得的意

具体构成详见价格清单。其中：

（1）设计费（含税）：

人民币（大写）_____（￥____元）；适用税率：___%，税金为人民币（大写）_____（￥____元）；

（2）设备购置费（含税）：

人民币（大写）_____（￥____元）；适用税率：___%，税金为人民币（大写）_____（￥____元）；

（3）建筑安装工程费（含税）：

人民币（大写）_____（￥____元）；适用税率：___%，税金为人民币（大写）_____（￥____元）；

图5-15 合同价格内容构成

1.1.3.6 工程设备：指构成永久工程的机电设备、仪器装置、运载工具及其他类似的设备和装置，包括其配件及备品、备件、易损易耗件等。

1.1.3.7 施工设备：指为完成合同约定的各项工作所需的设备、器具和其他物品，不包括工程设备、临时工程和材料。

图5-16 工程设备与施工设备的区别

思，在作为现代企业职能部门时，是指企业所需产品及服务通过采购活动而获得的过程，这里的采购活动是特指一种基于订单或合同的日常采购行为。

工程设备在合同范本中有具体的解释，第1.1.3.6款对工程设备有明确的概念解释（图5-16）。

为了区分工程设备与施工设备，特地将两条概念（图5-16）同框展示，工程设备可以理解为构成工程实体的设备，如配电室变压器、中央空调机组、室内电梯等。根据工程设备属于工程实体这一性质可以判断，工程设备的费用应该计入"建筑安装工程费"中，而不是设备购置费中，设备购置费因为合同范本没有给出具体的概念解释，可以理解为"特指一种基于订单或合同的日常采购行为"。确定了设备购置费性质，设备购置费内容可以理解为：工厂在完成建筑安装工程后安装的用于构件加工

的机床设备；医院开张前购置的专用医疗设备；酒店运营时采购的如牙膏、牙刷等一次消耗品的费用等。因为运营期间采购项目众多，合同这项费用改名为"运营购置费"，更容易让人理解。

除了合同范本中合同协议书内容外，合同通用条款也有一条值得注意的概念条款：如第1.5条（图5-17）里有8条子条款，此处只深入解释第（6）条承包人建议书条款。

承包人建议书可以理解为方案标的组成部分（或是技术标的别称），我们日常见到的技术标大多是走形式凑页数，而EPC项目模式下的方案标与以往的技术标完全不同。EPC项目模式评标分两个时间段，评标时间不像国有资金投标程序，投标时投标方交三套文件（商务标、技术标、经济标），开标时前台唱标、后台专家评审技术标、商

1.5 合同文件的优先顺序

组成合同的各项文件应互相解释，互为说明。除专用合同条件另有约定外，解释合同文件的优先顺序如下：

(1) 合同协议书；

(2) 中标通知书（如果有）；

(3) 投标函及投标函附录（如果有）；

(4) 专用合同条件及《发包人要求》等附件；

(5) 通用合同条件；

(6) 承包人建议书；

(7) 价格清单；

(8) 双方约定的其他合同文件。

1.4.3 没有相应成文规定的标准、规范时，由发包人在专用合同条件中约定的时间向承包人列明技术要求，承包人按约定的时间和技术要求提出实施方法，经发包人认可后执行。承包人需要对实施方法进行研发试验的，或须对项目人员进行特殊培训及其有特殊要求的，除签约合同价已包含此项费用外，双方应另行订立协议作为合同附件，其费用由发包人承担。

图5-17 合同文件优先顺序

务标和经济标，第二天公示中标人，7天后投标人没有疑义进入签订工程施工合同程序。EPC项目模式投标时投标方也是报三套文件（分别是商务标、设计方案标、经济报价标），评标分两个阶段（资格预审基本忽略），先评设计方案标，对所有投标方的设计方案、施工方案、措施方案评审完成后，被淘汰方案标的投标方的经济报价将被封存（方案被淘汰的投标方经济报价没有任何意义了，相当于废标），评标方只针对设计方案入选的投标方进行下一步方案澄清及经济标的清标评审工作。如果设计方案入选方的报价与招标方的项目预算（类似招标控制价或标底）接近，中标概率会非常高。

EPC项目投标考验投标人的两个能力：一是方案吸引招标方的概率；二是报价猜测招标方口袋里资金多少的本事。

解释完EPC项目模式的投标、评标流程，再看承包人建议书的实际价值。首先，承包人建议书的初稿已经在设计方案标里存在，承包人建议书中的合理化建议（包括深化设计内容、施工组织合理化建议、措施方案合理化建议等）的质量，可以为设计方案中标提高许多分值。到了经济标清标阶段，如果投标方报价与招标方预算存在一定的差额（差额指投标报价高于招标方预算价），投标方想中标一是需要通过调整报价让利；二是通过修改施工方案、措施方案、深化设计方案等技术参数来降低成本，从而降低报价。如果有幸中标，最终确定的承包人建议书将被作为合同附件具有法律效力。

无论设计方案标与经济标在商务谈判中如何变更，必须要符合图5-18中的规范要求，如果招标方有高于国家标准的工艺要求，在招标文件、投标文件和合同文件中都要具体体现。如地下管廊案例，要求所有止水对拉螺杆拆模后：①将止水对拉螺杆周围混凝土剔除；②切割止水对拉螺杆；③切割处止水对拉螺杆头做除锈、防腐处理；④防水砂浆封堵剔除部位。对于这种超常规工艺，投标时必须将成本充分考虑进综合单价中。如果担心将来结算时工程审计不认可组价，可以将承包人建议书等法律文件公示，传统的工程项目结算阶段工程审计总在强调"有没有甲方签字"，EPC项目模式中几乎不可能出现这类问题，因为EPC项目是固定总价，报价时设计最多处于初步设计阶段，没有具体、细致、完整的工程量清单。随着时间的推移，甲方要求承包方对EPC总价进行明细完善（也就是在总价不变的前提下，将工程量清单明细与施工图纸、措施方案对应起来），这时可能又会有人采用定额计价思维来审核过程报价：项目施工期间水平运距不到500m为什么要计取材料二次搬运费等质疑。

1.4 标准和规范

1.4.1 适用于工程的国家标准、行业标准、工程所在地的地方性标准，以及相应的规范、规程等，合同当事人有特别要求的，应在专用合同条件中约定。

1.4.2 发包人要求使用国外标准、规范的，发包人负责提供原文版本和中文译本，并在专用合同条件中约定提供标准规范的名称、份数和时间。

图5-18 标准和规范

看完本节，想想签订新版本建设项目工程总承包合同时，应该如何运用专用合同条款来维护自身权益。

5.6 将来工程造价发展趋势是更"难"还是偏"易"

如果说将来工程造价发展趋势是越来越难，或越来越容易，大家可能觉得这个答复自相矛盾，为了不引起矛盾先在此引入两个概念：

（1）"砖业"：也就是我们常说的土建、安装、装修、市政、园林、消防、公路等一切能被单位工程分割开的，有官方定额专门取费比例的这些工作内容的学名统称。

（2）专业：就是造价专业同行从事的工程造价理论专业。

从概念的大小可以明显看出，专业中包含工程造价专业，也同时容纳了施工、技术、资料、材料等其他专业。

笔者论点里的越来越困难，指的就是专业里的内容越来越难，而本职工程造价专业却是越来越容易。有些人对此会提出自己的看法，过去做工程造价，用到的工具无非是：比例尺、计算器、算量纸，而现在做工程造价，不会软件算量都不好意思说自己是做工程造价的，今天不懂BIM好像明天就要被淘汰一样。2003年之前用的只是定额计价体系，2003年以后实施了清单计价体系，本来定额计价就没有完全搞懂，现在又多出一个清单计价体系，脑子里更混乱了。工程造价里的专业知识内容到底是越来越容易还是越来越难，下面做个分析：

（1）建办标〔2020〕38号是住房和城乡建设部印发的工程造价改革工作方案，取消最高投标限价按定额计价的规定，逐步停止发布预算定额。这一文件出台可以说一石激起千层浪，预示着将来官方对建筑工程项目的行政干预会越来越少。官方的行政文件少，工程造价的市场化进程脚步就会加快，套在工程造价人员身上的枷锁就减轻了，什么取费基数、费率，一切按市场计取，预计要发生的措施费、设计费、管理费，坚决计取，如同问题所述：只是装修改造工程，没有混凝土钢筋工程，可以计取垂直运输吗？答案：当然要计取措施费，因为装修材料也需要通过垂直运输才能到达施工部位。如果认为垂直运输包含混凝土钢筋运输成本，可以人为自行用系数打折；如果感觉垂直运输费离预计成本太遥远，可以改取材料二次搬运费，总之，目的是满足实际成本需要。预计不会发生的费用，让取也不取，如施工方案都是白天施工，夜间施工费有取费费率也可以直接调整为0，不予以计取费用。实物量工序可以得出相对通用的人、材、机消耗量，这叫"定额"，但能够共享通用的措施费率一定是无用的数字，因为不可能有两个工程措施费用消耗量雷同的项目，用经验公式计算的措施费率现阶段都是在凑数，也就是把不应该取费的项目计价了，把应该计高价项目按定额费率计少了，最终总成本以盈补亏，看似费用持平承包方也没有吃亏，但突然有一个项目在竣工结算时审计方提出工作时间都在白天，之前计取的夜间施工费要扣除，于是承包方非常不解地将问题发到平台请专家评判，七嘴八舌的回复响起：没发生就不给钱。再反问一句如果实际发生了，但之前没计价的措施项目结算时是否应该考虑增加费用？全场顿时无声。看似正确的答案依据只是来自××文件规定，所谓的正确性依据经不起任何推敲。随着投标报价真正走入清单计价时代，投标人对自己所报的工程量清单综合单价可以自己做主时，组出的价格越来越客观、合理，结算时的争议和纠纷就会越来越少，一切价格按市场调节，不受指导性文件的条条框框约束，组价将会越来越透明，越来越容易。

（2）工程造价用的工具越来越先进，算量软件的填充、识别线、数点位功能会极大提高算量工作效率，对比之前计算器、比例尺、算量纸，用电子表格输入公式算量精度大大提高。工程造价人员害怕的工程算量工作变得不那么枯燥了。随着BIM技术的普及，工程造价人员之前烦琐的工作内容会变得更加轻松。

（3）工程造价理论基础越来越完善。《建设工程工程量清单计价规范》GB 50500—2003是照搬照抄、直接翻译；《建设工程工程量清单计价规范》GB 50500—2008与《建设工程工程量清单计价规范》GB 50500—2013是摸着石头过河，国家标准想结合国内具体情况修改但又出现许多无法操作的条款，之后的清单规范在大原则上会继承国外清单计价的思想体系：诚信为本、客户至上、信守契约、互惠共赢。谁制造的错误谁承担责任，而不是像现在这样，谁出的错误都由承包人背锅。此外，具体细节会参考国内特色，如甲供材具体计价、实施、计税、退还等程序操作都会有明确的规范条款说明，不会出现一个地区一种标准、各自为政的操作方法。

解释完专业的容易，再看看专业的困难，说专业越来越难是因为现在专业问题的难度系数已经突破了工程造价人员的传统认知。图5-19展示的是模型，也同时是施工图纸，工程造价人员要对着模型算量计价。

有人会庆幸地认为，图5-19给我们带来了希望，说明我们选择的BIM之路是正确

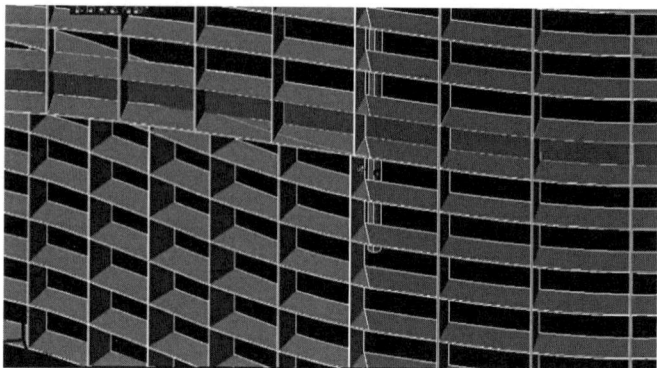

图5-19　构件模型

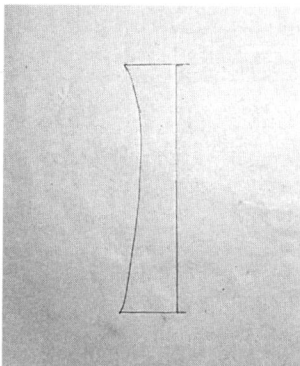

图5-20　异形混凝土墙

的。但是笔者要泼一盆凉水：模型是设计师完成的，之前设计工作与工程造价人员没有多少关系，之后工程造价人员要做的是计算出模型转化成实物需要消耗的实际实物数量，学过BIM的人可能在1min内将模型图的钢板面积导出工程量表格，但实际需要采购多少张钢板，给他们2年也算不出来，因为他们不会施工，不知道应该如何放样、下料，自然更不知道钢材的损耗率。做造价不想算人、材、机消耗量，做预算不会成本永远也进不了工程造价的大门。

造成将来工程造价越来越难的因素如下：

（1）设计作品的标新立异：现在设计师头脑风暴剧烈，设计风格越来越脑洞大开，新工艺、新材料结合奇特的构件造型，绚丽的色彩变幻，精益求精的做工要求，使工程成本的可控性大大降低。成本偏差100%不叫差，偏差200%属于正常，个别相差500%可以原谅，真的差1000%也只能这样。有人说没见过综合单价5000元/m³的混凝土，图5-20所示可以让没见过的人长长见识。

问题出于实战案例，提问者问：图5-20中6m长、高11m的异形墙怎么绘制？实际这个问题的难度不在于如何计算混凝土异形墙的混凝土体积，真正要考验工程造价人员经验的是图中构件模板措施费要花费多少？将异形墙内钢筋、异形墙支护模板措施费折合到混凝土构件中，将影响混凝土综合单价多少成本？如果计算结果综合单价超过5000元/m³而没有大惊小怪，说明做造价的人日渐成熟了。有人可能会反驳现行国家标准《建设工程工程量清单计价规范》GB 50500混凝土构件中的混凝土、钢筋、模板是单独列清单项目的，并不是一个构件包含所有费用。说这话的人如果把自己置身于投资或消费者角度思考，为什么我们平时买手机时没有要求供应商将手机的主板、芯片、屏幕、机壳等组成一一列项报价，而是只看一部手机的总价？作为工程的业主方实际也是这种心理，钢筋看不见、模板摸不着，项目建成后能看见的就是这道混凝土异形墙，关心模板、钢筋干什么，只要知道这道墙由多少立方米混凝土构成，单方单价就可以得出投资成本了。

（2）原施工现场实施的实物量工序可以异地转移：最典型的是现在流行的全装配结构（也就是以前的预制构件），场外加工制作场内安装，将混凝土构件变得如钢结构一样可以分段操作，成本预测要增加许多外在因素，如加工制作费用、加工制作损耗、加工制作二次运输等，这些在以前的定额中好像都没有人教过，以前版本定额还有钢结构件、混凝土预制构件的场外运输定额子目，现在新版定额将其看作成品，只是统一计算材料费，定额子目中将构件场外运输费用与构件材料费合并计入成品构件材料费中，取消构件场外运输子目，到底构件在场外发生的一系列成本是多少，只有加工厂商知道。

（3）图纸深化越来越细：最早见到的装饰装修图纸是设计说明里放一张表格，把项目中各空间的墙、顶、地面层工艺做法用文字简单描述，有经验的设计师会在表格最后一个栏面跟一个图集做法索引。现在的图纸，不仅要深化节点图、大样图，甚至还要做出三维模型，原有定额企业管理费中可没有设计师的工资、奖金，深化设计费用在以后投标项目可要咨询清楚应该由哪方完成，费用是多少等，深化设计费用细节要一一签入工程施工合同内。否则，3个设计师忙上半年的深化设计费用50万元就进入管理费成本了。钱是小事，如果没有做好项目中标准备，等进场后现找3名能做深化设计图纸的设计师都不容易在短期内找到。

（4）措施费项目越列越多：将来总承包新建工程项目的措施费比例将超过实物量成本。因为环境保护越来越严格，施工环境越来越复杂，施工条件越来越苛刻，施工标准精度越来越高，工程改造拆除要用水炮机降尘，车辆进出施工现场要经水池清洗车轮携带的淤泥，施工现场要装监控，操作人员要实名制打卡等新型费用越来越多，导致工程成本水涨船高，造价人员若再没有工程措施费的意识，不懂措施方案和了解施工工序全过程，赔钱就是在这一个项目。

分析了工程造价的"难"和"易"，能为同行今后的发展和努力方向做一个引导，尽快知道现在算的量与过去算的量意义完全不同，除了知道如何计算造型混凝土墙的体积和模板工程量外，还会真正计算出构件3.6m以上的模板每超高1m，人、材、机消耗量增加的实际比例，才能消除"算量是初级水平人员的工作"这种误区。

5.7 几种施工合同中的惩罚性条款

关于合同（不限于工程施工合同），常用到的惩罚性概念有两个：

（1）扣除定金：合同签订后某一方当事人发现自己没有能力履行合同，要求单方终止合同履行程序，作为惩罚，另一方可以扣留其交纳的定金（或要求其双倍返还所交纳的定金）。在工程项目招标投标阶段，承包方向发包方交纳的"投标保证金"可以理解为定金的一种形式。如果一个工程项目招标控制价1亿元，投标方为达到中标目的，采用恶意低价行为，投标报价1000万元并且中标，接到中标通知书后在未签订工程施工合同之前，承包方意识到此项目如果将来履行合同会存在巨大风险，因此选择及时止损，不签订工程施工合同，这时招标方对投标方的惩罚就是扣除投标方几十万元的投标保证金。如果承、发包双方签订了工程施工合同并且合同内条款规定：履约保函为合同金额10%，这时承包方选择退场，损失如下：

①投标保证金招标方退还投标方。因为招标投标程序已经结束，之前发生的一切费用应该有个了断。

②扣除合同金额10%的履约保函。因为进入合同履行阶段，10%履约保函相当于真正意义上的工程施工期间的合同定金。

（2）扣除违约金：扣除违约金在工程施工合同专用条款中大概率存在约定，如工期每拖延一天，扣除合同违约金1‰，最多扣除到合同金额的3%。首先违约金是有上限的；其次违约金是在工程施工合同履行期间因合同当事人不能按合同约定对建造的商品质量、安全、文明施工、工期等指标提供合格保障而作出的相应惩罚。

以上列举的是合同签订或履行期间因单方违约而遭受的惩罚性操作，所有操作都可以找到法律依据。下面的操作却令人找不到法律扣款的证据。

【案例1】某公司投标时屋面为150元/m²（清单项目特征描述有保温），但是公司没有做保温，或者说保温厚度不够（保温材料特别贵，投标报价时就把这块做了不平衡报价下浮了），现在审计方审这一项的时候，重新把屋面组价（按原招标控制价组价下浮后大概300元/m²），然后按后组价的比例扣除屋面保温没做到厚度的这一部分费用，导致屋面单价变成-20元/m²。请问这样合理吗？有没有什么相应文件？

先看一下同意工程审计提出结算意见人的看法：

有人回复：审计也没错，施工方报的低价视为让利，或在其他子目里得到了补偿。**实际结算没有施工子目按正常组价扣除，报低价的子目出现倒扣是必然的。不平衡报价出发点就是从整体计算盈亏的，按实结算时却要按单独的子目计算这个子目的盈亏，这种思维逻辑出现双重前提，是有问题的。**

【案例2】*价签标注错误。*

乙销售商在出售手机时因为价签标注错误，导致10000元/部的手机价签标注为1000元/部，甲看到价签后立刻订购了一部手机并交纳500元定金，事后乙发现这笔交易无法实施，便向甲做了解释并双倍返还了甲支付的定金共计1000元。乙销售商为自己的错误支付了双倍返还定金的代价，甲消费者贱买手机空欢喜一场，但得到500元的补偿，这笔手机买卖交易至此终止。

建筑工程项目施工同样属于正常的交易行为，只是其交易程序复杂，超过普通的销售行业。结合手机交易案例，联系上述恶意中标案例可以看出，合同签订和履行期间惩罚性条款的运用程序和法律解释都是一样的，1亿元的工程项目因为报价失误导致工程施工合同无法履行而退场，违约方只需要负担合同金额10%的履约保函责任，也就是1000万元×10%=100（万元）的违约责任，而不是因为某方违约要被倒扣1000-10000=-9000（万元）。

反观保温层变更问题，如果原图纸和清单项目特征描述保温层厚度为100mm，在此前提下组出的清单综合单价是150元/m²，就是有法律效力的文件依据，实际施工过程因各种因素导致保温层只做了50mm厚，只要工程项目验收合格，这种改变设计方案的做法就不能被定义为偷工减料，承包方这种行为最多属于工艺变更范畴，工程变更操作第一步就是遵循组价原则进行重新组价，保温材料如果投标报价按1000元/m³计算，不管实际市场或招标控制价里保温材料单价是3000元/m³还是5000元/m³，结算时都是按合同文件里的1000元/m³计算，用这种方法计算出来的新屋面保温综合单价一定会因为保温厚度减小，综合单价随之相应降低，但绝对不会出现综合单价重组后单价变成-20元/m²的情况。如果出现，可能是提问者没有理解-20元/m²构成原因，也许是因为组价时先抵扣了原清单150元/m²的综合单价，按变更重新组价130元/m²综合单价，-150元/m²+130元/m²之和得出变更调整后的新综合单价等于-20元/m²。这-20元/m²

并不是倒扣的结果，而是工艺变更产生的综合单价变化，因为出现材料、工艺变更都有可能出现新产生的该清单项目结算综合单价低于原合同报价。

无论投标报价时采用何种不平衡方式报价，只要中标并签订了工程施工合同，结算就要尊重合同文件工程量清单中的每一个综合单价，结算时没有不平衡报价的说法，只有合同文件为依据。如果实际某清单项目没有实施（或未按图纸、工程量清单中工程量实施），结算时价格=（实际施工数量−工程量清单工程量）×合同清单综合单价计算，如果实际施工数量>工程量清单工程量，结算时此项目金额就是正数。

说到此，还要反复强调一个清单计价中的基础性常识：无论工程量清单实际数量如何变换，工程量清单综合单价不能被随意调整。以保温清单综合单价为例（案例1），如果屋面工程量增加，因为当初报价失误，承包方的损失将进一步扩大，所以首先清单综合单价报价时不能低于成本；其次不要自认为聪明地故意操作不平衡方式报价。做买卖有赔有赚是正常交易行为，建筑工程是特殊的商品买卖，交易活动就看承包方和发包方谁的智商更高，但是愿赌服输不能因为结算时发现被对手占了便宜，而恼羞成怒地要调整已经构成合同法律文件的工程量清单综合单价。

5.8 工程项目结算中常见的错误

工程结算资料性质等同于我们进餐馆用餐后接到的结账单或超市出口扫码后打印出的小票。只是工程结算资料相比餐馆、超市里的结账单据出现错误的种类和数量要多一些，金额要大一些。关于工程结算资料出现错误后需要负什么责任的问题，这里用一句话总结：结算资料出错被审核出来后，把错误的结算金额扣减就是对错误制造人的直接惩罚。至于错误制造人还要受到其他间接处罚是结算资料编制单位内部管理制度解决的问题。

工程结算资料性质就是结账单据，其格式、内容的质量好坏以数字计算准确、项目描述清晰、事实表达客观、内容完整无误为评价标准。因为工程结算特别是工程竣工结算是工程项目的句号，参与工程项目的各方都想让句号画得更圆满，因为在工程结算环节投入了大量的成本，同时也发生了太多因责任主体不明确而产生的争议和纠纷，这里说的责任主体不明确就是俗语常说的"背锅"，让非责任主体承担了不应该承担的责任必然会驱使项目参与方在转移责任方面用尽心机地挖掘各种方法。下面就是几个常见但不为人所意识的错误。

（1）结算资料里存在不平衡报价如何处理？

对于不平衡报价，笔者暂且简称其为"不合理报价"，出现在结算资料里应该从两个时间维度进行分析。

1）工程施工合同签订后的新增项目中出现的不合理报价。这类报价之前审核人没有找到可以参考的组价依据，但又感觉结算方上报的综合单价与市场偏离过大，可以从以下几方面审核落实：

①综合单价取费率及取费基数是否与合同相符。

②综合单价组价使用的含量是否与合同含量一致。

③合同内已经有的人、材、机单价在新项目里是否被随意调整。

④合同内已经有的工序做法在新项目里应用后是否与新增项目单价不一致。

⑤新项目中组价过程中有没有错误的工序和重复算量。

以上几点都是客观问题，结算时按步审核，发现错误就调整回与原合同相同的参数和指标。有人在问：我们承包的工程项目是5年前中标的老项目，之后接到官方两次调整人工费单价的文件通知，结算时人工费单价按合同价还是按最终的官方人工费单价调整？回答这个问题参照前5个组价原则一致性的解释可以非常明确地给出答案，结算人工费单价当然按照之前合同内的人工费单价执行，至于官方调整人工单价的差额，看合同约定是否可以调整，如果合同内没有单独对此有条款说明，大概率可以调整获得人工费单价差。

最后就剩下主材单价，争议焦点从综合单价缩小到主材单价，范围缩减了许多，双方达成一致意见的概率也增加了许多。对于主材的单价认可，如果过程中项目各参与方都在积极配合，获取一个客观的新主材单价并不困难，就怕之前没人管这事，事后要补材料的询价资料，确定材料单价合理性的证据等反工序操作，现实中许多承包方诉说材料已经安装到位，而审计方认的材料价格比采购价还要低。这个问题的原因就是材料管理的工序颠倒，解决这个问题的唯一方法就是甲方不认价、乙方不采购。

2）工程施工合同签订之前形成的综合单价，中标后已经签入工程施工合同中，结算时被发现有不合理的综合单价。解决的方法和程序如下：

①不合理综合单价只要签到工程施工合同中就视同合理，结算时按原合同综合单

价执行。

②审计方如果一定要追究综合单价不合理的责任，由评标方承担解释义务。

工程项目投标报价追求100%的合理是不现实，也是不客观的，因为判断清单项目综合单价合理不合理都是不同利益主体站在本利益集团的平台上得出的主观判断结果。主观因素表现在：

①招标控制价编制人组价得出的清单项目综合单价是否100%合理本就是一个不确定的因素。

②投标人因为经验、能力、水平问题报价也不一定客观反映清单项目的成本构成，出现价格忽高忽低的现象，被认为是在做不平衡报价。

③对清单项目费用构成理解不同，不同的组价方理解清单项目内的费用构成角度不同。如混凝土清单项目中的模板，招标控制价在措施费里体现，而投标人将模板支护费用计入混凝土清单项目中，模板支护费用成为混凝土清单项目的一道工序，也是正确操作。

审核方想定义组价不合理可以有一千条理由。做销售不同要价是销售人员的经营之道，做采购的还有就地还钱的权力，笔者在此提倡诚信为本的交易理念，不管是销售方还是采购方，定义合理价格的依据是建立在成本和市场基础之上。如现在拆除1m³砌块（或混凝土）构件的全过程（拆除、清运、装车、运输、消纳）费用（各工序费用）合计与建新1m³砌块（或混凝土）构件的费用相同，再从修缮定额中固化地套取相关子目后组价、取费，查询2018年的官方渣土消纳单价指导文件调整单价，一系列操作下来与实际成本对照综合单价偏差100%。组价的审核方强调文件就这样规定，另一方施工单位则会提出你们先找别人完成拆除工序后，我们再进场开始装修。合理与不合理就此产生无解的争议，什么时候有人接受单价，说明这个价位就是市场价，可以按此价格进行结算。干工程有时就跟卖白菜一样容易，不管价格是0.4元/500g还是0.39元/500g，只要有客户交易，说明商品就有市场，价格就是合理价格。

（2）结算工程量超合同工程量15%以上如何处理？

由于各种各样的原因造成结算清单工程量超过合同清单工程量15%属于正常现象，只要发包方有支付能力，超多少付多少是正常的买卖惯例。如同饭桌上吃饭，先点了10瓶啤酒，一桌人喝得高兴又加了10瓶，结算时按20瓶啤酒钱付款即可。为什么到了建筑行业，因为现实中增加了工程量，结算就不会操作了？引起实际工程量与招标清单工程量不相符的原因从两个时间段进行分析：

1）工程施工合同签订前的失误造成。主要失误原因有：

①设计原因。因为工艺做法或其他失误导致清单工程量在施工期间需要增加或减少。还有就是在招标投标阶段至合同签订期间内设计方继续对图纸进行优化处理，造成中标方进场后施工图纸工程量与原招标图纸工程量的差异。

②工程量清单编制人计算失误。导致招标清单工程量比图纸工程量增大或缩小，施工期间被施工方发现，要求调整清单工程量，导致预算超支。

2）工程施工合同签订后业主方原因造成。业主方在预算申报期间由于工作疏漏，想在施工阶段增补上原来没有考虑周到的项目，但增补项目和工程量会导致清单项目或清单工程量增加，同时需要追加费用，造成预算超支。于是就有人想出一个平衡预算超支的办法，用总预算/结算总清单工程量，原来某个清单项目总预算100000.00元，清单项目工程量500个单位，清单项目综合单价200元/单位，现在结算期间实际清单项目工程量变成了1000个单位，可总预算金额没有变化，清单项目综合单价只能按100000.00/1000=100（元/单位）计算，这就是清单工程量增加，清单综合单价需要调低的理论基础。

有人说到，预算超支问题总是将责任推卸给工程施工合同的履行方，甚至有人谈到经验时说：工程项目预算金额超支10%以上时，业主方人员要被约谈。如果是工程施工合同签订前出现清单工程量计算错误问题，导致结算期间预算超支，这与合同双方都没有任何关系，应该负责的是编制清单工程量计算错误的一方。但因为这类编制招标控制价的第三方公司只收取了有限的服务费用，即使将全部有限的服务合同金额抵扣错误损失，也不足以弥补清单工程量错误造成的结算差额，最终处理结果多半是承包方代理支付了经济损失，发包方还被无端怀疑进行约谈。不用负太多责任的一方却能让工程项目合同当事双方背锅，确实应该对工程造价各程序环节上的参与方责、权、利进行深入反思。

5.9 由新冠肺炎疫情引发的不可抗力概念争论

不可抗力在工程施工合同中出现的频率很多，但发生的概率却很小，因此在签订工程施工合同时，不可抗力几乎就是合同中的几条形式条款。不可抗力在工程施工合同范本中列举的事件一般是战争、地震、台风、海啸、洪水等离我们很遥远的事件，现在突然出现了高发传染性疫情的事件，绝大多数工程施工合同可能没有将疫情写进合同不可抗力条款内。

对于工程项目施工，不可抗力并不是一个固定不变的概念，其作用范围实际可以通过工程施工合同进行调节，要想知道如何调节使风险降至最低，就要先知道不可抗力会由哪些事件产生。

（1）天灾：地震、台风、海啸、洪水、泥石流等自然灾害都属于天灾范畴，当然自然灾害的种类不限于此，要想规避更多的风险，可以再将其他没有提到的自然灾害列入合同文件条款中，如2008年南方发生的冻雨等就属于不可抗力。

（2）人祸：原来能想到的人祸就是战争、动（暴）乱等，这次新冠肺炎疫情为人类又增添了一个新的不可抗力事件。

（3）政治事件：如重大集会（奥运会、中央两会、国际性盛会、国庆阅兵等）需要停工，还有因控制雾霾造成的停工，这类不可抗力事件在首都及重要的国际型大都市经常出现。

搞清楚不可抗力的属性容易，界定不可抗力等级就有争议，下面看一个问题。

问题1：自然灾害和不可抗力事件有区别吗？

答案：自然灾害属性为天灾，但能不能构成不可抗力应该从两个方面提出证据。

①合同里对不可抗力等级是如何约定？如多大规模降水量的降雨算是暴雨，这个问题南方人理解与西北人的理解又不一样，100mm降雨量对南方人来说就是毛毛雨，在西北地区可能就要进行抗洪抢险了。当然像2021年郑州市这样的千年一遇的暴雨一定属于不可抗力范畴。

②政治上如何定义？法律也在政治管辖范围内，这次新冠肺炎疫情扩散属于重大疫情，不管合同条款中有没有明确，也属于不可抗力。

天灾、人祸事件等级不可能被全面地写进工程施工合同内，每个工程项目所处环境不同，各地区对天灾风险的预案等级也不相同，如内陆山区不可能遇到台风、海啸等自然灾害，这些地区面对更多的是洪水、泥石流造成的灾害，在这类地区施工，防范洪水、泥石流的施工组织设计方案及相应对洪水、泥石流自然灾害造成损失的界定应该更详细地记录在合同条款里。

不可抗力事件性质、等级确定后，下面就是责任分摊的问题。《建设工程工程量清单计价规范》GB 50500—2013中对发生不可抗力后的责任分摊界定条件写得比较明确：

9.11.1 因不可抗力事件导致的费用，发、承包双方应按以下原则分别承担并调整工程价款。

1. 工程本身的损害、因工程损害导致第三方人员伤亡和财产损失以及运至施工场地用于施工的材料和待安装的设备的损害，由发包人承担；

2. 发包人、承包人人员伤亡由其所在单位负责，并承担相应费用；

3. 承包人的施工机械设备损坏及停工损失，由承包人承担；

4. 停工期间，承包人应发包人要求留在施工场地的必要的管理人员及保卫人员的费用由发包人承担；

5. 工程所需清理、修复费用，由发包人承担。

清单规范对发生不可抗力事件责任分摊条款基本上采取以下原则：

（1）谁的损失谁承担：条款中第2、3、4条基本体现这个思想。

（2）谁的地盘谁负责：条款中第1、5明确了地域管辖责任范围。

现在因为新冠肺炎疫情导致无法开工和停工损失，承包方按第4条处理，工期延误由责任发包方承担。

责任范围界定清楚后再说索赔问题。

问题2：既然一切险承保自然灾害中的损失，那么不可抗力事件发生后发包人应该承担这笔费用吗？

答案：如果承包方已缴纳工程一切险，遇到不可抗力等级的自然灾害造成损失并且保险公司给予赔付，发包方仍然要按"清单规范"第9.11.1条第1款承担责任，对运至施工场地用于施工的材料和待安装的设备的损害进行补偿。

结合《建设工程工程量清单计价规范》GB 50500—2013中的第9.11.1条，正好引申出另一个关于不可抗力的结算纠纷。

案例问题：某项目雨后施工方立刻组织地下室排水工作，之后报送了排水索赔的签证，工程审计应该不应该给他们这笔费用呢？按规范第9.11.1条内容一项一项进行分析：

①事件地点：在施工项目工程现场，属于发包方责任区域。

②事件原因：临时排水，因为地下室内可能存放有怕水的工程材料如水泥、石膏板等，或者是有已经完工但不能遇水的项目，如墙面腻子找平、基层板安装等。与第9.11.1条第1款解释正好对应。

③事件结果：因为排水发生的费用。

④事件引申：属于合同外项目，要求费用索赔。

发生了不可抗力，施工方在第一时间能够想到排除故障隐患就属于负责任的施工方，如果遇到突发事件当事人坐地起价着急的是发包方。分析整个案例，应该支付施工方排水费用。

6 职业规划就业选择

6.1 工程大数据能淘汰什么样的工程造价岗位

现在大数据的积累加快了机器取代人工的步伐，一篇关于"机器人造价师助理面世"的新闻，更加为这个行业的未来前景增添了雪上加霜的寒意。

无论是已经步入还是正想挤入工程造价行业的人，"什么时候工程造价人员会失业？"都是一个绕不开的话题。高科技取代人工，低成本取代高成本是经济发展的必然趋势和规律，想从事造价行业的人又不想被机器淘汰，首先要分析清楚工程造价行业哪些工作是逻辑思维的工作，哪些是形象思维的工作，初级智能的机器一定是逻辑思维的工具，如果机器能自主形象思维，人类都将被机器淘汰。要问这个行业会不会被机器取而代之，答案是否定的，因为：

（1）工程造价研究的课题对象是工程成本：工程成本需要靠大量的数据作为支撑，但除了数据信息，最有价值的是人对数据的主观分析处理能力。在招标清标环节，面对5个有效投标方上报的5个清单项目综合单价，机器可以帮助人做数据的排序、筛选、比对工作，最终评标人以什么依据选择最合理的综合单价，还是要凭人的感知去决策。

（2）工程造价处于销售环节：哪个客户见过机器人上门做过推销？因为机器不懂什么叫"亲要见面、爱要有心"。销售完全是要通过人去沟通、协调，机器在短期内一定取代不了人工。现在一说工程项目招标投标，第一个问题就问和招标人有没有关系。作为销售人员，维护客户关系是首要工作内容，建筑类公司的前期客户维护主要部门有市场部、设计部、预算部（或招标部），待设计方案落实后，工程部、预算部代替市场部和设计部成为销售主角。关系到不到位许多时候要看各阶段服务是否能跟进到位，作为工程造价人员，出具的就是有竞争力的报价，报价是否合理不是以单价或总价高低作为评判标准，而是结合设计、施工、措施方案综合考虑，如平时所说的报价丢项，并不仅指实物量工序的丢项，而是措施项目的丢项。现在措施费项目的组价已经成为制约工程造价人进步的最大瓶颈，同时也是现代机器人无法逾越的障碍，机器人虽然能实现3日内出量，1s组价，但10年也算不出一个工程项目要用多少措施费用，人与机器赛跑完全有取胜的赛道。

（3）工程造价人员制造的价格并不局限于图纸上看得见的实物量金额：传统的工程造价指建安工程项目的总造价，即使是建安工程，构成工程造价的内容除了图纸上的实物量费用之外，还有措施项目费用，而且这部分费用随时间推移占建安工程总造价的比例不断上升，一个总承包项目的措施费用甚至可以达到25%～40%。这部分费用中，许多是看不见、摸不着的组织措施费项目，即便是看得见、摸得着的具有实物量形态的技术措施费项目，机器也要通过具体的项目施工方案深化图纸才可以理解其中的费用。现在推行全费用、全过程、EPC项目管理等新的模式，相当于将工程造价人员的工作范围在建安工程造价的前、后各延伸了一段。用EPC项目管理模式举例，业主方只要拿到地块（不管地块的现状如何），就可以用EPC模式招标总承包方，至于地块上现在还存留着几千户居民、上百家商铺如何处置，投标人自行考虑，搬迁安置费报价800亿元还是1000亿元搬迁这些住户和商家是总承包方的经验，这类情况如果再遇到"钉子户"，机器人恐怕帮不上忙。

许多人认为BIM是将来的主流和未来的方向，可笔者分析BIM功能强大，机器运用起BIM来比人更加得心应手，人如果想在BIM上与机器比赛，如同在起跑线上把自己设置成乌龟（赛道旁边的对手却是兔子），取胜概率只能出现在童话故事里。

自己"龟步"的速度快不了，比赛对手又不能更换，唯一战胜对手的方法只有一个就是更换赛场，不跟兔子在田径场上比拼，要比就选择水上项目。下面就看看如何用人的智慧战胜机器的（图6-1）。

（1）先计算墙面干挂瓷砖工程量：以图6-1所示按先大后小的方法手工计算，8.55（墙总宽度）×5.6（墙面高度）-1.8×3（双开门面积）-1×3（单开门面积）-0（消防暗门所占面积最好不从墙面面积中扣除）=39.48（m²）。

（2）计算干挂墙面龙骨面积：根据标准8号槽钢竖龙骨间距1200mm，∟50×5角

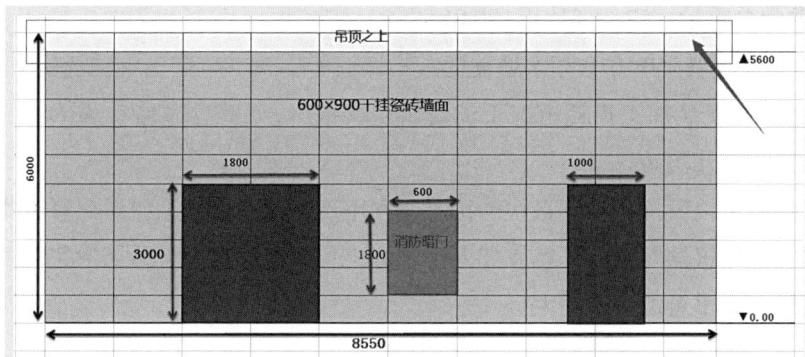

图6-1 墙面瓷砖干挂

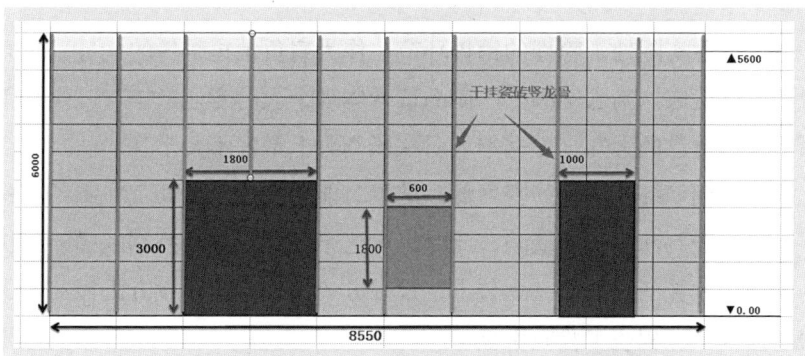

图6-2 干挂瓷砖竖龙骨

钢横龙骨以瓷砖的高度为准，在图纸上深化设计表示如图6-2所示。

1）└8竖龙骨长度：9×6+1×3=57（m），吊顶5.6m高的空间为什么竖龙骨要计算6m？

①└8采购长度就是6m长，安装时没有必要切割掉，切下来的400mm长一段还要当建筑垃圾处理。

②购买的瓷砖规格是600mm×900mm，中间切割一刀的加工费及加工损耗比直接安装一块整瓷砖成本更高，吊顶以上部分的块料虽然计算工程量时不考虑，但实际安装时一般不会刻意切割，都是买来多大规格的块料现场就直接安装多大规格。

2）∠50×5横龙骨长度：8.55×（10+1）（10层瓷砖+1根横龙骨）-1.8×5（双开门所占龙骨长度）-1×5（单开门龙骨所占长度）-0（消防暗门不扣减）=80.05（m）。

3）龙骨总重量：57×∟8比重+80.05×∟50×5比重。

4）干挂瓷砖墙面单方龙骨含量重量：龙骨总重量/39.48（墙面干挂瓷砖工程量）。

5）不考虑安装加工损耗情况下的瓷砖采购数量：直接数数法，图6-1、图6-2中有几块分隔就数几块砖。

在工作中可以发挥机器算量快的特点，利用机器完成逻辑工程量计算工作，其他的成本测算程序机器完成不了就发挥人工优势，只要存在更多机器无法完成的工作技能，机器助理就不可能淘汰主人。

6.2 工程造价人员不该说的话，你都说过吗

工程造价行业实际处于管理的销售环节，作为肩负销售责任的人员，在商务谈判过程中说话办事更应该滴水不漏。严谨的言行体现个人的专业素质，一句话不慎就会在对手面前暴露自己的无知。看完本节后在谈判桌上最好不要出现下面几句话。

（1）承包方钢筋绑扎时箍筋密度低，结算时能否扣钱？钢筋工序到了工程竣工结算阶段早已经无法判断其质量缺陷，此时提出这个问题，如何判别问题的真伪就是一个最大的问题。就算问题属实，承包方、设计方、监理方、建设方已经在竣工验收单上签字盖章完成了工程竣工验收手续。

遇到此类问题，问题的发起人如果有能力可以当时立刻制止施工方的不规范行为，如果能力不足可以选择尽快向监理方、工程管理方、发包方举报，在浇筑混凝土前将问题暴露出来，拆除模板后重新加固还可以弥补钢筋质量缺陷。到了竣工结算期间，业主方家具、设备已经搬运进建筑物内，解决工程结构质量隐患只能将建筑物重新拆除后重建。

（2）施工方没有交社会保险可不可以在结算中扣减规费？分析这个问题从以下几点推理：

①规费在清单计价中单独成为一个计费项目，与安全文明施工费、施工垃圾场外运输和消纳费、税金并称为不可竞争费（费率不可以调整），这些投标时不可调整的费率，为什么到了结算时就可以调整？显然这种操作有悖于清单计价的组价原则，对照清单计价理论体系首先于理不符。

②"施工方没有交社会保险"，工程审计如何得知？他们查过施工方的财务账

吗？再说，投标阶段投标方在投标文件里是被要求提供投标单位3个月的社会保险证明，招标投标阶段这一系列的审核过程到竣工结算期间被一句话否定，让前期评标专家、招标代理公司情何以堪。这种问题多半是主观想象，实际过程中不要随意发问。

③发包方代扣代缴税金的操作程序之前有过先例，20世纪80年代初刚实行项目公开招标时，为防止承包方低价中标和偷税漏税行为，发包方可以用"代扣代缴"形式代理承包方缴纳税金，实施没几年，发包方抱怨"甲方成为乙方财务人员了，出了税务问题责任分不清"（主要问题出在因为发包方代扣代缴税金，投标方在投标报价时连税金都一起打折让利，发包方代扣的税金栏中金额为0，发包方代扣代缴税金的操作程序让自身有苦难言），企业纳税是企业自己的责任和义务，为什么让别人免费代理，于是代扣代缴税金的制度没几年就停止了。听说有些地区文件在社会保险缴纳中也想借用当初税金代扣代缴的形式操作，还发放了类似"规费证"之类的凭证，于是就出现工程审计要查施工方社会保险账户的场景。但是他们不知道的是社会保险缴纳不同于税金，税金可以按项目严格划分并实施缴纳，发包方可以采用代扣代缴方式操作，但社会保险没法按项目分类，一个公司一个月员工社会保险100万元，公司同时经营10个工程项目，有些公司可能还兼有其他的业务，100万元社会保险如何分配到各工程项目中就是一件不可能完成的事情。如果在施项目这个月规费收入90万元，社会保险部门在扣公司社会保险时会显示承包方社会保险账户余额不足，下个月规费收入110万元，缴纳社会保险后还多出10万元，因为社会保险代扣代缴，社会保险部门、施工方、发包方整天就会手忙脚乱地处理这类问题，发包方如果面对几十个分包，发包方的财务人员又将成为承包方的专职会计。一个项目如果工期1年，结算后规费显示80万元，如果承包方没缴纳社会保险可以扣规费，现在施工方把一年1200万元社会保险凭证拿到发包方处，让发包方怎么去实报实销地代缴这笔费用？

社会保险无法实施代扣代缴方式操作，如果说当地有类似文件规定由发包方代扣代缴，一定是执行文件的人将官方文件理解错误造成。按没缴纳社会保险就可以扣减规费的思维联想，如果承包方偷税漏税，工程审计连税金都可以一起扣减了。处理这类问题正确的方法是发现承包方没有缴纳社会保险，可以去相关部门举报。

（3）定额子目内不用的材料可以删除吗？如果说套用定额后发现定额子目内出现大量实际工序中使用不到的材料，99%的问题出现在定额使用人错误地套用了定额子目。

定额子目是按正常合格工序编制的，使用的消耗材料大部分应该与工序相符，随意删除定额内的材料相当于修改定额消耗量，实际就是自己发明定额子目的行为，在自身能力不足的情况下，发明出的定额子目是没人认可和接受的。之所以出现工序中看不见的材料，原因是：

①施工方偷工减料：省略了某道工序，定额中的材料自然在实际施工中看不见，如地面抹灰定额子目中素水泥砂浆材料，这道工序的目的是增强抹灰层与结构层的结合力，地面抹灰之前在结构层上先薄薄地刷扫一遍素水泥砂浆，然后抹水泥砂浆。实际施工时，操作工人一般只在地面洒一些水作为界面剂，让人误解为素水泥砂浆材料无用。

②材料被替代：如定额子目中经常出现的煤油、汽油类材料，这类易燃物早已经禁止出现在施工现场，取而代之的是新型环保的清洁剂，因为定额子目材料消耗历次定额版本未进行调整，所以人、材、机分析出来子目内还是煤油、汽油类材料。如果不想将来竣工结算时节外生枝，在投标组价时可以将煤油、汽油类材料名称改写为"清洁剂"。

③如果投标方套错了定额子目，结算时也不用调整或删除没用到的材料，因为清单计价是固定单价结算模式，结算时工程量清单综合单价不能调整，没有必要去调整合同内已经成为法律文件的组价原则。

（4）施工现场没有发生如夜间施工的情况，结算时是否应该扣除合同内的夜间施工费？投标时施工方也许考虑工程项目时间紧迫问题，在施工组织设计方案中安排了应急的夜间施工工序，实际施工时由于组织严密、风调雨顺等原因，项目进度实施顺利，当初预想的夜间施工情况没有发生，工程项目就已如期完工，在结算文件中承包方没有节外生枝增加其他措施费用的前提下，工程审计人员竣工结算时讨论夜间施工问题实属无必要，原因如下：

①工程措施费是为保证工程项目安全、质量、文明施工、工期等指标顺利实施而发生的费用。现实中这些指标全部完成，工程措施费的使命已经结束，再讨论费用问题有点事后诸葛亮的行为。

②工程措施费是不可确定的费用，如果不发生可以扣减，多发生应该如何增加又是工程结算新一轮的争议焦点。作为结算文件发起人的承包方没有计较措施费问题，工程审计人员却在工程措施费上大做文章，最后承包方若真补签了夜间施工人员共计

100000人次，要求增加夜间施工费用1000万元，审计方引火烧身怎么收场？最后只能以一句"审减不审增"来作为自欺的句号。

③组织措施费发生不发生实际连当事人都可能不留意。作为第三方不可能24h全方位监控施工现场行为，一句"施工现场没有发生如夜间施工情况"绝对是主观臆想，一般大型建筑材料都会安排在夜间进场，因为大城市交通管制严格，载重大汽车白天禁止通行，只能夜间将材料运输进施工现场。

（5）总价没超招标控制价，但安全文明施工费、规费超过招标控制价的安全文明施工费和规费金额，如何调整？这类问题在投标时经常出现，有些人说是清单规范的要求，下面看一下《建设工程工程量清单计价规范》GB 50500—2013（以下简称2013版清单计价规范）对投标人如何面对招标控制价的条款说明：

6.1.5投标人的投标报价高于招标控制价的应予废标。

2013版清单计价规范并没有要求投标人安全文明施工费、规费也不应该超过招标控制价的安全文明施工费和规费金额，在多次投标操作过程中，笔者始终没有见过招标文件里关于明细费用应不应该超过招标控制价的明确说明。"总价没超招标控制价，但安全文明施工费、规费超过招标控制价"而被废标，这个判罚是没有任何依据的。如果因为这个原因被判废标，完全可以去控告评标专家和招标代理公司的暗箱操作。

如果一定要将安全文明施工费、规费金额调整至招标控制价的安全文明施工费和规费金额，只能调整取费基数的金额。按北京地区的操作，只能调整人工费或机械费才有可能将安全文明施工费、规费金额降低，调整材料费单价没用。

清单计价体现的是自主报价，如果招标文件将投标明细费用一一锁定，实际是在阻碍国内清单计价的历史进程，估计正规的招标公司在招标文件里不敢随意而为。

以上只举例了五种常见的很不专业的行话，现实行业中不专业的言行还有很多，在此只是为了提醒同行，之前此话不管出于公心还是为一己私利，之后说话前先在心中拉起一根道德底线。

6.3 工程预算忆往昔，造价招聘看今朝

翻看一下媒体平台上关于工程造价人员就职方向的回复，80%回答者提议选择甲

方、咨询方，少有推荐施工方的建议，有些评论更是利用惊叹号在回复：坚决不去施工方！坚决不进施工现场！施工现场管理人员就是"高级民工"等。

在20世纪70年代，大批知青返城，那时接收单位绝大多数都是国企，能成为一名建筑工人已经是很不错的职业。

恢复高考后第一批知青学子在20世纪70年代末～80年代初步入社会，建筑行业最重要的技术、施工岗位，包括预算员，多挑选智商高、天赋强、入门快的人作为培养对象。

市场经济进入20世纪90年代，当年的知识青年，已经步入而立之年，经过几年的磨炼，国家第一批以批量形式产生的工程造价中坚力量从诞生走向成熟，那时国内建筑行业还在运用定额计价，工程量计算指定额工程量计算，运用的主要算量工具是比例尺、计算器、算量稿纸、铅笔、橡皮。计价用的是纸质定额、预算稿纸（那种非常薄且略微透明的带格的专用预算稿纸），用圆珠笔配合复写纸一次复制多份（最厉害的预算员据说一次复写8份）。

20世纪90年代后期国家放开预算员考试制度，20世纪最后三年成为第二个批量造就工程造价人员的阶段，相比第一批的选拔，第二批人员素质明显提高，大部分考证人员不是从工人队伍中走出，而是从施工员、技术员行列里脱颖而出，加上高校中已经设立了工程预算相关专业，科班生也在大量涌入造价行业。那个时代预算员出自施工岗位是顺理成章的用人规则，甚至有些企业领导声称预算要指导施工，意思就是施工要考虑成本，让预算员多提醒项目经理成本管理意识。那时工程咨询行业并不发达，预算人员大多集中在设计院和大型施工企业中。

到了2003年，国家为了与国际接轨，在建筑行业将沿用多年的定额计价改为清单计价，并出台了第一个版本的《建设工程工程量清单计价规范》GB 50500—2003，随着清单计价代替定额计价，预算员的职业名称也被造价员所替代。那一年房地产业方兴未艾，小型建筑施工企业如雨后春笋般出现，对工程造价人员的需求达到急聘，此后工程造价人员数量便以井喷方式增长。不同性质的企业都意识到，建筑行业的兴起一定要将工程成本事前控制放在首位。

笔者从业至今已经近20年，作为国内工程量清单计价规范的见证人，已经运用了三个版本的清单计价规范。《建设工程工程量清单计价规范》GB 50500—2003印象中的概念许多直接就能看出是直译过来的舶来语（如预留金），与一些港式清单中的概念有许多相近之处。因为国内长期的计价思维习惯，从定额计价转入清单计价的过程很漫长，许多第一批造价同行的人至今都没搞清楚清单计价与定额计价之间的关系。《建设工程工程量清单计价规范》GB 50500—2003出台后，几乎没多少人用过就换成《建设工程工程量清单计价规范》GB 50500—2008，《建设工程工程量清单计价规范》GB 50500—2003出台后组织学习时的两条原则如下：

（1）清单计价投标时，清单工程量不能改变，清单综合单价可以调整；工程项目结算时，工程量清单综合单价不能改变，清单工程量可以调整。

（2）当发现清单项目中没有计取的费用，相当于包含在其他项目中，工程量清单综合单价不能调整。

这两句话至今许多造价人员都没有理解或者说有些人理解了却故意装作没有明白。这两条原则构成了清单计价体系的核心，其内涵就是诚信、公平的市场价值体现。仔细研读可以品味出这两句话始终在强调：工程量清单形成法律文件后，清单综合单价是不能被调整的这个核心问题，同时从侧面揭示了工程量清单计价研究的核心问题就是工程量清单综合单价。作为工程造价的一员，什么才算合格的造价人员？在此做个定义：能制造出合理工程量清单综合单价的人员就是合格的造价人员。

许多造价新人不无担忧地提问：工程造价到底还有没有前景？这里要发表以下个人看法：

（1）工程造价淘汰的第一种人是只会使用软件算量的人员。所以步入工程造价行业圈的人第一步先不要触碰算量软件，而是对着图纸，在头脑中生成三维模型后再进行软件学习，提高算量速度和效率。

（2）工程造价淘汰的第二种人是只会总价凑数的人员。这类人员每年声称投几十亿元的标，实际水平除了会操作计价软件凑几个数字外，10多年经历什么经验也没有留下。在此提醒同行，那些投标凭关系、中标靠打折的公司不去也罢，因为这些地方去了是耽误自身的前途。

（3）不要羡慕同学、同事、同行工作没几年，经验一大把。一年接触10多个项目，土建、安装、市政、装修等专业都接触到了，自己却连土方还没计算清楚。只要投入的精力与周围同事相当，差距不会拉得太远，表面现象都是虚假的幻觉，自己先把土方算明白了再说。

（4）当认为不会套用定额时，一定是算量环节出了问题。重新开始学习算量，通过10年刻意练习真正达到会算量的时候，发现定额学习只需要2h即可完成。水到渠成的案例不仅限于定额学习，只要功夫到位，真的能把工程量算出哲学量来，许多无解的难题都会迎刃而解。如有些人问材料二次搬运费不让在措施费里计取，但不计取材料二次搬运费，施工过程中没有电梯，从1层把材料搬运至5层要耗用不少人工，有什么办法可以计取到材料二次搬运费？解决这个问题很容易，在措施费项目清单中计取材料二次搬运费往往是以计费基数×取费费率，这种取费方式是组织措施费的取费方式，招标文件既然明确投标时不让计取材料二次搬运费，投标时就不在措施费项目清单中显示材料二次搬运费，而是以技术措施费的形式将材料二次搬运费计入分部分项工程量项目清单中。如吊顶清单项目摊入5～8元/m²的材料二次搬运费用，块料墙、地面摊入10～15元/m²的材料二次搬运费用等，很容易解决投标时计取材料二次搬运费、结算审计时被要求出示证据而遭遇扣减的问题。

（5）工程造价由于行政区域划分，各地区都有自己的定额甚至有些地区还深化了行政区域的清单规范，不同程度上人为造成了国内造价环境书不同文、车不同轨的现实状况。作为工程造价人员只要心中有成本，一切计量规范、计价文件都是被使用的工具，如认定一个工程项目报价必须达到1亿元才可以有利可图，不管用哪个地区、哪个版本的清单规范、定额组价都要实现这个金额数字，而不是像有些人问的，用2008版本定额报价高还是2013版本清单报价低等。

工程造价的新人担心的另一个问题就是到了新单位、新岗位有没有良好的成长环境。在此可以明确：建筑行业良好的环境是不存在的，有的就是适应恶劣环境能力和毅力的人。良师可能会撞见，但绝对不会比伯乐多，待在一个好环境里有个好师傅指点成长、进步的地方是校园，只是许多人没有珍惜这段美好时光。

工程造价科班出身面对现实要做的就是判定周围人的能力与水平，有下列倾向者不是专业上胸无点墨就是道德上有问题。

（1）凡是告诉你竣工结算时工程量清单综合单价可以调整的人，可以忽视他们的存在。

（2）凡是告诉你竣工结算时工程量清单综合单价按最低价执行者，可以忽视他们的存在。

（3）凡是告诉你进项税要先计后抵者，可以忽视他们的存在。

（4）凡是告诉你"增值税"与工程成本有关者，可以忽视他们的存在。

（5）凡是教你如何总造价打折让利者，可以忽视他们的存在。

（6）凡是告诉你甲供材税前清零者，可以忽视他们的存在。

（7）凡是看到普通清单计价合同范本里按总价包干模式结算的条款，可以忽视合同范本编制人的存在。

（8）凡是告诉你钢筋计算规则为中心线算量而又说不清为什么不用外边线算量的人，可以忽视他们的存在。

因为这几个问题是工程造价的根系，无论一棵大树多么枝繁叶茂，其根本就在根上，工程造价岗位处于管理"销售"环节，作为销售工作熟练运用工具只是一个提高能力的组成部分，拥有证书是造价师专业知识水平的体现，但日常交易过程中，谁见过业务人员带着证书去见客户。销售需要运用销售人员的主观思想去打动客户。现在所说的全过程造价，用通俗语言解释就是：把自己的思想装进别人的脑袋里，之后再把别人的钱装进自己口袋里的一个整体程序过程。

6.4 面对老板质疑工程成本的应对方式

在施工单位投标前夕，老板们总会有意无意地提出一个相同问题：这个项目预计成本是多少？实际在问，这个项目预计的利润率是多少？

应对这个提问的正确回复，笔者认为，要慎重回复成本是多少（或利润率预计$n\%$）这类问题，回复后答案是否能让老板满意。下面分析一下老板提出这个问题当时的心态以及回复人在公司的职务和影响力：

（1）造价出身的内行老板：如果老板经验丰富，看完图纸、工程量清单和施工方案后，成本已经在其心中有个大概的雏形轮廓，听听下属意见只是确定一下自己的判断是否准确，同时对下属进行一次实战考核。面对这样的老板，有一说一，知道多少说多少，不知道的正好请教老板。如对某一清单项目的成本把握不准，看看从什么方向去深入探求该项目的成本，如软膜天花吊顶，因为没有相应的标准条款，所以各地区没有相应的定额子目，一般人不会套定额组价，这时征求有经验老板的意见，可以帮助解答软膜天花的成本价格，如果老板心情不错，还可以顺便辅导软膜天花从基层到面层的一系列完整的工艺做法。

（2）施工出身的经验型老板：这类老板对人工费成本掌握得还是比较准确，对施工方案和工程措施方案成本也是心中有数，对一些新型材料虽然了解不多，但对于一个整体工程80%工程量清单项目综合单价高低还是有判断力的。面对这样的老板提出的成本测算问题还是要一五一十地解释，特别是一些特殊工艺的报价，要谈谈自己对工序的理解，即便理解不到位，也会得到老板的纠正，如现在墙面石材安装出现先干挂后湿填的工艺，也就是将干挂石材的主、副龙骨工艺取消，只用挂件将石材与承重墙连接，之后在石材与承重墙之间的空隙中灌入砂浆湿填，这项工艺用于室外高度低的墙面，解决了因潮湿造成的干挂龙骨锈蚀问题，也克服了石材湿挂工艺平整度差、工期长的弊病，组价时有经验的老板会提醒造价人员既要考虑干挂费用又不要忘记湿填的成本。如果施工方案能与老板的心里想法一致，至少会得到赏识的机会，也许老板的题目就是在考核工程造价人员对施工工序和工艺的理解程度。

（3）对报价心中没底的老板：他们提出这一问题的目的就是在找标准答案，一个刚从校门走出的实习生能有什么报价经验，老板问他这个问题就是自己心里没底的表现，没经验的人回答老板这个问题就是一个标准答案：套定额得出的人、材、机消耗量，根据造价信息当期的单价调整的人、材、机单价后，并取全费组价得出的综合单价。这种回答方式一派书生气息，但对于新手就是最正确的答案。

有人说面对不懂成本的老板，随意回复一个金额不是更能掩饰自己的无知吗？工程成本的问题要经过千锤百炼的时间考证，一时的小聪明包不住日后因为项目亏损老板心中燃放的熊熊烈火。不管面对什么素质的老板，回答成本问题都要认真解释清楚。解释的方法有以下几种：

1）初入职场的新人回复：我刚入职3个月，定额套得还不熟练，公司里老师傅都很忙，但他们还是抽空对几个问题进行了答疑，如墙面水泥砂浆抹灰，他们建议增加拉毛工序，这样可以增加10元/m²左右的单位费用，套定额墙面抹灰取全费后综合单价能到35元/m²，基本可以保持收支平衡（也就是说这个清单项目不至于赔钱）。

2）刚步入新单位的资深造价人员：资深与新环境对于成本控制来说是一个矛盾，有经验的造价人员突然到一个新公司，入职后发现之前的成本控制经验到新的工作环境中水土不服，另一方面，应聘时用人单位是看着求职者"资深经验"这条签约的，老板想通过熟练掌握工程成本的人迅速打开工作局面，或是承接了一项重要、有价值的工程项目需要有经验的人帮助运作。回复老板关于工程成本的问题，可以迅速证明自身经验的价值，回复内容可以从几个方面考虑：

①通过翻阅公司近期的工程施工合同，对工程量清单综合单价做好分析，发现公司报价一般工程税前毛利率定为20%左右，这个项目由于施工难度大，风险系数高，因此税前毛利率考虑25%左右。

②看几份公司劳务合同，发现公司与劳务方签订的劳务合同单价比原来公司高5%左右，对公司成本有一个1.5%~2%的影响。

③此项目中庭区域造型吊顶因为高度超过10m，施工工艺考虑在地面组装完吊顶造型，然后用整体升降车吊装的方法进行安装，可以节省50%的人工费用，与吊装消耗的费用相抵消还可以降低成本，因此这个区域造型吊顶报价人工费没有乘系数。

④因为整个项目都是夜间施工，夜间施工降效费按人工费基数×65%计取。

⑤重要、关键的几个清单项目都做了工程量复核，没有发现太大的问题，个别清单项目工程量偏差5%左右的，在综合单价里也做了一些调整。

3）已经在公司就职3~5年刚被提升主管的人员：这个问题前任已经不止一次回复过，加之老板的套路基本都熟知了，还有这么多之前的投标文件和甲乙方合同可以作为参考借鉴，回答老板的问题应该用比对法。如这个项目类似去年投标的某个项目，80%的清单项目综合单价可以直接引用之前中标的项目清单综合单价，受涨价因素影响，此处这个工程的个别项目综合单价调整涨幅在5%~10%。由于工程成本是要受到时间考验的，别人的做法与自己亲自操作还不一样，之前的项目是部门经理负责的，所谓的清单项目相近、相似、相同只是表面工艺做法，深层次的费用并不会完全一致。以前经历的成本只是一些局部的成本测算工作或者自己做的工作有人检测复核，现在升为主管，要全面测算整个工程项目的成本，独立应对老板甚至是公司决策层项目投标评审工作，回答成本控制问题更要上一个台阶层次：

①从量上入手：明确已经将招标工程量清单或者模拟清单工程量做了审核。如发现招标文件中钢筋工程量清单项目的工程量是以中心线计算的，组价时就要考虑增加钢筋消耗量，以满足清单工程量与实际工程量的差异。

②把握材料单价询价信息的正确性：投标期间虽然已经安排了材料部门人员帮助询材料价格，但材料价格不是独立存在的，与采购的数量、质量、运输里程、加工环节都有关系，材料部门询价过程中不一定能考虑周全材料各道环节费用。造价人员在组价过程中要将材料在安装之前发生的一切费用考虑周到并且一起计入材料费中，不能到了竣工结算阶段才想起材料运输费用超支，到处找信息价证据、求发包方签证等

事后弥补措施，要求调整材料单价。

③在取费上领先竞争对手：取费高低决定投标竞争力，许多投标人为了中标不惜将所有可竞争费用取费调整为0，作为一个公司的资深员工，公司的企业文化、价值取向应该有所了解，公司投标取费的比例也是轻车熟路，但每个工程项目都是唯一和独立的存在，不加分析就直接套用之前的成功经验往往会带来之后的经营失败。如工程项目地域不同，施工季节不同，业主方的要求不同等原因，其他直接费和间接费用可能相差3%~5%，直接费会相差更多。这里仅提醒一句，质量要求标准精度提高1mm，人工费成本可能就要翻番。再往小说一点，工地一天午饭制造的一次性饭盒垃圾清运费就是20元/d，因为生活垃圾不能与建筑垃圾混装，虽然每天都有垃圾车辆进去施工现场，但70~80人每天产生的两大袋一次性饭盒生活垃圾找人回收就是20元现金支出，一个项目工期100d，安全文明施工费清理生活垃圾的费用就是2000元。

④报价不是在复制粘贴。在新的报价项目中，要融入自己的组价思想，对之前报价做一个修正，感觉之前某个报价过低或过高，自己要有重新的认识。如对前任过分依赖定额组价，在拆除项目中就容易造成成本亏损，这时分析原因可以得出：拆除项目人工消耗量大，而修缮定额人工费单价过低，加上拆除后渣土消纳费审计方不同意按市场价格填报等原因，导致整体拆除项目赔钱。解决这个问题的办法，可以借老板问成本问题时首先让老板知道拆除项目不干为好，如果拆除是工程项目的组成部分，再提出自己的报价整改意见，如增加某项措施费用以抵消拆除亏损等，套一套老板对拆除成本的看法。还有就是对之前利润率高的项目进行打折（如门窗项目），避免中标后发包方将这类项目变更为甲供材，导致投标时的利润竹篮打水。下面是一个学员的案例问题，有人拿一份项目报价表让预测成本（表6-1）。

工程量清单计价表　　　　　　　　　　　　表6-1

序号	名称	单位	数量	单价	综合单价报价（元）	修改意见参考（元）
41	排气扇（包括支路管线）	个	2	160	320	390
42	平天花	m²	8	210	1680	160
43	天花乳胶漆	m²	8	70	560	45

面对表6-1的价格审核，对第41～43项清单项目的综合单价报价的意见有升有降，最后一列是笔者给出的参考价格。

实物量的清单项目报价，老板看多了会背下几个常用项目的综合单价，给工程造价人员报价增添几分难度系数，当报价与老板心理价位不同遭到质疑时，能够把综合单价费用组成——列示清楚，如混凝土综合单价报5000元/m^3，老板看到报价后会大惊失色，为什么C35混凝土能报这个价格？综合单价分析可以看出：

①C35混凝土主材单价：600元/m^3。

②泵送费：15元/m^3。

③每立方米混凝土钢筋含量100kg，折合单价730元/m^3。

④每立方米混凝土模板含量25.6m^2，折合单价2600元/m^3，其中超高模板支护费占模板费用的90%。

⑤人工浇筑混凝土费用55元/m^3。

⑥安全文明施工费+企业管理费+利润：1000元/m^3。

无论清单综合单价高低，关键是每一道工序报价都要达到合理就是硬道理。在报价中能让老板看出工程成本是老板最喜欢看的报价，每一个综合单价组成的背后实际都要附上一份类似混凝土综合单价分析的内部成本测算表。

6.5　取消工程造价行业资质审批制度后对个人的影响

《国务院关于深化"证照分离"改革 进一步激发市场主体发展活力的通知》（国发〔2021〕7号）（以下简称国发〔2021〕7号文）要求，自2021年7月1日起，住房和城乡建设主管部门停止工程造价咨询企业资质审批，工程造价咨询企业按照其营业执照经营范围开展业务，行政机关、企事业单位、行业组织不得要求企业提供工程造价咨询企业资质证明。

此项制度一出，参加注册造价工程师考试的人员可以说喜忧参半，真正从业人员应该感到欢喜，从此这个行业的执业制度考试不会再有许多无关人员参与竞争，忧的当然是那些考证为了挂靠的人员，咨询行业不再需要为保全或升级企业资质而在花名册上排列足够数量的造价工程师，公司有1～2个造价工程师盖章就可以完成所有的日常业务。也有人持反对态度，称将来咨询行业招标、投标造价工程师的人数仍然是一个加分指标，有12名造价工程师的咨询公司投标优势比只有6名造价工程师的公司要大。关于这个问题实际上回到招标的标的金额这个前提下，如同50亿元和50万元的工程项目，拥有百人建造师团队的特级集团公司资质投50万元的工程项目标不是挂靠也会让人认定必然是挂靠。同理，拥有12名造价工程师的咨询公司愿意和小咨询公司去竞争50万元的工程项目不到万元的咨询费吗？

笔者认为，取消工程造价行业资质审批制度对咨询企业是一个利好消息，原来为了升级甲级造价咨询公司资质，公司12名造价工程师其中8人是挂靠人员，这次可以终止挂靠合同每年节省20万元的证书挂靠费，同时公司内部4名造价工程师也不需要再另外支付造价工程师证书补贴费用，至少又可以节省每年5万元的年费补贴。原来想开工程造价咨询公司的老板因为前期证书投入太大、门槛太高而徘徊的人，这次不再犹豫可以立刻着手启动工程造价咨询公司的进程，成立公司招一名有经验的造价工程师就可以开展业务。

取消工程造价行业资质审批制度对于个人是喜是忧还要从以下几方面分析：

（1）大家公认的忧：是那些考证挂靠的人员，因为社会对证书需求量减少，有证无实的人会受到冲击，再强调考证可以躺床上挣钱属于违法行为，必然会遭到打击和取缔。

（2）有证并且在岗的人价值会更大的"喜"：这类说法大多数是培训机构的口号，国家取消工程造价行业资质审批制度前，这些人就在岗并享受证书补贴，现在资质取消了，个人的补贴收益也减少了，怎么能证明其价值更大？

笔者认为，个人的证书只有与责任结合才最有价值，建造师证书是施工现场管理人员的执业资格证书，拥有建造师证书却不在施工现场的人很多，其证书使用价值等于0。有人说：我认识有建造师证书但不在岗的人年薪也有50万元，不在施工现场收入也很高。收入高说明这个人在其他岗位也具备创造价值的能力，所以他收入高，而不是他的证书发挥了作用。没有造价工程师证书的人也在经营工程造价咨询公司，年薪也能过百万元，细节决定成败，真正愿意和敢于负责任的人才有可能获得更高的收入，证书只是上升阶段其脚下的一块垫脚石，相对大的咨询公司，刚开张的小咨询公司才是有真才实学的人施展拳脚的平台。

（3）对于没有造价工程师证书的人：取消工程造价行业资质审批制度只是个人的"证"与公司的"照"分离，并没有取消个人造价工程师的执业资格，有时间、有兴

项	自动感应堆积门	1.自动感应堆积门 2.包含五金配件安装 3.满足设计及规范要求	m2	30.46
定	电子感应门 高2.2m×宽3.8m 钢化玻璃安装		樘	0
项	甲级防火门	1.钢质甲级防火门 2.包含五金配件安装 3.详见12J609 4.满足设计及规范要求	m2	84.93
定	塑钢门安装		10m2	QDL

图6-3 甲级防火门应该套什么定额的问题

趣、有财力、有精力的人照样可以尝试考取证书，只是将来考证的目的可能会更加单一，就是为了从事这个行业才考证。

之前为什么会有这么多外行人能考取各类专业性极强的执业资格证书？下面分析一下专业考试题为什么能让不专业的人过关（图6-3）。

甲级防火门清单项目组价时套了一个塑钢门安装的定额子目，这个问题不只是套错定额的问题，而是组价的人根本不知道标准、材料、成本等最基本的常识，这道题考的目的正是要求考生对标准、材料、工艺、工序的理解。

①不知道标准：甲级防火门耐火极限时间>1.5h，而塑钢门在火上烤不了几分钟就会化为灰烬。

②不懂材料：防火门与塑钢门分不清楚，即使不是做工程的人也天天在接触门，公共楼梯间的门就是防火门，有些家庭厨房、卫生间还在用塑钢门。

③心中没有成本：塑钢门与甲级防火门的材料单价差400元/m²，组价后综合单价相差500元/m²，这个价格如果成为工程量清单的招标控制价，这个价格哪个施工方愿意来投标？

④防火门安装到位后，门窗安装的工序并没有完全结束，还要对门窗后塞口进行处理，组价人不知道安装门窗还有这道工序。

如果让笔者出造价工程师考试题目，直接对着图6-3提问：图6-3中的清单编制与定额组价存在哪些问题？

①甲级防火门组价套用了塑钢门问题，不再重复。

②电子感应门清单项目单位是"m²"，清单工程量是30.46m²。而定额子目中电子感应门规格为2.2m（宽）×3.8m（高），定额子目单位是"樘"。笔者认为清单项目

单位与定额子目单位倒置，而且定额子目内的电子感应门规格在这个清单项目中非常难以操作，见下面公式：

$$30.46/（2.2 \times 3.8）=3.64354（樘）$$

发现清单项目工程量除以单樘电子感应门的面积后出现小数，但单位却是"樘"，显然清单项目中的电子感应门并不是同样规格的门面积的汇总，门的规格不同，单位以"樘"计量，不同规格门的综合单价一定不相同，清单计价不同规格的门要分别列清单项目。但定额子目应该具有通用性，不管是2.2m（宽）×3.8m（高）的门，还是2.5m（宽）×3.6m（高）的门，只要材质、安装方式、开启方式相同，都可以套用相同的定额子目分别对两种不同规格的门组价，因此定额子目中门的单位应该以"m^2"计量最科学，而不是以"樘"计量。

这道题如果考外行人难度系数有点高，单凭死记硬背是无法对应考试题目的变幻，但对于做过工程造价有一定经验的造价工程师并不是难题，筛分内行与外行其实很简单，一道普通的常识题就可以验证其水平高低。

如果认为这题简单，实务考试题中还可以增加一些难度，如人、材、机单价可以调整吗？

回答这类问题用"是"与"否"显然是不能得分的，因为这个问题没有前提，回复者的答案首先要给出前提，然后才可以出结果。

①在招标投标阶段，人、材、机单价可以任意调整。

②在合同约定的条件下，人、材、机单价可以在合同约定范围内调整。

③合同没有约定但有官方文件规定的前提下，人、材、机单价可以协商调整。

④合同明确规定人、材、机单价不可以调整，但实际涨价已经大幅度超出成本风险控制范围，可以通过法律程序诉求调整。

这种实战类型的题，外行人不可能将前提条件一一列示周全，即使是造价从业人员面对这类问题，在实战中也经常束手无策。

学习工程造价容易还是困难，从这一个问题上就可以获得答案：

①在允许调整的时间和空间范围内，把人、材、机单价调整合理就是容易操作的事情。如下面这个问题：钢桁架工程量中扣不扣除切边部分质量？

答案：钢桁架属于钢结构构件，钢结构构件为了便于成本控制，按成品计价，也就是钢结构的重量只计量到场后的成品重量，不计算加工、制作过程中的材料损

| 6-17 | ··· | 定 | 桁架 安装 | | | 建筑 | | | t | | |

| | 工料机显示 | 单价构成 | 标准换算 | 换算信息 | 安装费用 | 特征及内容 | 工程量明细 | 反查图形工程量 | 说明信息 | 组价方案 | | |

	编码	类别	名称	规格及型号	单位	损耗率	含量	数量	含税预算价	不含税市场价	含税市场价	税率	合价
1	870002 ▼	人	综合工日		工日		4.505	0	83.2	131	131	0	0
2	380048	材	桁架		t		1	0	6850	6850	6850	0	0
3	010138	材	垫铁		kg		2.012	0	4.58	4.58	4.58	0	0
4	090290	材	电焊条	(综合)	kg		2.559	0	7.78	7.78	7.78	0	0
5	030093	材	木方		m3		0.0032	0	1900	1900	1900	0	0
6	030001	材	板方材		m3		0.001	0	1900	1900	1900	0	0
7	840007	材	电		kw.h		3.8898	0	0.98	0.98	0.98	0	0
8	840006	材	其他材料费		元		141.···	0	1	1	1	0	0
9	800024	机	空压机	6m3/min	台班		0.064	0	32.5	32.5	32.5	0	0
10	800033	机	交流电焊机	32kVA	台班		0.4265	0	15	15	15	0	0
11	840023	机	其他机具费		元		17.377	0	1	1	1	0	0

图6-4　钢结构桁架定额子目及人、材、机含量

耗及运费。同时，既然是按成品计价，钢结构件的单价也不受任何因素左右，销售方（施工方）有完全自主定价的权力。从图6-4中可以清楚地看出钢结构件成品的特性。

图6-4中钢结构桁架的定额单位是"t"，含量为"1"（也就是定额没有考虑材料损耗，只有成品材料才可能不考虑加工、制作损耗），在组价时直接可以将定额材料含量表中的桁架材料单价改写为10000元/t，如果认为成本可以控制，单价填报5000元/t也可以考虑。

②在不允许调整的时间节点处才想到要调整人、材、机单价的问题，就要花费比前期多百倍的精力。如图6-4案例，如果不考虑材料涨价因素而直接按定额单价执行，如果施工期间钢结构桁架的制作成本超过投标报价6850元/t的极限单价，那时再想起翻合同找调整材料单价的依据为时已晚，即使翻出来调整钢材单价的合同条款说明，6850元/t的钢结构桁架单价也不可以调整，因为钢结构桁架属于成品，不是钢材原材料，所以不在合同调价范围内。

还有一道更简单却没几人会做的题（图6-5）：

图6-5是一组维修清单项目的签证，可以充分解释清单与定额的关系问题。提问人问签证中的项目套定额如何套？就是先把图6-5中的清单项目转换成能看清楚的清单计价项目（表6-2）。

表6-2是此项签证的清单计价形式的列示，清单项目中序号5～7项属于总价费用，序号1～4项属于单价费用。

清单列项报表 表6-2

序号	项目名称	单位	规格/型号	数量	单价（元）	金额合计（元）	备注
1	更换瓷砖	片	300mm×450mm	5	35	175	材料费
2	更换水泥板	块	500mm×800mm	1	150	150	材料费
3	更换瓷砖人工费	工日		4	300	1200	7层、8层各2个
4	安装供水管人工费	工日	φ80	2	300	600	安装1.7m
5	安装供水管材料费	项		1	170	170	胶、勾缝剂等
6	垃圾搬运费	项		1	400	400	从7层、8层搬下
7	垃圾清运费	项	车辆运输	1	400	400	从1层装车
	合计					3095	

工程名称	人民医院3号住院楼7层护士休息室卫生间顶部漏水维修工程		
	签证内容	价格组成	
1	拆除、更换管井、墙面瓷砖5片（规格：300mm×450mm）	5×35=175元	175
2	更换新水泥板1块（500mm×800mm）	1×150=150元	150
3	7楼、8楼共计用人工4个工日	4×300=1200元	1200
4	安装φ80水管1.7m，用工2个工日，修补材料170元（云石胶1桶，玻璃胶2支）	2×300=600，材料费170元	770
5	搬运垃圾费用	400元	400
6	机械费	400元	400
	总计		3095

图6-5 维修清单项目

　　提问人是想把表6-2转换成日常熟悉的清单计价定额组价方式的报表，作为试题答案可以这样假设列示见表6-3。

　　表6-2的清单项目是7项，表6-3的清单项目变成3项，作为业主方更接受表6-3的报价方式，可以一目了然地看出更换300mm×450mm瓷砖综合单价要270元/片，报价看

清单计价表   表6-3

序号	项目名称	单位	规格/型号	数量	单价（元）	金额合计（元）	备注
1	更换瓷砖	片	300mm×450mm	5	370	1350	综合单价270元
1.1	拆除原地砖人工并搬运至1层费用	m²	含量0.135	0.675	800	540	假设拆除、搬运地砖人工费540元
1.2	渣土运输	m³	含量0.01	0.00675	40000	270	假设机械费中运渣土分摊270元
1.3	铺地砖	m²	含量0.135	0.675	800	540	假设铺地砖人工+辅材540元
2	更换水泥板	块	500mm×800mm	1	610	610	综合单价610元
2.1	拆除原水泥板人工并搬运至1层费用	m²	含量0.4	0.4	625	250	假设拆除、搬运水泥板人工费250元
2.2	渣土运输	m³	含量0.01	0.004	40000	160	假设机械费中运渣土分摊160元
2.3	铺水泥板	m²	含量0.4	0.4	500	200	假设铺水泥板人工+辅材200元
3	安装供水管	m	φ80	1.7	667.65	1135	综合单价667.65元
3.1	拆除供水管垃圾清运	m		1.7	47.06	80	假设拆除、搬运人工费80元
3.2	安装供水管	m	φ80	1.7	620.59	1055	安装水管人工+辅材1055元
	合计					3095	

注：清单项目序号下的1.1、2.1、3.1等为假设的定额子目编号。

上去确实有点离谱，在国外做这件事可能要按美元或欧元货币单位结算，按国内定额组价300多元费用谁也不愿意来完成这份维修工作。今天的题目不是成本分析，只是让把表6-2翻译成表6-3并且逻辑关系能基本对应，就这么一道题恐怕会难倒一大片考生。

做工程造价是把复杂的事情简单化，工程造价量要做的工作在国发〔2021〕7号文中也给出了答案，见图6-6。

五、提升工程造价咨询服务能力。继续落实《关于推进全过程工程咨询服务发展的指导意见》（发改投资规〔2019〕515号）精神，深化工程领域咨询服务供给侧结构性改革，积极培育具有全过程咨询能力的工程造价咨询企业，提高企业服务水平和国际竞争力。

图6-6　国发〔2021〕7号文节选

造价工程师作为业主的顾问，其价值体现在将服务内容升级，不是仅为业主省几个钱，而把工程项目的各方利益矛盾做得不可调和，最后被迫走法律程序，之前想节省的钱最终加倍付出，这种造价工程师的工作没有起到顾问的职责，更不能称为敬业与负责。

6.6 一个咨询"小白"谈工程咨询造价的升值经验

笔者在施工方从业30年，现在变成咨询公司的一员，涉足咨询公司业务几个月中，总结了以下几条从业人员的升值经验和修炼基本功，这几条提高自身价值的秘籍，建议一定要牢记清楚并运用于实践之中：

（1）施工方人员的价值：老板让你来是挣钱的，不是来赔钱的。话外音是如果老板在项目决策上失误造成工程赔钱，99%责任在工程造价人员，因为你没有行使好成本否决权。

（2）咨询方人员的价值：雇主找你来是解决问题的，不是让你来制造麻烦的。借平台为实现价值的人，一定要注意不要因个人利益原因制造出令整个项目参与方无解的难题。

（3）甲方人员的价值：公司找你来是控制投资成本的，不是让你来为个人获取实惠的。想进入甲方的从业者大多是看到表面上无数对甲方人员有求的群生，但他们不知道的是这些群生的真实目的会在什么时间展露出来。

听起来很简单的大道理，用于实战并不容易。现借图纸会审程序，组织一个关于项目参与方的前期进场碰头会，会议参与方分别是项目管理方、工程咨询审计方、施工方、监理方。会议内容看上去属于务虚范畴，实际传递了几个非常重要的信息：

（1）图纸会审：由施工方、监理方、审计方、项目管理方对图纸内容提出自己的理解看法。

（2）工程施工合同评审意见，议题主要有：

①由监理方正式下达施工方进场令（因为实际进场时间比合同签订的施工起始日期延迟），必须走一个法理程序将时间逻辑关系理顺。

②关于合同工期顺延洽商的签发授权，因为北方地区春季气候、环境变化复杂，一线城市各种颜色的警报众多，只要发生如沙尘、大风、疫情等警报事项，第一个受影响的就是施工项目。本项目还在露天施工，稍微不加控制，扬起粉尘就会招来航拍的关注，加上项目工期紧，每一次不可抗力对工期的影响都要记录在案，以便事后分析责任。让监理方记录好每一次警报等级和内容，影响几天工期就顺延几天。

③关于合同条款的冻结事项：

这一条款（图6-6）在许多工程施工合同中都有记录，但实际操作中却出现各种各样的质疑和反映不知道如何操作等问题。本合同条款内也有此条款的内容记录（图6-7），并且操作起来更加没有依据，如图6-7中所述：如果发生条款内的事项，由承包方提出并由监理人按第3.5条商定或确定新的单价。

翻开专用条款第15.4.5项（图6-7）中提及的合同条款第3.5条，发现是一条通用条款（图6-8），操作起来没有量化标准，给监理方出的难题最终还是会传到业主方，与其说到时候各方在结算期间踢皮球不如现在就予以解决。具体操作如下：

15.4 变更的估价原则

15.4.5 合同协议书约定采用单价合同形式时，因非承包人原因引起已标价工程量清单中列明的工程量发生增减，且单个子目工程量变化幅度在 ±15 %以内（含）时，应执行已标价工程量清单中列明的该子目的单价；单个子目工程量变化幅度在 ±15 %以外（不含），且导致分部分项工程费总额变化幅度超过 ±1 %时，由承包人提出并由监理人按第3.5款商定或确定新的单价，该子目按修正后的新的单价计价。

图6-7 合同条款15.4.5项变更的估价原则

3.5 商定或确定

3.5.1 合同约定总监理工程师应按照本款对任何事项进行商定或确定时，总监理工程师应与合同当事人协商，尽量达成一致。不能达成一致的，总监理工程师应认真研究后审慎确定。

3.5.2 总监理工程师应将商定或确定的事项通知合同当事人，并附详细依据。对总监理工程师的确定有异议的，构成争议，按照第24条的约定处理。在争议解决前，双方应暂按总监理工程师的确定执行，按照第24条的约定对总监理工程师的确定作出修改的，按修改后的结果执行。

图6-8 通用合同条款第3.5条内容

会议上项目全体参与方表决通过"关于冻结合同条款第15.4.5条的决议"，大致内容就是既然这一条款今后实施过程中会带来意想不到的问题，不如事先在不知道将来哪一方会得到利害关系的时间段，各方同时约定让此条款今后不出问题，这种操作方法对合同任何一方都是保护，比将来出了问题再去想解决问题的办法要容易许多。

清单计价实际有其自身的组价原则性条款，如图6-8中的合同条款约定实际执行起来更有操作性，而且符合清单计价的理论，合同条款第15.4.6项与合同条款第15.4.5项总有点矛盾之感，既然第15.4.6项列在15.4.5项后，法律效力应该高于第15.4.5项，因此说冻结合同条款第15.4.5项，认真执行合同条款第15.4.6项并没有损害合同双方的任何利益。

图6-9中合同条款第15.4.6项因变更引起的价格调整的其他处理方法。这里要注意的是条款内"价格调整"解释不是针对合同内工程量清单综合单价的调整，而是合同外增项被迫重组时的价格变化操作方法，如果变更的清单项目工程量是原有合同清单项目基础上的数量增减，不存在"价格调整"问题，直接在增减项目栏照抄工程量清单综合单价。

15.4.6 因变更引起价格调整的其他处理方式：1) 因分部分项工程量清单漏项或非承包人原因的工程变更，造成增加新的工程量清单项目，其对应的综合单价按下列方法确定：

a. 合同中已有适用的综合单价，按合同中已有的最低综合单价确定；

b. 合同中有类似的综合单价，参照类似的综合单价确定；

c. 合同中没有适用或类似的综合单价，按照通用条款及北京市建设工程造价管理处"关于执行《建设工程工程量清单计价规范》GB 50500-2013 文件中的有关规定执行。即：

a) 消耗量：已标价的工程量清单中已有相应的人工、材料、机械消耗量的，按照已有的执行；如果没有，依据现行定额相关项目及有关规定的消耗量确定。

b) 人工、材料价格：已标价的工程量清单中已有相应的人工、材料和机械价格，按照已有的执行；如果没有，发、承包双方参照施工期《北京工程造价信息》中的价格确定，《北京工程造价信息》中没有的价格，发、承包双方按市场价格确定。

c) 综合单价中各项取费标准：以已标价的工程量清单中确定的为准。

2) 合同文件约定的其他措施项目费风险范围：

a. 以项为计量单位计价的措施项目费用（除安全文明施工费用）固定包死，包含但不限于夜间施工费、非夜间施工照明费、二次搬运费、冬雨季施工费、地上障碍物（临建等）及其附属基础的拆除和消纳、地上、地下设施及建筑物的临时保护设施等已完工程及设备保护、场地狭小施工困难增加费、扰民扰费等。

b. 由于承包人报价时失误或未能准确理解合同（招标）文件所发生的措施费用等全部由承包人自行承担。

3) 根据《北京市建设工程质量条例》第四十一条规定：发包人应当委托具有相应资质的检测单位，按照规定对见证取样的建筑材料、建筑构配件和设备、预拌混凝土、混凝土预制构件等和工程实体质量、使用功能进行检测，承包人进行取样、封样、送样，相关费用含在合同签约价中。

图6-9 合同条款第15.4.6项

在实际操作中，几百页的工程施工合同中一定有无法操作的个别条款，合同签订后既然无法删除或修改，就人为事先做个冻结，约定将来绕道而行也是一种灵活的合同管理方法。

管理是非常抽象的活动，发挥主观能动性的管理可以将死棋走活，为了20万元工程结算款增减递交20个问题让业主方做主解决，并不是业主方当初花钱找咨询公司的初衷。

总有人问"小白"如何快速成长进步，任何行业内的从业人员要做出业绩除了练好本专业的基本功外，创造性地开展工作是一种快速提升经验值的方法。有时在群里还听到资深同行在谈论一个没有多少价值的专业问题：工程水电费如何计取？做工程造价的人都知道一个概念叫"甲供材"，实际上工程水电费的性质与甲供材操作相似，只不过比甲供材更灵活。其操作方式有以下几种：

①投标时计取水电费，施工时挂表计量，结算时按甲供材操作方式，税后退还甲方挂表计量后计算出的水电费用（不需要扣留甲供材保管费）。

②投标时计取水电费，施工时挂表计量免费使用，结算时退还合同中的全部水电费用。

③投标时不计取水电费，施工时也不挂表计量，全过程施工方免费使用甲方提供的水电。

笔者在回复中更倾向第③种操作方法，把预算简单化是笔者一直在追求的工作方法，招标投标时在合同范本中用条款将此操作说明解释清楚，将来结算时也可以避免许多不必要的口舌纠纷。但有些人对此条却提出疑义，认为免费使用甲方水电费甲方会吃亏。水电不像实物形材料，施工方在业主方的工程项目上用甲方水电，只能使用不可能将水电装包带走，不管用多少都是使用在工程项目上，并没有看出谁吃亏或占便宜的地方。提问人可以测算出工程预算水电费与实际工程水电费的差价，认为预算水电费只够买5000度电，而实际工程全过程下来要使用10000度电，用第①条方法操作甲方就可以占到施工方5000度电的便宜，这种吃亏占便宜只能说明当初编制的预算定额已经不适用于现在的工程项目施工需要，并不是成本管理水平的体现。

以北京地区工程水电费举例（图6-10）可以看出，定额第16-1～16-16项共16条子目，只有新建工程总承包投标人可以计取，计取的水电费已经包含了工程项目的全过程，之后应该让专业分包（如安装、精装修等专业）免费使用，其他专业分包都不适

	编码	名称	单位	单价
1	16-1	工程水电费 住宅建筑工程 全现浇、框架结构 檐高(25m以下)五环以内	m2	13.12
2	16-2	工程水电费 住宅建筑工程 全现浇、框架结构 檐高(25m以下)五环以外	m2	16.76
3	16-3	工程水电费 住宅建筑工程 全现浇、框架结构 檐高(25m以上)五环以内	m2	18.61
4	16-4	工程水电费 住宅建筑工程 全现浇、框架结构 檐高(25m以上)五环以外	m2	23.04
5	16-5	工程水电费 住宅建筑工程 其他结构 檐高(25m以下)五环以内	m2	12.31
6	16-6	工程水电费 住宅建筑工程 其他结构 檐高(25m以下)五环以外	m2	14.39
7	16-7	工程水电费 住宅建筑工程 其他结构 檐高(25m以上)五环以内	m2	16.91
8	16-8	工程水电费 住宅建筑工程 其他结构 檐高(25m以上)五环以外	m2	19.58
9	16-9	工程水电费 公共建筑工程 全现浇、框架结构 檐高(25m以下)五环以内	m2	16.32
10	16-10	工程水电费 公共建筑工程 全现浇、框架结构 檐高(25m以下)五环以外	m2	20.44
11	16-11	工程水电费 公共建筑工程 全现浇、框架结构 檐高(25m以上)五环以内	m2	24.69
12	16-12	工程水电费 公共建筑工程 全现浇、框架结构 檐高(25m以上)五环以外	m2	29.54
13	16-13	工程水电费 公共建筑工程 其他结构 檐高(25m以下)五环以内	m2	15.9
14	16-14	工程水电费 公共建筑工程 其他结构 檐高(25m以下)五环以外	m2	18.4
15	16-15	工程水电费 公共建筑工程 其他结构 檐高(25m以上)五环以内	m2	23.97
16	16-16	工程水电费 公共建筑工程 其他结构 檐高(25m以上)五环以外	m2	27.14

图6-10　北京地区定额中的工程水电费

于使用这16条子目。如果是单独的改造项目，合同双方最好采用第③条操作方法。

国家现在推广的EPC项目管理模式之所以在特大型总承包企业实施不了，就是因为这类企业的管理模式与新型的EPC项目管理模式有偏差，做总承包施工的特级资质企业对EPC项目管理模式认知度远不及广告公司、文化公司和精装修公司，他们的认知往往是我们已经收购了甲级设计公司并控股，在操作EPC项目时可以不通过联合体承包方式便可以实现设计—施工一体化。这个想法确实是对EPC项目管理模式的误解，而且是非常初级的认知，只完成设计—施工环节还远没有达到EPC项目管理模式要求，EPC项目还有一个运营维护阶段，这个阶段的长度也许与建筑本身同寿命，如何规划好建筑物竣工后的工作，可能许多人连想都没有想过。

笔者虽然从事咨询行业几个月，预测将来行业发展前景必定是工程项目管理、工程咨询、工程监理三合一模式，而施工与设计一体化也是将来建筑行业强强联手的趋势，将来工程造价行业人员不是专业改行的概念，而是瞬间的角色反转模式，今天做施工，明天就改咨询，后天又坐上设计方案评定的位置，最后，一个项目下来摇身一变发现自己怎么成为酒店的大堂经理。

6.7 造价工程师与建造师价值高低的比较

建造师是施工单位（或建设单位）项目负责人组织项目施工用到的执业资格，也就是项目经理、技术负责人等这类项目上的高级管理人员需要具备的国家职业资格目录内的（准入类）证书。建造师工作内容处于管理环节中的生产环节，核心作用是：安全、环境保护的管理。主要作用是质量、工期、文明施工、工程成本等管理内容。安全、环境保护之所以上升为核心管理内容，是因为这两项管理活动涉及第三方利益，如高空坠物伤人、噪声扰民、扬尘污染等事件如果发生，遭到的处罚额度会远高于因工序质量问题返工造成的损失和因工期拖延受到的罚款等管理风险，因此需要受过专业培训的人员组织实施。而质量、工期、文明施工、工程成本等只是与合同当事方有关的管理内容，重要性排在第三方之后。

造价工程师证书的生命力主要存在于服务行业，如咨询方，也叫中介方。作为咨询公司人员自带顾问光环，如果没有证明自己身价的证书，就不好为人提供答疑解惑服务。造价工程师与建造师不同之处在于造价工程师的工作失误不会给第三方造成直接伤害，最多就是给雇主造成经济损失。

有些人可能会说：我在施工方（或在投资方），也有造价工程师证书，应该如何划分管理环节？

（1）施工方造价工程师。施工方造价人员处于管理的销售环节，之所以没有人愿意从事这个岗位，还有人流露逃离施工现场的想法，其实质就是他们在销售岗位难以做出令人信服的业绩。销售人员长期完不成销售业绩时，自己都想淘汰自己，于是有人投标时尽情压价以求中标概率，所用招数超乎想象，无所不用其极的手法令人惊奇，如4.83亿元的项目投标报价将所有清单综合单价小数点左移2位，最终以485万元中标［如××市公共资源交易中心网公示：10月14日开始公示的××生态修复工程

（施工）（第三次公告）施工招标，其A标段招标控制价为48332万元，而中标单位的中标价仅为485万元]。投标报价实质目的是实现成功销售，也就是项目签单，最终实现把质优、价廉的商品交到客户手中，这就是为什么一定要将投标报价作为竣工结算价格依据的原因。因为报价人对报价享受控制权，绝对不是文件里所说结算时工程量变化时工程量清单综合单价可以随意调整。想提高中标概率（提高销售额或签单数量），工程造价人员就必须熟练掌握成本控制的操作方法，把报价做成艺术品来吸引和打动客户，而不是简单地靠"割肉""断臂"完成销售业绩。造价人员在施工单位以业绩说话而不是靠名片和证书，单纯造价工程师的光环显然较咨询公司暗淡许多，有些人从施工单位转行咨询公司的目的也是因为手握造价工程师证书却无法获得造价工程师的荣耀和利益，感到可惜而更换工作岗位。

（2）甲方造价工程师。甲方造价工程师处于管理的采购供应环节，与施工方造价人员正好处于对应关系（管理的六个环节：人、财、物、产、供、销），"买的没有卖的精"这句俗语诠释了现在甲乙双方的博弈全过程。低价中标是甲方造价工程师永恒的追求目标，但4.83亿元的项目最终以485万元中标会不会把原来设计的大厦演变成几间平房，或者验收时可能只是几个蔬菜大棚也不得而知。甲方造价工程师把采购指标聚焦到价格上，得到的也许比想象的要相差甚远。4.83亿元控制价最终以485万元中标的项目，笔者如果作为发包方，想象将来天天面对着一张张讨债面孔都感到不寒而栗。

从不同性质的公司再到不同岗位，对建造师与造价工程师证书的性质、作用进行对比。通过简单分析发现，两个证书有联系却没有太多的交集，现在建筑施工人员手中同时拥有建造师与造价工程师证书的人不是少数，但同时具备组织施工、控制成本、投标报价、竣工结算的人员万里挑一也寻觅不到。原因就是因为两个证书管理层面不同，从事的工作内容大不相同，工作重点轻重不同，造价研究的是工程成本，如果让项目经理只经营成本，安全、质量、工期、文明施工等指标就将亮起红灯。一个做造价的人在学习工程成本管理时，听到的理论总结之一就是提高工人劳动效率，可真正让他们管理现场，眼前总是看到工人闲暇游荡的身影，一切之前学到的降低人工费成本的理论知识在此时毫无用武之地。项目经理在组织项目施工的同时，始终把握各项管理指标与工程成本的平衡关系，是成本控制理论中无法用语言描述的经验和技能，假设安全措施费每投入1万元就可以降低1%的安全风险概率，安全措施费到底是投入50万元，还是花费90万元甚至更多，是项目经理要在施工过程中平衡的问题。

　　证书本身只是一张纸，之所以有价值是通过持有证书的人利用证书的执业资格优势去发挥其价值才有实际意义。对于热衷于探讨建造师与造价工程师证书哪一个更具有价值的人可以从自身出发，参考下面几个方面衡量应该获得哪个证书更能发挥自身价值：

　　（1）从自身工作环境出发：如果身处施工单位并且长期工作在施工现场一线，可以考虑建造师证书，不管是实现远大的梦想还是急功近利获取眼前利益，拥有建造师证书有助于上升到项目管理或更高一级的职位。如果处于咨询公司，造价工程师证书无异于是首选的目标，尽可能早地自带高光可以提前实现升职、加薪的梦想，这就是为什么有些在读的高校学生在校期间就开始准备造价工程师考试事项。

　　（2）从自身爱好出发：逃离工地是多数进入工地人的第一反应，许多人为自己制定的目标是考取建造师后脱离工地。本来建造师证书应该是进入施工现场工地的通行证，他们却用此来作为逃离工地的出门条。当初选择考证选项的思路就是一个错误，想证明一下自己的考试能力，可以选择更具有挑战性的结构工程师、建筑工程师、消防工程师、律师等执业类准入资格。让有限的建造师证书留给真正想在工地上建功立业的同行。

　　（3）从自身岗位出发：如果自己还没有从事工程造价行业，但又想将来把此行业作为职业方向的人，考证最佳首选不是考造价工程师而是考建造师证书，因为做工程造价需要储备大量的施工工序、工艺、材料、识图、算量等技术类知识，这些知识也是基本功的支撑，相比造价工程师考试内容建造师考试在技术类知识体系中更加充实、完整。

　　（4）从财力和精力考虑：这两种证书最大的特点是外行人可以通过听课和做题考取证书，甚至不乏持有双证的外行人，说明证书操作类知识几乎没有考点，这也是证书本身价值受到的最大质疑。施工现场现成的案例很多可以作为考题，如面对施工现场经常遇到的讨薪事件类问题项目经理应该如何处置，具体的程序有几点等，考证人可以自由发挥，只要说到点上就可以得分，答案如：

　　①核对工人工资（材料款、设备租赁款）发放时间、金额是否与合同约定相符。

　　②了解事件起因的具体细节。

　　③协商解决事件的方法。

④起草、拟定、上报解决事件的方案等。

工程造价人员遇到此类事件时正确的处理方法：

①协助项目负责人核对事件当事人所涉及事件的金额、工程量、合同条款等具体参数。

②为项目负责人提供事件已知的真实数据。

③预测事件发生后的几种后果及产生的影响。

④参与解决事件的研究决策，提出建设性意见等。

这种案例题不仅接地气，对于一个连施工现场大门都没进过的外行人，也绝对编不出项目管理各岗位人员如此具体、详细的突发事件解决方案。考题进入到深层次的管理层面，证书的含金量也会大大提升。

总结：让外行人考不过的证书才是真正有价值的证书。

6.8 咨询公司与施工单位的区别

做工程造价的人总喜欢寻根溯源地探求某两种（或几种）概念的区别问题，如清单计价与定额计价的区别，工程项目估算、概算与预算、决算的区别等。在此也发起一个关于两种不同企业性质的区别探讨，满足一下同行对"区别"的理解。讨论之前先要澄清下面3个问题：

（1）工程造价研究对象问题是什么？

（2）清单计价的核心问题是什么？

（3）工程预算定额研究的对象问题是什么？

这三个问题是工程造价三脚架的底座，这三个问题搞不清楚，工程造价做多少年都是属于未入门的级别，因为脚下无根，爬得再高也是身处空中楼阁。下面从一个案例来看看不同企业的从业人员对同一个问题大相径庭的回复意见。

案例问题：工程项目在实施过程中要发生各种各样的工程措施费用，如各种分包相关的费用有很多都是由总承包承担的，总承包只收取按分包合同总额一定百分比的总承包服务费，其他还有很多为了满足甲方需要而实施的措施费用在招标文件或合同中都是一句"乙方自己综合考虑"来略过。但是一般承包方投标时都是按照地区定额指导性费率计取的措施费，工程竣工后如果做成本分析，这部分措施费用按文件规定的费率和取费基数计取费用，真的能保证不亏本吗？真的出现成本亏损又该通过什么样的方式寻求补偿可能有以下几种回复：

回复1（转自造者实录）：工程造价其实国内基本还是沿用了定额计价模式。虽然现在实施的是工程量清单招标，但是组价投标基本还是参考地方定额及配套文件，做得好的施工单位会有自己的企业定额来进行测算或报价。一般会用行业定额报价跟自己企业定额进行对比，最后总体能有足够的利润空间就行，所以，定额计价体系就是用不太合理的单价乘以不太合理的消耗量，加上不太合理的取费系数。但是最终能给到你一个比较合理的总造价。即便所有的招标文件都会这样分摊风险，但是在实际施工中真正成本亏损的施工单位毕竟还是极少数。定额就是一个平均水平，正常施工水平一定会高于定额水平。认真分析自己的成本，认真研读招标文件和合同条款就很重要。措施费大部分是可以竞争的，招标文件即便清单漏了，投标时也可以自行补充。所以投标时，正因为业主写了许多风险转嫁条款，投标方更应该做到心中有本账，报价就不会慌。

回复2（转自广州土著）：安全文明施工费按费率算当然"不科学"，但以目前国内建筑业的实际情况，完工之前压根没法确定这里究竟要用多少钱。所以采用费率"简单粗暴"计算有一定的合理性。国内工程施工现场的粗放式管理才是真正导致工程造价难以把控的真正原因。在没管控好现场施工之前一味要求工程造价的控制完全是缘木求鱼。

回复3（转自落笔）：合不合理，都是权威部门出的，投标时也是相同条件下竞争。

回复4：措施项目能否在前期投标时想象得周全是经验问题，提问人想知道的是指导性文件给出的措施费率及取费基数是否合理。不同工程项目，因为环境不同、施工节气不同、所处地域不同、当地人文不同、企业管理水平不同，以及建筑物高矮胖瘦大小及结构类型都不一样，让任何专家预测也编制不出一套规范、固定、精确、全能能用的措施费率。工程措施费除了安全文明施工费这类不可竞争费之外，报价时任何措施项目的费率都可以调整。这里所说的调整既可以调高，也可以调低。取费基数组价时也可以任意地排列组合，如人工费取费、人工费+机械费为基数取费、直接费取费等。项目组价时遇到预计要发生的措施费不需要找行政文件的相关说法，认为发生和预计会发生多少措施费用是投标方考虑的问题，在经验逐渐成熟的同时，措施费项目列项也会越来越周全和详细，取费也会越来越合理。

还有一些回复更是直截了当，如"不管合理不合理，政府部门盖了章的我就认""不合理？那你不要来投标。这就是现状"。

一个问题出现这么多不同的答案，让提问者在考场上如何勾选答题纸？在此笔者把三个基础问题的答案做个提示，便于读者在参与答题时做好选择。

（1）工程造价研究对象问题：工程造价研究对象是工程成本。

（2）清单计价的核心问题：清单计价研究工程量清单综合单价。

（3）工程预算定额研究的对象问题：工程预算定额研究的对象是定额含量（也称人、材、机消耗量）。

答案判断：回复中谁对三个基础答案更关心，谁就是施工单位的造价同行，反之，答案只注重行政文件规定的条款而忽视工程造价真正的内涵的同行，基本都是咨询公司的从业人员。判断一个同行身处何位，只需要提几个问题便可以了解清楚。提出这个问题和参与答案回复并不是想说明回复的对与错，处于不同性质的企业之中，看问题的立场角度一定会有偏差，把看到的图形如实表述，是方是圆并不重要，但区别一目了然。

（1）价值取向不同：施工单位注重的是获取真金白银的项目现实收入，而咨询公司追求的是在规范的框架内完成雇主交给的任务。施工单位眼里的钱，在咨询公司可能就是数字。

（2）人生目标不同：在施工单位工作10年以上的人会感觉到，当初为什么没有选择建造师考试而是考取了造价工程师证书，公司上下包括老板在内，对证书毫无青睐之意，每次投标都是在问同一个问题：这个项目预计利润率多少？或者换一个角度询问：这个项目成本预计多少？做一个项目，哪怕只有10万元产值，当初预计直接费成本50%，实际完成接近或低于这个比例，并且每个清单项目的预测值变化不大，说明造价人员成本预测能力过硬。相比动不动先为自己定个小目标，独立完成1个亿元项目，结果中标价1亿元，最终亏损2000万元的业界同仁，前者水平高出百倍。施工单位造价人员考核的内容是成本的掌控能力，咨询公司对人才的评判更多的是趋向是否有证书。

（3）企业的性质不同：施工单位位于建筑产业链的低层（属于弱势一方），施工单位的造价人员处于销售管理环节，为了在客户心中赢得更多的竞争优势，需要不断地对施工工艺、施工工序、材料、图纸做进一步的深化理解，挖掘图纸中的缺陷，在施工安全、质量、文明施工、工期等方面提出优化方案等，在保证安全、质量、文明施工、工期等硬指标的前提下，寻求工程成本投入与风险消除或降低的平衡点。努力打造更专业、更内行的形象，从而提升自身和企业的品质，并不是为了成本控制这一个前提，忽略其他一切工程项目的风险因素。咨询公司是服务性行业，本来也是应该对雇主项目中安全、质量、文明施工、工期等指标提出合理化建议，但因为国内咨询公司服务目标单一，大家所认识的咨询为雇主服务内容仅局限于压缩、进一步压缩雇主的投资成本而已，丝毫没有顾及投资成本缩减造成的项目品质下降等一系列连锁反应。甚至出现计算工程实物量过程中的立场分类问题，各方针对同一计算规则都能产生不同的理解，到底是清单（或定额）计算规则编制人没有描述清楚条款内容，还是人为因素站的角度不同，理解出现偏差，最终导致算量立场的对立。

（4）思维方式不同：计算工程量谁都头痛，但在施工单位，不计算工程量，就没法得出准确的实物消耗量数值，没法为决策层提供有价值的商品销售依据，连自己销售的商品成本都不知道就敢报价出售商品的人，在施工单位无法长期立足，盲目报价操作早晚会把自己身家和老板性命一起卖出。因此，在施工单位不想算量也要算量，身居高位更要亲自算量，投标决策评估会讨论的问题大多是计算各清单项目的工程消耗量的过程，在施工单位经常参与项目评估类的决策，久而久之做任何项目之前，脑中会自然形成盘算项目成本及利润率的职业习惯，就像施工单位预算人员经常所说的"这个项目可以做"，言外之意就是价格不会赔钱——可以成交。咨询公司算量是为了自己获得更多的提成，至于工程量算得对错，相比能更多地核减工程量，一定会取后者，日久天长养成一种对错不是底线的习惯，追求的目标是更多地核减结算金额。

从以上问题中分析可以发现，喜欢研究问题区别的人是对立看问题的人，同是一个行业的从业人员，应该看到所服务的大目标是业主的工程项目，无论是施工方、咨询方、监理方、项目管理方、设计方等各项目参与方，真正针对的是同一个业主，目标就是同一个项目，按时、保质、安全、文明地完成项目建造全过程是各方追求的目标，因为各方所处角度不同，正好可以全方位地相互弥补信息上的盲点，各参与方群策群力为项目优质、高效、低成本完成出谋划策。而不是每一方都将项目其他参与方置于对立面进行防范、抵制、互坑。国外项目竣工后投资方都会拉总承包方一起登台举杯共庆，发包方明知道项目承包方获取了30%的利润还要对其致谢，真是不可思议。也许是格局不同，在国内发包方得知承包方获利的消息后，可能会通过咨询公司的10审、8审来稀释其充血的双眼。

6.9 走出35岁失业危机，做好延期退休准备

现在各类企业、各种行业在招聘员工时，都喜欢在招聘人员自然条件处注明35岁以下的年龄限制，35岁公司不要，50岁工厂不要，60岁工地不要，年龄歧视已经向年轻化方向迅速发展。可作为国家对人力资源评估后却抛出了与就业行情相背离的延期退休的政策信息，给本来就充满竞争的劳动力市场发出了更加紧迫的信号。

对于国家宏观人力资源政策，笔者没有做过研究，对延迟退休问题也不做过多评述，只想在此分享职业人如何走出35岁失业危机。人到35岁（一般从业10～15年）正是经验丰富、精力旺盛之时，当年上小学时，憧憬着21世纪实现"四个现代化"目标蓝图时，家长、老师都会说：那时你们正值30岁出头，是人生最年富力强的黄金时期，你们的前途一定会大有作为。可21世纪过了20年，为什么现在许多人在35岁这个年龄段却出现失业危机的心理阴影，下面就从建筑工程这个劳动密集型行业的一个小角落来分析就业者的心理和生理对职业的需要，以及职业对劳动力的选择。造成现在35岁以下（"85后"）人的压力原因有以下几点：

（1）父辈们的心理压力严重影响到了子孙的就业选择。原来普遍认为农村出来的孩子能吃苦，穷人的孩子早当家，可是身为"60后"的农民父辈并没有给子女灌输当年自己父辈教育自己的吃苦耐劳、勤俭节约的美德，更多的是将灯红酒绿的城市生活表象对晚辈描述得异常绚丽多彩，直接导致农村年轻人与城市年轻人相比，前者对新鲜消费观念的接受欲望更强烈、更期待。农村进城的人要在没钱时还要努力投入资金才可能融入城市生活，适应城市的工作、生活、消费节奏，这种心理产生的急功近利的思想是必然结果。其日常表现在：

① "996、007"的工作方式：多劳多得在此体现出优势，没有任何背景的打工人，只能将此作为提高合法收入的一种最直接的方法。因为年轻时大量的体力透支，导致35岁年龄的人却拥有53岁的心脏，本应该到老年才拥有的三高体征频繁出现在35岁左右，造成注意力不集中、体力下降、精神萎靡，35岁失业是因为自己的健康问题而淘汰出局。

②考证：考证也是笔者曾经的经历，那时考证的目的80%还是为了多掌握一门技

能，剩下的是为了转岗充电、提升能力等。现在如果考证目的单纯是为升职、加薪也值得点赞，但考证目的一旦用于挂靠，性质就立刻上升到违法行为。考证过程中，考生学到许多法律知识的同时竟然还公然违法，说明原本美好的证书设置理念，变异成为诱发不良动机的根源。考证挂靠带来最负面的一个问题就是既然挣钱有捷径，为什么还要去做大量的如计算工程量这类费力不讨好的基础工作？在这种思想的支配下，年轻人把大量的精力、财力和大把的时间投入到考证中，挤占了本应该花费在磨练内功上的时间，当35岁之后拥有了大撂的自认为有价值的证书后，发现国家的政策似乎要发生变化，轻松的挂靠收钱变成严厉打击的行为，手中握有10个证书也没法同时挂靠10个公司取得收入了。工作10年，除了证书什么业绩也没有，甚至被实习生轻松碾压，随着国家对企业资质要求的日趋淡化，当用证公司一旦对证书失去兴趣，靠证书吃饭的人也随之被淘汰出局。在年轻时不想着积累真才实学的知识体系，只想着如何守株待兔不劳而获，失业危机自然会早早找上门来。

（2）视环境差、劳动强度大的工作为低端产能：20世纪60年代前劳动模范有工人、农民等，没有听说对体力劳动者的鄙视之词，近30年形成的劳动者价值观，影响了"60～70后"的整整一代人，作为年轻时出卖体力的父辈群体，心灵留下的记忆是难以磨灭的，不让自己的后代步自己的后尘是他们对子女的择业共识。

2020年下半年，笔者作为项目执行经理（也就是专业分包的负责人）承接了一项钢结构的项目，一块长×宽×厚（6000mm×1510mm×6mm）的钢板，总重约427kg，16个人搬运一张钢板，平均每个人搬运的重量约27kg（50多斤），但是就是这群人面对钢板就是弯不下腰去，他们的眼神中流露出的除了畏惧，更多的是愤怒，在他们心中似乎让他们搬运钢板就是对他们人格的最大侮辱，他们认为干如此粗活是对他们劳动的鄙视。好不容易将第一块钢板抬到指定位置，没等下指令，10多个人不约而同地放了手，钢板重重摔在地上，扬起的烟尘立刻弥漫施工现场半个作业区域，他们的行为不是完全的偷懒，更多的是在发泄不满。看到这种野蛮、危险的搬运方式，笔者戴上手套，走到下一块钢板前，对他们用更加简单、粗暴的方式进行了安全交底："出来挣钱怕累，现在赶快退场！想继续留下的人，抬的过程中谁敢在我之前放手，立刻走人！今天的工钱爱找谁要找谁要，我不付钱。"此话说完，立刻吓退了两个人。为了给剩下的人鼓劲，我接着说："10多个人抬800斤重的钢板平均每人只摊60斤，抬的时候用没用劲，现场这么多都是靠卖力气吃饭的人，谁都看得一清二楚，大家一起用劲，别干点活就想偷懒让人看笑话。"

看到与他们同龄的我加入他们行列，这些工人心情也释放了许多，搬运全过程安全系数和文明指数明显提高。但愿我流的那点汗水能擦拭掉他们少许的心理阴影。

在人力资源调查分析中，有些人断言公司加班是影响就业率的因素之一。实际上，国内的就业行情并没有严格的35岁界限，所谓有，只是就业者眼中的能被他们称为是大公司的公司用人机制。小公司，特别是规模不大的小微施工单位，基本没有年龄的设置，只要能力足够，就业之门还是会向任何年龄段的人敞开的。

看国内外的制造业场景，许多一线的操作人员不乏两鬓白发的待退休人员，在笔者刚才提到的近期钢结构项目施工现场，参与钢板搬运的工人中也有60多岁年龄段的人员，使用这类人员干体力活真让人提心吊胆，害怕他们出安全事故，可是现在想找30岁以下的搬运工人比找个造价工程师还要困难。许多岗位劳动力过剩，又有许多职业却无人问津，35岁失业就是过剩产能的定期洗牌程序，什么时候等失业人员无家可归时，选择搬运工岗位也是一种不错的归宿。

（3）现在35岁失业理论形成原因还有职业认知偏差因素。因为现在知识更新速度太快，10年内新技术、新材料、新工艺能涌现出来一大批，过去老旧的知识体系必然会被代替，一个员工在企业处于不可被替代的角色时是不会面临失业危机的，只有被轻易替代的人群才是失业群体，如还在研究水泥砂浆配合比的"90后"人员，因为现在一线城市施工现场连袋装成品干拌砂浆都不允许使用（只能用预制商品砂浆），除了身处搅拌站生产砂浆的人员，研究砂浆配合比自然无用武之地。这类人员虽然平常很努力，但只会机械性地付出，命运就如同机器设备，老旧了就被无情替代。

放缓失业年龄的到来，努力延长职业生涯的青春期，就要不断把自己打造成不可替代的人才。不可替代的人才有两种：

①能力水平不可替代：如我们所说的高管、高知等，这类人群只是少数，能进入此阶层的人也是凤毛麟角，正是因为人人都在追逐这样的梦想，造成绝大多数人选择了错误的目标却不适合自己的提升和发展，付出许多但是投资失败而遭遇淘汰失业。如许多人把能操作高端工具看成是能力，实际上操作高端工具就如同40年前学开车一样，那时的方向盘也是一个不错的职业，可回到现实再看看过去，当初会开车自认为很行，别人经过短期培训也同样可以达到正常操作水平时，操作高端工具无非就是一个熟练的过程。真正的价值是主观能动性的培养，这种经验是别人替代不了的能力，

这种人无我有、人有我精的技能需要靠时间的积淀。笔者经常谈到工程造价工作80%的精力用于算量，文中的算量与现实中同行的计算工程量不同之处在于，笔者计算的是大部分同行看不见的量，算清楚别人看不见的量就是"人有我精"的技能体现。

②无人愿意从事的岗位：如搬运工、瓦工、架子工岗位，物以稀为贵，这类高强度、高危险性的劳动力市场日渐匮乏，此类岗位的价值为（日薪）300～600元/工日（8h），中午管饭加班另算，而且从收入趋势分析，壮工人工工日单价增长速度会超过普通白领岗位升职加薪的速度。

看完本文，作为即将步入35岁年龄的你，做好35～65岁这30年的职业规划了吗？

7

重新塑造工程预算定额

7.1 官方为什么要取消工程预算定额

对于工程造价，笔者认为工程预算定额有重要的作用。《住房和城乡建设部办公厅关于印发工程造价改革工作方案的通知》（建办标〔2020〕38号）中有取消最高投标限价按定额计价的规定，逐步停止发布预算定额。因此，许多人对此疑惑不解，认为定额早晚还会回来。下面用一个真实案例揭开定额发展的谜底。

该案例是从一个咨询方人员的询价开始的，咨询公司为了体现组价的客观性，有时要求造价人员对一个不熟知的价格从三个不同的平台获取答案，最终判定承包方报价的真实性。

因为笔者前不久正好遇到过一个相似的清单项目，随口便在群里回复：综合单价至少800元/m（因为图7-1截图里咨询方并没有截取清单项目综合单价）。他也随口附和：承包商报价1000元/m。

成本800元/m，报价1000元/m应该属于正常合理的报价。可群里有些人却反驳道：

（1）清单项目编写质量不高：没有写明材质（只写了材质满足图纸及设计规范要求）。

（2）管道检测写得也很笼统。

为便于对这个项目特征进行分析，特地将清单项目特征描述如图7-2展示出来供读者分析。

笔者特地查询了拉管的工序和工艺流程（图7-3、图7-4），并对着截图中的定额子目组了一份报价。

040501004001	项	拉管		1.名称:拉管 2.规格:给水管道DN200（含管件供应安装） 3.材质:材质满足图纸及设计规范要求 4.管道检验及试验要求:水压试验、水冲洗、消毒 5.其他:完成对应、空隙填充
3-39	定	微机控制地下定向钻孔敷管 地下定向钻孔敷管 φ240mm以下 30m以下	通信	
17-008@3	主	PE塑料管DN200		
3-40	定	微机控制地下定向钻孔敷管 地下定向钻孔敷管 φ240mm以下 每增加10m	通信	
17-008@3	主	PE塑料管DN200		
4-291	定	金属骨架复合管件(热熔连接) 公称直径200mm以内	工业管道	
17-013@1	主	金属骨架复合管件		
17-2	定	低中压管道液压试验 公称直径200mm以内	工业管道	
84-001@1	主	水		
4-69	定	管道消毒冲洗 公称直径200mm以内	给水排水	
12-120	定	水泥浆填充 管(内)径600mm以内	市政管道	
19-009@1	主	阀门		

图7-1 DN200塑料管拉管工艺的清单组价

图7-3、图7-4基本说明了拉管工艺：

（1）PE塑料管：图7-3中的管道，DN200属于这类材质中直径较小的一种。

（2）施工工艺中的高科技就是图7-4中导向头内的发射装置，工作时持续发射信号，地面接收装置通过导向头发送的信号，分析导向头在地下的位置，导向头就像眼睛一样将地下的信息传送到地上，便于地面对导向头的角度、方向等姿态进行控制。

作为给水排水专业借用了通信专业的定额子目（图7-5中的序号3-39子目和序号3-40子目是通信专业定额子目），引发一些造价人员的不同意见，认为：定额专业选择错误。

不借用定额子目的情况下，翻遍给水排水定额、绿建定额都没有找到更符合拉管工艺消耗量的定额子目，可以说组价人在此清单项目中借用通信定额子目组价并没有什么原则性

1.名称:拉管
2.规格:给水管道DN200（含管件供应安装）
3.材质:材质满足图纸及设计规范要求
4.管道检验及试验要求:水压试验、水冲洗、消毒
5.其他:完成对应、空隙填充

图7-2 清单项目特征描述

图7-3 拉管现场施工

图7-4 拉管作业演示

⊟ 040501004001	项	拉管
⊟ 3-39	定	微机控制地下定向钻孔敷管 地下定向钻孔敷管 φ240mm以下 30m以下
└ 17-008@3	主	PE塑料管DN200
⊟ 3-40	定	微机控制地下定向钻孔敷管 地下定向钻孔敷管 φ240mm以下 每增加10m
└ 17-008@3	主	PE塑料管DN200

图7-5 拉管套用的定额子目

⊟ 4-291	定	金属骨架复合管件(热熔连接) 公称直径200mm以内
└ 17-013@1	主	金属骨架复合管件
⊟ 17-2	定	低中压管道液压试验 公称直径200mm以内
└ 84-001@1	主	水
4-89	定	管道消毒冲洗 公称直径200mm以内
⊟ 12-120	定	水泥浆填充 管(内)径600mm以内
└ 19-009@1	主	阀门

图7-6 拉管其他工序的价格组成

的错误。图7-5中的序号3-39子目是拉管的前期准备工序，就是对应图7-3的工作内容（不含挖基坑）；序号3-39子目是拉管的过程，对应图7-4的中工序。

因为提问者没有给出图7-5中序号3-39子目和序号3-40子目是通信专业定额子目的人、材、机含量表，笔者对序号3-39子目和序号3-40子目是通信专业定额子目含量做了分析，发现序号3-39子目中含量有2.5个"聚氯乙烯管固定堵头"，因为序号3-39子目单位"处"，整个清单项目按一处考虑仅有"聚氯乙烯管固定堵头"含量2.5个。因为序号3-40子目含量里没有发现管道连接管件，序号4-291（工业管道）定额子目内的"金属骨架复合管件"材料安装可以作为管道连接件的补充。至于序号17-2（工业管道）子目低中压管道液压试验定额子目、序号4-89（给水排水定额）消毒冲洗定额子目、序号12-120（市政管道）水泥浆填充定额子目都是清单项目特征描述中的工序（图7-6）。

看完这条清单项目组价，笔者的感受是：

（1）原有定额专业复杂，彼此没有统一编制的思想，人、材、机消耗没有统一标准。一个清单项目组价用了4个专业的定额子目，如果说错误，就是可能某些专业中已经包含的工序内容，在其他专业定额子目里又重复计量，如序号4-291（工业管道）定额子目工序内容有没有包含在其他定额子目中，或是序号12-120（市政管道）水泥浆填充定额子目工序内容，序号3-39和序号3-40通信专业定额子目里有无重复体现。序号17-2（工业管道）低中压管道液压试验定额子目、序号4-89（给水排水定额）消毒冲洗定额子目因为是与给水排水专业密切相关，序号3-39和序号3-40通信专业定额子目里不应该包含。

（2）原有定额按专业划分取费不同，组价时遇到这个清单项目，许多人都不知道应该用哪个专业的费率和取费基数，结算时因为专业取费出现争议是最尴尬的无奈。

通过以上分析，可以猜想出官方主动提出放弃预算定额的心情，每天面对众多要求解释定额人的发问，无数次重复着相同问题的答案，是每个人都会产生心理压力，是时候让工程造价同行自己独立思考问题了。清单计价在国内已经实施近18年，用清单计价的思维方式自主报价说了很多年，可实施起来却如此艰难，拉管工程用市场报价800元/m设置为成本价，在此基础上计取20%的毛利组出合理的清单综合单价是最简单的报价方式。如果有能力可以继续将成本费用分解：

①挖槽、填坑费用：拉管机械的入管部位、出管位置的基坑土方工程（见图7-3中的位置，这个清单项目组价里还没有这部分费用）。

②机械台班的租赁费用：拉管根据地下拉设管线的长度、深度、直径选择不同型号的机械设备，序号3-40子目顶管机台班含量是0.3台班，组价时应该可以调整顶管机机械台班单价。

③人工费用：一个机械台班配备多少个工人，从分包方报价成本分析，笔者后来通过组价分析DN200管1m的人工消耗量约0.55工日。

④材料费用：PE塑料管及连接件是这个项目的主要材料，PE塑料管应该是定尺材料，连接件含量应该大致相同，序号3-39子目是按管道30m长度考虑，序号3-40子目是对序号3-39子目管道长度的补充，通过组价分析，整个项目清单工程量应该约为70m。

⑤其他辅助材料：填充材料、水电费、燃料费等占成本比例不会太大。

⑥分包管理费和利润：通过询价与商务谈判，可以大致了解专业拉管分包的成本费用构成。

分析出这些费用构成，取消不取消定额与清单组价也没有什么必然关系，套定额组价绝不像一些人说的，"只要定额子目套用正确，价格输入合理，清单综合单价就可以合理"。如果不信，可以套用定额对这个清单项目组一个5m³工程量的挖槽、填坑费用试一下，不管套用机械挖基坑还是人工挖基坑，最终实际成本与预算成本偏差一定超过100%。笔者认为，工程造价人员是制造合理价格的人员，逐步抛弃预算定额这根拐杖，遵照市场价格能组出更加合理、更加客观的价格。

最后，再次请同行认真理解这段话特别是最后一句的意思：**通过改进工程计量和计价规则、完善工程计价依据发布机制、加强工程造价数据积累、强化建设单位造价**

管控责任、严格施工合同履约管理等措施，推行清单计量、市场询价、自主报价、竞争定价的工程计价方式，进一步完善工程造价市场形成机制。

7.2 那些看似正确的错误你犯过多少

先看一个案例：某项目在结算过程中，工程审计以脚手架跳板未使用木跳板材料而将定额中的木跳板材料消耗量清零。施工方申辩：现在的脚手架早就用钢跳板代替木跳板材料，现场用的是钢跳板。审计回复：我们按定额内的材料审核，变换材料用钢跳板代替木跳板要找甲方签字。

这个案例说明，实际上每天都在发生这样的审计案例，正因为见怪不怪，每次发生了好像又没有什么好的破解方法。如果施工方找甲方，甲方大概率会回复：请审计按脚手架安全施工规范要求审核。工程审计看似聪明的审减手段实则暴露了自身非常明显的错误，连基本的安全施工规范和工序都不懂的人，竟然可以来做工程审计。工程脚手架是为整个工程项目服务的措施费用，既然工程项目已经竣工并且没有发生因脚手架问题而出现的事故，说明脚手架搭拆操作都是符合规范程序的。（1）既然脚手架是合格的服务项目，为什么最后要被扣减费用？（2）工程审计如何知道施工方在搭设脚手架时没有用木跳板？既然看见脚手架上没铺木跳板，难道就没看见铺设的是钢跳板？（3）施工方并没有因为用钢跳板代替木跳板就主张脚手架费用的调整，审计方哪来的权力对结算文件里没有提出的主张节外生枝，并要求找甲方签字出具证明？措施费使用的材料与实物量材料不同，只要能满足安全规范要求，脚手架用什么甲方也不会关心。（4）如果措施费材料使用与定额组价不同要被扣钱，施工方在脚手架上放一块金砖当配重要不要加钱？

所有的工程项目都是由一道或是多道工序组合而成，搭设脚手架工序由搭设脚手架管、加固支撑、铺跳板（不管是木制还是钢制跳板）、封安全网（现在重点工程都在用穿孔金属板），中间使用过程中还会有翻跳板这一工序。如果随意缺省了某道工序，就是常说的偷工减料，原来施工方总是背偷工减料的黑锅，现在分析责任并不完全在施工方。

在建筑工程中，确实有许多让人听着就感觉不对，但现实中却必须按错误方式操作的程序。如，一个财政资金项目的使用者问：甲方能与施工方协商签订工程材料品牌、型号的单价确认单吗？回答这个问题，就要将工程材料的性质与管理方式系统总结一遍：

（1）甲供材：不用与施工方协商，甲方可以自行做主采购。

（2）暂估价材料：需要与施工方协商工程材料品牌、型号并且进行单价确认，这里需要重点强调3点：

①金额大的暂估价材料采购（如400万元以上）业务需不需要公开招标投标？答案：不需要公开招标投标。要公开招标投标也是由承包方提出主张，因为暂估价材料金额在承包方成本中体现，承包方连本合同内的成本都做不了主何谈成本控制。但是不使用公开招标程序可以，必要的议标程序应该完整。具体方法可以由发包方、承包方、监理方、审计方等不同利益主体各推荐一名供应商前来针对统一的材料品牌、规格、型号、技术参数、使用要求、服务项目等进行投标报价并提出如供货时限、资金诉求等评标加分项目。

②暂估价材料在采购前必须完成双方认价手续，即使双方所认的材料价格与招标文件给定的暂估价材料单价一致，也必须完成认价手续后才可以进行下一步材料采购环节。

③如果认价期间没有审计方介入（或审计方明确表示不参与认价事项），甲、乙方认价程序仍然合法有效，所认材料单价可以作为结算依据。

（3）甲指乙供材料（甲控材）：这类材料在施工期间不需要甲方认价，因为在投标、清标、签订合同期间，投标方已经按招标文件要求选择了招标人指定的材料品牌、规格、型号，施工期间按照合同要求履行即可。如果出现特殊情况，如因为投标期与施工期时间间隔过大，原来按招标文件选择的材料型号、规格生产厂家已经停产，施工期间被迫更换新的材料型号、规格甚至品牌时，可以参照暂估价材料的采购程序实施。

（4）可以调整单价差的材料：这类材料在采购前同样要运行一遍暂估价材料的操作程序，因为结算期材料单价与投标期材料单价相比，无论是涨是跌都要做材料单价差调整前的手续确认准备工作。

任何行业都存在管理问题，管理就是将权力与责任发挥对应作用的过程，建筑行业似乎与其他行业不太一样，如餐饮行业谁人敢吃完饭嫌饭菜价格高而要求店家给予打折让利？而建筑行业这种干完活坐下来议价的场景却是司空见惯，有人美其名曰叫防止国有资产流失，实则是在借国有资产之名做违反合同之事。甲、乙双方是合同的主体，却存在有权不敢用、不愿用、不会用的尴尬。如投标方在投标报价时反复咨询：材料二次搬运费能不能在措施费中计价？正确答案：只要预计施工时会发生材料二次搬运费并造成施工项目中某些工序成本增加，就可以计取材料二次搬运费。如铺贴地砖清单项目综合单价200元/m²，费用构成：人工费50元/m²，主材及损耗费100元/m²，辅材、机具费20元/m²，企业管理费、利润、风险费30元/m²，项目毛利率30/200×100%=15%。这时劳务分包提出：人工费50元/m²只是铺贴地砖的费用，不包括材料二次搬运，如果需要搬运材料，人工费再加10元/m²，如果整个项目有10000m²地砖，项目投标时如果不愿意再出让本来就不多的毛利润，措施费中就要考虑计取100000元材料二次搬运费。

构成工程成本的费用都有其特定的性质，只要实事求是地计取相关费用，不要无中生有，相信整个评委组成人员也不全是外行。有人说评委不是外行让我们中标了，可到了项目结算期间，工程审计以定额已经包含二次搬运费用为由要扣减措施费中的材料二次搬运费用金额。解决审计扣减组织措施费的问题，施工方有以下破解方式：

（1）投标期间在技术标中将100000元材料二次搬运费体现技术工序组织中，如一个壮工每工日工资200元/工日，地砖铺贴项目搬运工用工工日为100000元/200元/工日=500（工日），技术标里直接注明：用500个工日将10000m²地砖及相关的辅助材料搬运至施工部位。

（2）在施工期间全力搜集组织措施费实际发生的成本费用证据。如二次搬运租用了吊车，就要把吊装过程用特写方式呈现在施工资料中。工程组织措施费一般合同内会注明结算期间不予调整，如果工程施工合同内没有条款说明工程组织措施费的调整方法，工程组织措施费（安全文明施工费排除在外）的性质实际几乎等于固定总价类的不可以调整的费用（但不等于总价措施费），也就是投标时不计取，结算时基本不予以增加，投标时计取，结算时不扣减。将工程组织措施费定义为固定总价类的不可以调整的费用是非常科学合理的解释，因为组织措施费看不见、摸不着，没有亲临施工现场，地砖如何从库房到施工部位谁都说不清楚，既然说不清楚，就不用再去纠结之前合同内的费用构成问题，材料不管是通过人工搬运还是自己走到施工部位，反正工程实物量已经完工并达到验收合格的标准，施工方在此期间用了什么措施方案完成的工序衔接、质量达标、安全无风险等指标，是施工方自己总结整个项目成本得失的问题，与工程审计没有任何关系。

在施工措施费问题上，有些地产商公司的经验值得推广，他们对工程项目进行分类，对不同环境、不同建筑面积、不同专业工序的工程采用施工措施难易系数的分类方法，如300m²以内的精装修单位工程，工程措施费可能是500元/m²固定单价，30000m²以上的单位工程措施费可能就是180元/m²固定单价，这种划分方式真正理解了工程措施费概念的实质，即：为完成工程实物量而采取的必要的非工程实体的费用投入。用这个概念解释笔者以上的论述，就非常自然流畅地说明为什么工程组织措施费结算时不可以随意调整的原因。

（3）充分系统地学习工程造价理论体系：有了理论作为依据，随意扣减工程款的行为不再容易发生。回复那些谁知道你们材料二次搬运了啥？夜间是否施工了？有无8h内的停水停电？没有甲方签字，不能计取这类费用的审减理由就非常简单：合同内有详细的费用构成明细，甲方在工程施工合同协议书上是签字并盖章的，这些作为合同附件的工程量清单明细是有法律效力的文件。说没有甲方签字，只能说明审计没有认真看工程施工合同。

（4）充分系统地学习施工工艺、施工工序：

案例：结算时，审计想将地暖周围300mm宽的边距面积不计算地暖铺装面积（图7-7），实际这个做法存在明显的错误：

①地暖盘管设计有明确的标准说明，距墙要有一定距离。

②地暖盘管质量首先要满足室内供暖的要求。

③地暖盘管施工也有其相应的工艺做法。

该边距不计算面积

图7-7　地暖铺装图

综上所述，截图（图7-7）中没有发现地暖盘管工艺的质量问题，在满足标准、达到使用要求的情况下，地暖铺装面积就等于室内空间面积，因为地暖供热范围包括墙边300mm宽的一周的边距面积。

（5）掌握施工现场第一手最基础的工程成本资料：

下面一个案例听上去又是无解的难题，审计方发问：

①招标清单描述余方外运暂按10km。

②结算施工方要求签证实际运距15.9km。

③作为甲方代表签字的人，如何确定15.9km是否属实？

问题答复：项目描述①里明确"余方外运暂按10km"，甲方就有权力行使描述②里的权力，如果审计方人员怀疑甲方人员确认单弄虚作假，可以要求甲方人员带自己亲往土方外运点勘察。施工过程中，工程审计连施工现场都不愿意去，结算期间却反问："如何确定甲方确认的15.9km是否属实？"确实解释起来有点难度。

工程项目结算中出现如此多的不可调和的争议，笔者认为最大的问题是：错误的制造者不需要为错误承担任何责任，是导致工程项目出现结算争议的导火索。以上案例，笔者认为都是一些笑话类的错误，但没人为此错误的产生负责，追究"专业缺陷责任"是规范工程审计客观、公正态度的关键。

7.3 认识工程造价的根

关于工程造价，有些人说容易学，有些人说不好学。说容易的人分为两种，一种是可以很快把握住工程造价的根；第二种就是不知道工程造价系统还分"根、茎、叶"体系。说不好学的人一定是抓错了目标，在细枝末节上花费了大量的精力，结果到手的只是一把碎叶，做了很多年工程造价本职专业，连根在哪都不知道。

学习工程造价，有人上来就学习软件算量、套定额、看图纸等，从什么地方作为插入点进入工程造价行业这个没有定式（但最好是能在经常接触到施工现场的岗位入手），有人曾经从事的是施工员、资料员、设计师、工长等专业，后来由于不同的机遇走到工程造价这一行业，他们的切入点并不相同，施工员、设计师对识图、工艺、工序并不陌生，想学习的就是清单计价、定额组价等"价"与"费"的知识，毕业生、其他非施工专业的人可能就要从看懂图纸、认识材料、判别构件等基础知识开始学习，还有些运气好的人，刚出校门就一脚迈进地产开发商办公室，他们接触更多的是成本指标、各类系数、各种行政文件等看似很高端的知识点。

不管进入工程造价行业后从事什么岗位、主要负责哪类事务，都是从一个根系上生长出来的不同枝干和叶片。刚刚从事工程造价的人入行后不要急于向上攀爬，而正确方向应该是向下求索，寻求提供生长、发育的根系才是从业的根本，许多人工作年限一说有10年、8年，经历的项目看似不少，给人的印象也经验丰富，但一问混凝土泵送费属不属于措施费，却说不明白，只能说明有如此阅历的专业人员，从业经历一直在修剪枝杈，根本没有认真刨根问底地关心过根系的生长，连实物量与措施费都分不清楚。还有许多经常在造价平台上咨询：什么时候考虑泵送费？使用混凝土泵车必须达到什么条件？这种问题的回复还是引用哲学那句话：在其他指标不变的情况下，一定选择成本最低的施工措施方案。

有些人可能回复：同一个平面上浇筑混凝土，把罐车直接开进来倾倒就可以节省混凝土泵车台班费，这种施工方案能当经验写进书本吗？我们可以计算一笔经济账，混凝土泵车4000元/台班，一个台班能完成半个球场的混凝土垫层浇筑工作，如果节省这8000元混凝土泵车台班费而使用其他如混凝土罐车直接开到场地内倾倒的施工方案，首先要修一条（图7-8左侧）20m长的能承受混凝土罐车碾压的临时道路；混凝土罐车不能开进球场内（因为场内已经绑扎完钢筋），只能将混凝土倾倒在球场边，然后人工将混凝土输送进场内，整个球场用这种方法浇筑混凝土垫层，费用一定

图7-8　室外篮球场项目使用44m混凝土泵车浇筑

要超过租赁混凝土泵车的8000元成本。在措施费计取的问题上，咨询方是无法得知实际施工方案的，组价时一定要按最高价来预估措施费用，也就是球场浇筑混凝土垫层也要按泵送费考虑组价。

在项目结算过程中，还碰到一个疑问，就是关于类似项目组价的问题，原清单内有轻钢龙骨纸面石膏板的组价，描述为：

（1）轻钢龙骨。

（2）隔声岩棉。

（3）双面双层纸面石膏板。

施工过程中发生增项，工艺做法为：

（1）轻钢龙骨。

（2）隔声岩棉。

（3）单面单层纸面石膏板。

增项隔墙，是否可以参考原合同内的隔墙类似项目，通过减少组价定额内的石膏板数量换算出新的综合单价？其中图7-9为原合综合单价组成内容，图7-10是变更倍增项内容。

合同约定如图7-11所示。

一个工程项目从始至终会经历漫长的过程，施工期间会发生各种增减项变更、洽商等需要调价、认价的程序，图7-11中的合同条款就是为了避免将来在竣工结算期间

		120mm厚轻钢龙骨隔墙 【项目特征】								
020209001001	项	1.骨架、边框材料种类、规格:轻钢龙骨骨架 2.隔板材料品种、规格、品牌、颜色:内填岩棉 3.面层材料:双层石膏板	☑	m2	567.71	567.71			147.42	83691.81
10-557	定	轻钢龙骨75系列间距600mm		100m2	0.01	QDL * 0.01 * 100	5.6771	3043.11	17276.04	3266.14	18542.2
10-588	换	石膏板墙面 换为【石膏板】		100m2	0.04	QDL * 0.04 * 100	22.7084	2106.85	47843.19	2281.26	51349.6
10-563	换	玻璃、锦毡、隔离层 换为【岩棉】		100m2	0.01	QDL * 0.01 * 100	5.6771	2263.99	12852.9	2429.92	13794.9

图7-9　原合综合单价组成

		柱面装饰								
		柱面装饰 【项目特征】								65672.3
020208001002	项	1.75系轻钢龙骨 2.单层石膏板 3.岩棉夹层 4.部位:轻棒层	☐	m2	825.34	825.34			79.57	65672.3
10-557	定	轻钢龙骨75系列间距600mm		100m2	0.01	QDL * 0.01 * 100	8.2534	3043.11	25116	3266.14	26956.76
10-588	换	石膏板墙面 换为【石膏板】		100m2	0.01	QDL * 0.01 * 100	8.2534	2106.85	17386.68	2261.26	18663.08
10-563	换	玻璃、锦毡、隔离层 换为【岩棉】		100m2	0.01	QDL * 0.01 * 100	8.2534	2263.99	18685.62	2429.92	20055.1

图7-10　变更增项的组价（10-588清单含量应该是0.02）

2.工程变更的价款调整方法

（1）分部分项工程费的调整（四种情况）

按照下列规定根据已标价清单调整：

1）有适用于变更工程项目的，且工程变更导致的该清单项目的工程数量变化不足15%时，采用该项目的单价。

前提是其采用的材料、施工工艺和方法相同，也不因此增加关键线路上工程的施工时间。

2）没有适用、但有类似于变更工程项目的，可在合理范围内参照类似项目的单价或总价调整。

前提是其采用的材料、施工工艺和方法基本相似，不增加关键线路上工程的施工时间，可仅就其变更后的差异部分，参考类似的项目单价由发承包双方协商新的项目单价。

3）没有适用也没有类似于变更工程项目的

图7-11　合同关于增项内容的组价约定

因工程项目发生变更、洽商导致新材料、新工艺出现而发生认价程序的"扯皮"现象，提前做的一个预防性的组价约定。清单计价就是一个组价原则的延续，"组价原则"就是所说的清单计价的根源。清单计价自从2003年代替定额计价以来，至今在国内已经实施了18年，相关清单计价的原则却渐渐被人们遗忘，甚至国内许多工程造价同行根本找不到清单计价的根本源头在哪。于是出现提问者无奈的咨询：

施工单位投标预算内人工费为155元/工日，当期信息价为100元/工日，现在审计公司的意见为，双面单层变更为单面单层，不属于类似项目，要求按照新组价项目进行处理，执行人工费100元/工日单价，不能执行投标时的人工工日单价。请问，在哪里有规定新组价不能调整综合工日工价呢？哪里有政策解读方面的解释？

在回答提问者问题之前，先普及以下几个基础概念：

（1）变更、洽商的重新组价条件：

①工艺变化导致重新组价：如问题所述，原双面双层石膏板隔墙变更为单面单层石膏板隔墙，这就是100%的工艺变更。

②材质变更：如原来瓷砖地面变更为石材地面，工艺做法未改变，只是面层材料的材质发生变化；再有如原石膏板隔墙变更为水泥压力板隔墙，龙骨、隔声棉未改变，变化的只是隔墙的面层材质。

③材质未变只是材料规格、颜色等技术参数发生变化：如黑色瓷砖变更为白色瓷砖（规格、工艺做法未改变，只是材料颜色发生变化）；题中也可以有材料技术参数的变化，如原12mm厚纸面石膏板变更为15mm（或9.5mm）厚纸面石膏板等，这是因为材料规格改变而发生的变更重新组价。

结论：只要是因为变更、洽商引起的综合单价变化，都要用价格重组方式进行调整，特别是第③款在操作过程中许多人误以为通过材料价差变化进行调整也可以，在交易过程中只要双方能接受，用什么方法调整价格都可以（笔者也愿意在实战中接受这种简便易行的调价方式）。如果是工程造价专业人员在做学术性探讨，用价差方式调整本来应该价格重组的清单项目就是外行的操作行为。

（2）组价原则下竣工结算时可以调整与不可以调整的要素：

1）可以调整的要素：

①清单工程量可以重新计量并调整：不管合同结算模式是总价合同还是单价合同，清单工程量只要有错误都是可以在竣工结算中进行调整的。

②合同中约定可以调整价差的人工、材料、机械单价：合同条款内约定不可以调整价差的材料，即使价格发生再大的变化也不能随意调整价差，如果涨价因素真的对成本影响过大，可以双方协商通过补充协议增加人、材、机的调价内容。

2）清单计价不可以调整的要素：

①清单工程量综合单价：综合单价一旦形成法律文件，在竣工结算时受法律保护，是绝对不能被随意调整的要素。如果合同约定因为清单工程量变化可以调整综合单价，调整综合单价后没有给承包方带来利益损失，在此就不多说；但如果调整综合单价后给承包方带来利益损失，这个损失可以向清单编制方追溯，因为清单工程量的变化与承包方没有任何关系，因为没有关系而被扣减了收益，就应该保留追溯经济利益的权力。

②综合单价的变形要素：清单工程量综合单价并不只是存在于分部分项工程量清单中，费率、税率都是综合单价的相对数形式，这些费率、税率在竣工结算时同样不能被调整，即便是税法将原"增值税率"从11%调整为9%，竣工结算时如果合同税率是11%，仍然要按11%结算，之后退还税款是另外的操作。

③综合单价的组成：既然工程量清单综合单价不能调整，组成综合单价的含量、人、材、机单价、取费的费率等内容都不能改变，任何一项改变都会引起工程量清单综合单价的变化。

工程造价理论的根系与枝干权叶都是相互联系的，如果某个操作环节解释不通，一定是理论上出现了错误，案例问题中审计方实际上暴露出了其对工程造价理论的无知，在竣工结算阶段还要改变人工费单价，这就是公然对法律文件的挑战。上述问题只是因为工艺变更引发了含量的变化，属于最简单的价格重组案例，变更组价只需要将图7-9中内容复制变成图7-10后，在图7-10中将序号10-588定额子目清单含量由0.04改写为0.02，其他内容都不改变，填写上增项清单工程量后，新的增项变更综合单价清单项目便可以生成。

7.4 为什么大多数工程成本控制是在纸上谈兵

工程造价研究的对象就是工程成本，工程成本控制的含金量体现在操作过程中，而不是背一些条条框框的指标就可以称自己会工程成本测算、分析，甚至是控制工程成本。

在招标文件和评标文件里经常看到"合理低价中标""不能低于成本价中标"等条款屡见不鲜，《政府采购货物和服务招标投标管理办法》（财政部令第87号）第六十条的规定：评标委员会认为投标人的报价明显低于其他通过符合性审查投标人的报价，有可能影响产品质量或者不能诚信履约的，应当要求其在评标现场合理的时间内提供书面说明，必要时提交相关证明材料；投标人不能证明其报价合理性的，评标委员会应当将其作为无效投标处理。

这些条款的约定没有错误，国内建筑工程项目招标、投标恰恰是因为没有认真履行该条款的程序，多数项目评标只是流于形式，过分强调投标文件的格式、字体、包装、签字、盖章等表面文章，而对于工程项目报价是否合理这类实质性的问题却视而不见，这充分证明一点，工程成本合理性的操作控制不是随便一个人就可以完成的，工程报价的合理性长期无法在评标时被重视，就是因为判断清单项目报价是否合理是非常困难的一件事情。原因在于：

（1）报价合理不合理法律上无量化标准：加工、运输、绑扎1t钢筋成本是多少，评标专家并不掌握，如果说依据也只有地方行政机关下发的工程预算定额、工程信息价、各类取费文件等通用的官方指导性文件，用于具体的工程项目中，这个整体项目实际发生或某一清单项目成本是多少，评标专家大多数并不知情，投标方所报价格许多是故意低价操作以提高竞争力，有的则是人为失误造成的数字错误等，很少听说有因为清单项目综合单价报价过低而被取消投标资格的案例，更多的传闻是××项目被迫打6折而中标。因为没有价格下限的量化标准，所以投标方可以任意突破价格下限从而达到淘汰对手的目的，这就是所谓的"坑死同行、害死自己"的报价法。

（2）报价是否低于成本没有专业的评定数据：对于遏制低价中标，官方也是多次发文，如《政府采购货物和服务招标投标管理办法》（财政部令第87号）判断供应商不合理低价的标准是"最低投标价或者某些分项报价明显不合理或者低于成本"，但是没人能判断出"成本"是多少，从而无法将低于成本落实到具体的投标人。《政府采购货物和服务招标投标管理办法》（财政部令第87号）出台后，将价格横向对比的参照变为与"本项目其他通过符合性审查的投标人报价"对比的方式进行评估投标报价的合理性，如果5个通过符合性审查的投标人参与项目投标，其中一家的某个清单项目综合单价远低于其他4家，这个项目的清单报价可以视为低于成本。但《政府采购货物和服务招标投标管理办法》（财政部令第87号）虽然比《政府采购货物和服务招标投标管理办法》（财政部令第18号）更加具有操作性，假如有5个有效投标人用这种评标方法，如果价格高低比例出现3∶2或2∶3又如何判断是非对错，总不能随意断言少数服从多数。评标程序无法操作的原因是评标过程中缺乏对成本掌控的专业人员和机构，无论官方如何下发文件，报价的合理性问题都无法得到本质上的解决。

（3）低价中标是业主方的追求：因为甲方喜好低价，所以就会有人投其所好。建筑工程中的互坑现象不是出现在工程施工合同签订后，而是签合同之前，招标方、投标方都在努力地为对方挖坑，盘算着如何埋葬对手的方法。一旦签订合同，所有的矛盾立刻显现，中标方变成承包方，一副乖巧的形象立刻变得张牙舞爪。为什么评标专家之前区分不出来，只是因为本来应该报价10000元/每单位的综合单价项目，投标人把小数点向左移动了2位，巨大的利益诱惑面前把老虎看成是大猫也是时有发生的情况。现在清单计价招标文件里有最高限价（招标控制价）的规定，不设定最低限价，招标方的目的是想让投标方在竞争过程中将报价压低。曾看到一个案例：市政工程下浮20%是否可以承包？收到的回复五花八门，有的说"市政项目应该三三折"；有的问打8折就可以中标的工程到哪去找这么好的甲方？总感觉投标打8折是不符合实际的问题，想中标就应该加大打折力度，6折起步而3折也行。在一轮又一轮的低价中，业主方最缺乏考虑的问题就是"投标方（也就是商品销售方）会做赔本的买卖吗？"如果打三折还能挣钱，这钱会挣在什么环节上，打折依据是因为招标控制价中利润过高，还是投标方在能压缩工程成本的偷工减料环节过多导致。

（4）低价无责：如果选择高价中标，评标方很容易被怀疑操作过程中带有主观偏见，但选择低价，中标方可以为评标人免除许多不必要的指责，这种评标方法简化了评标方的工作风险，但增加了发包方后续工作的难度系数，承包方一定会在施工期间尽可能去追溯与争取投标时失去的利益。面对雪片似的签证、洽商、变更资料，选择拒绝接收文件也可能是发包方无奈的抵抗。

长期以来国内招标投标一直在回避报价不合理的问题，评标变成形式。如何真正认定低价供应商的价格是否合理，就要完善清标程序及内容，根据《政府采购货物和服务招标投标管理办法》（财政部令第87号）第六十条规定，被评标委员会认为"低价项目"的供应商应当在合理的时间内提供书面说明，必要时提交相关证明材料；投标人不能证明其报价合理性的，评标委员会应当将其作为无效投标处理。

硅PU篮球场地面清单项目5家投标人（A、B、C、D、E投标方）参与项目投标，投标报价分别为表7-1中单价，经过清标比对，发现C投标方此项目综合单价报价异常，与其他4家平均综合单价差异25%，清标过程中要求A、B、C、D、E各投标方在规定时间内对自身报价作出书面解释。

清单项目综合单价清标　　　　　　　　　表7-1

序号	子目名称	子目特征描述	计量单位	金额（元）				
				综合单价				
	整个项目			A投标方	B投标方	C投标方	D投标方	E投标方
1	硅PU篮球场地面	1. 沥青地面固化剂找平； 2. 地面打磨3遍； 3. 地面处理干净，环氧地坪漆（环保底漆涂刷3遍）； 4. 环氧中涂砂浆批刮5遍； 5. 中涂表面层进行打磨4面； 6. 净面环氧面漆批刮2遍； 7. 面层环氧面漆涂刷3遍	m²	336.47	330	250	328	335

A、B、D、E投标方对报价解释如下：

清单项目描述中的工序1单价35元/m²，工序2单价30元/m²，工序3～工序7单价合计220元/m²，取费约14%，取费单价45～50元/m²。

C投标方清标回复如下：清单项目描述中的工序1单价30元/m²，工序2单价25元/m²，工序3～工序7单价合计180元/m²，取费6%，取费单价15元/m²。

评标委员会根据供应商提供的工序综合单价构成分析判断：主材成本应该是同类产品生产商的成本，现在C投标人报的主材单价比其他投标人每平方米低40元。这个材料价格是否可以在市场采购，如果不能购买到招标方需要的材料，投标方会不会通过以次充好调换材料品牌，压缩施工工序来降低成本。如果C投标方有意降低所提供材料的技术参数指标从而降低材料价格，说明投标方没有完全响应招标文件要求，单纯的低价不能被招标方接受。

面对评标委员会提出的成本澄清要求，只是对比出价格差异并不是清标的目的，只有供应商、制造商或服务商提供的客观证明才能作为衡量真实成本的依据。

案例中的问题只是其中的一个清标程序，每个投标方报价选择的材料产品规格、型号、品牌并不完全相同，所报价格也有所不同是正常的。清标时，虽然与其他投标人报价可以作为横向对比参照，但是最终还需要评标委员会根据供应商提供的材料样板、技术参数等指标来评定投标方的价格合理性。

除了材料价格偏差导致投标方清单项目综合单价高低偏差之外，工程评标还有比确定材料价格更难的工作，就是措施项目的价格对比，因为评标人或咨询方本身不自行编制工程措施方案，措施费项目取费的合理性只有投标人清楚，让评标人去评判措施费的合理性更加困难，只能从评估投标人计取措施费的项目，如招标文件约定要做各种材料的复试检测，而投标方并没有在措施项目中单独体现这部分费用，评标方就要在清标文件中让投标方澄清这部分费用的价格构成的方法来澄清措施费的落实情况。

总之，心中无成本，报价没依据。反过来心中没有成本，评标同样不知道价格的合理性。

7.5 如何认识精装修顶棚图纸

精装修顶棚图纸往往因为造型复杂、层级叠加让识图算量的人眼花缭乱，造成一种精装修图纸算量、识图困难的错觉，有些人希望通过算量软件实现弯道超车的捷径，但实际操作时因为看不懂图纸而不知道从何入手。如果掌握了技巧，顶棚精装修算量非常简单。下面举例说明精装修顶棚算量的程序（图7-12～图7-16）。

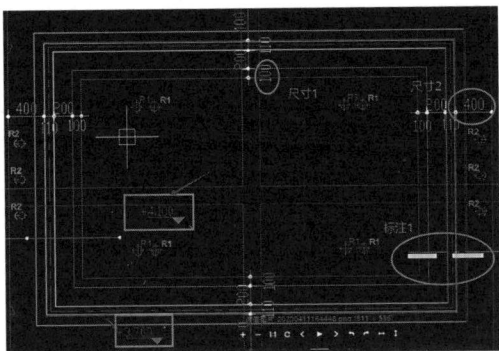

图7-12 顶棚综合平面图

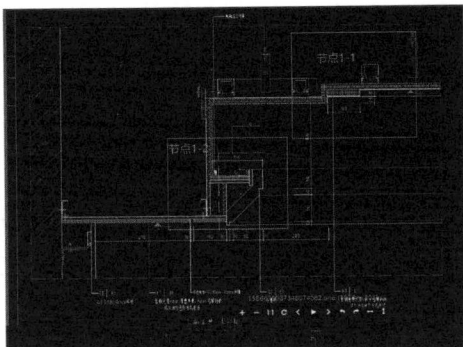

图7-13 顶棚节点图

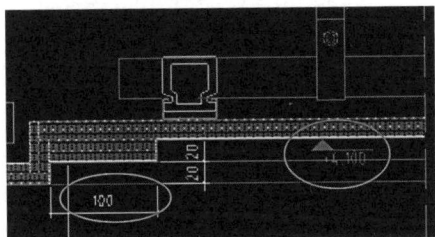

图7-14 顶棚节点1-1（石膏线）图

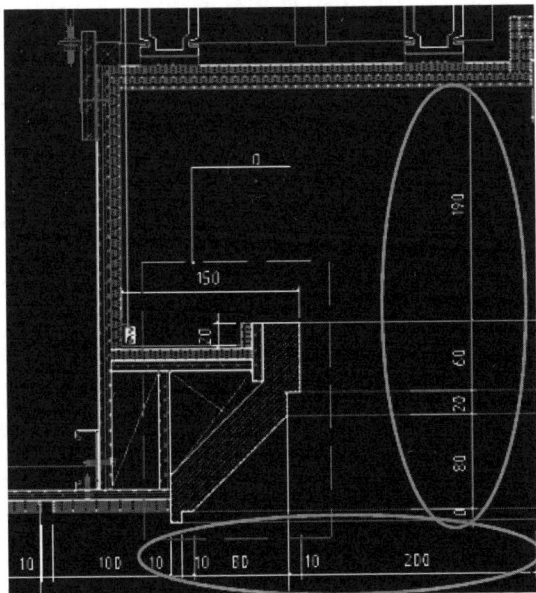

图7-15 顶棚节点1-2（灯槽）图

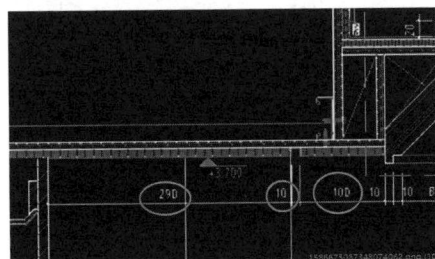

图7-16 顶棚节点1-3标高3.7m吊顶处节点

图7-12～图7-16是5张精装修顶棚施工图，其中图7-14～图7-16是图7-13顶棚节点图的局部放大版本，是为了让读者看清楚截图中的具体尺寸，以便更好地理解图纸。

计算工程量不要急于求成，拿过图纸就在上面量尺寸，首先要看懂图纸，在看懂图纸的基础上再计算工程量就非常简单。精装修图纸大多给人的印象是造型复杂、线条杂乱，识图最好有三个屏幕，分别同时显示相关的平面图、立面图和节点图，这样效率最高。图7-12是顶棚平面图，与之对应，应该打开这个空间的立面图和图7-13顶棚节点图。

从图7-12可以看出，这个空间的顶棚节点就是右下角"标注1"位置有个剖视符号，对应的顶棚节点图就是图7-13所示。**第一个要看明白的问题：通过标注1所示，人眼睛的视角从哪个方向看可以得到图7-13的节点图效果？**

第二个问题：图7-12中"尺寸1"与"尺寸2"两个尺寸"100mm"和"400mm"分别是在节点图上的哪个位置？

先回复第二个问题，图7-12中"尺寸1"100mm，对应图7-14中100mm宽的石膏线（台阶状20mm错台位置），图7-14右侧有个顶棚标高尺寸4.100m，对应图7-12就是双线内侧标注+4.100m标高的地方，图7-12中"双线"实际就是台阶状20mm错台的2个阳角（或阴角）的部位。图7-12中"尺寸2"400mm，对应图7-16标高3.7m吊顶处椭圆圈内3个尺寸之和［290+10+100=400（mm）］，也就是吊顶最外一圈的位置。

图7-12中"尺寸1"100mm（双线）外圈还有一个200mm的尺寸，这个部位看图7-15中下方椭圆圈内有200mm尺寸标注，指灯槽装饰线条外边线到图7-14石膏线左侧阳角的尺寸，其标高应该在图7-12中标注，但设计师让看图的人反算标高尺寸=4.1-0.02-0.02=4.06（m）。读者看到此处，可以自己在图7-12上标注此处顶棚标高。

从图7-12中再向外扩展会看到两条线中间夹杂着一条虚线，这条虚线就是图7-15中那根灯槽光源，两条线之间110mm的尺寸是图7-15中下面椭圆圈内从灯槽装饰线条右侧外边线开始向左延伸10mm+80mm+10mm+10mm的尺寸之和。

两条线再向外延伸的一圈线表示的是图7-16中10mm×10mm的凹槽，本来凹槽也应该用两条细线在平面图上表示，但10mm距离太小，从截图（图7-12）上看到的就是一条粗实线。

现在从里到外把平面图上的线与节点图都一一对应讲清楚了，说明图纸标注没有错误，算量结合平面图、立面图、节点图可以正常计算。下面回答第一个问题：人眼是从图7-12上方向下看（从北向南）才可以获得图7-15的节点效果，如果读者理解不了节点图方向位置，说明识图水平还有待提高。

现在开始计算顶棚乳胶漆工程量，灯槽单独计算，石膏线忽略不计，顶棚平面按地面出量，主要计算的是图7-15立板位置的乳胶漆工程量。

（1）立板周长：用图7-12两条线外侧那条线的长度。

（2）立板高度：用图7-15中右侧椭圆圈内尺寸之和：90mm+60mm+20mm+80mm=350（mm）。

（3）立板乳胶漆面积：立板周长×立板高度。

（4）最后说明图7-12顶棚清单列项技巧：

①顶棚吊顶：组价算至石膏板封板后嵌缝工序。

②顶棚乳胶漆：从腻子找平到面层完工的所有工序。

③石膏线：图7-14中100mm×20mm规格石膏线。

④灯槽：图7-15中150mm×160mm规格。

⑤灯槽装饰线：图7-15中110mm×170mm规格线条。

⑥凹槽：图7-16中10mm×10mm规格。

这个空间顶棚吊顶难度系数不是最高，清单项目列6项就可以全面说明其总造价。

7.6　套定额选子目的技巧

套定额正确选择子目成为同行相互间衡量职业水平高低的一个重要标准，其实套定额选用什么子目并没有千篇一律的规定，如果认为有规律可循，那就是认真分析定额含量与实际消耗量的相符率，否则死记硬背就是人的思维被套上定额的枷锁，套定额也组不出合理的价格。图7-17是一个散水的节点图，与众不同的是此散水表面多了一道 ϕ 200宽的排水沟，因此引出问题。

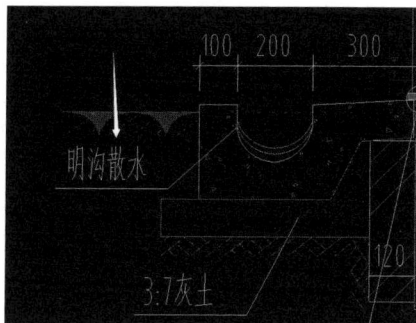

图7-17　散水节点图

这张图如果列清单项目，定额子目应该选用排水沟还是散水？

选用定额子目不能简单地随图纸上设计名称思路去寻求答案，而是要分析定额子目的人、材、机含量后，看定额子目内的工序、工艺是否与图纸上设计思路相符。先看一下北京地区有关排水沟的两个定额子目（图7-18）。

图7-18中编号2-20子目是市政道桥专业的定额子目，定额单位"m³"，其材料含量所体现的C20预拌混凝土消耗量也是与定额工程量单位相对应的"m³"，用于图7-17

节点图需要做大量的含量转换工作，而且由于工艺相差太多，转换含量后清单项目工程成本也难以与实际费用对应。

图7-19中编号4-10的定额子目名称（砖砌体 地沟、明沟）看起来与图7-17节点图设计图纸描述接近，但分析编号4-10的定额子目人、材、机含量与实际图纸差距更大。

选用定额中现有明沟、排水沟定额子目显然与设计图纸工序、工艺不符，因此只能从散水定额子目中挑选能够与图纸相对应的定额子目。

图7-20中编号11-111定额子目单位是"m²"，在组价计算时可以消除清单项目与定额子目间因为单位不同造成含量转换时出现错误的概率。从图7-17中可以看出散水宽度为600mm，厚度因为是不规则的几何形状，通过计算截面积/600mm（宽度），便可以得出散水的厚度，图7-20中编号11-111定额子目名称中给出的散水厚度为60mm，如果通过计算得出散水厚度为200mm，不要轻易修改定额"编号400007"C20预拌混凝土的材料含量0.061，而是通过图7-21中编号11-112散水厚度每增加10mm定额子目调整。

| | 2-20 | ... | 定 | 排水沟 现浇混凝土 | | 道桥 | | m3 | | | 0 | 618.16 | 0 | | 720.16 | |

| 工料机显示 | 单价构成 | 标准换算 | 换算信息 | 安装费用 | 特征及内容 | 工程量明细 | 反查图形工程量 | 说明信息 | 组价方案 |

	编码	类别	名称	规格及型号	单位	损耗率	含量	数量	含税预算价	不含税市场价	含税市场价	税率	合价	是
1	870002	人	综合工日		工日		2.04	0	83.2	83.2	83.2	0	0	
2	400007	商砼	C20预拌混凝土		m3		1.02	0	375	375	375	0	0	
3	840006	材	水		t		0.99	0	6.21	6.21	6.21	0	0	
4	100321	材	柴油		kg		7.161	0	8.98	0	0	0	0	
5	840004	材	其他材料费		元		6.656	0	1	1	1	0	0	
6	800076	机	洒水车	4000L	台班		0.217	0	212.19	212.19	212.19	0	0	
7	840023	机	其他机具费		元		7.084	0	1	1	1	0	0	

图7-18　市政道桥专业定额子目

| | 010401014001 | | 项 | 砖地沟、明沟 | | | m | 1 | | 1 | | | 0 | |
| | 4-10 | ... | 定 | 砖砌体 地沟、明沟 | | 建筑 | m3 | | | 0 | 223.9 | | 260.84 | |

| 工料机显示 | 单价构成 | 标准换算 | 换算信息 | 安装费用 | 特征及内容 | 工程量明细 | 反查图形工程量 | 说明信息 | 组价方案 |

	编码	类别	名称	规格及型号	单位	损耗率	含量	数量	含税预算价	不含税市场价	含税市场价	税率	合价	是
1	870002	人	综合工日		工日		1.306	0	83.2	83.2	83.2	0	0	
2	040207	材	烧结标准砖		块		539.6	0	0.58	0	0	0	0	
3	400054	商浆	砌筑砂浆	DM5.0-HR	m3		0.228	0	459	459	459	0	0	
4	840004	材	其他材料费		元		6.047	0	1	1	1	0	0	
5	800138	机	灰浆搅拌机	200L	台班		0.038	0	11	11	11	0	0	
6	840023	机	其他机具费		元		4.119	0	1	1	1	0	0	

图7-19　建筑专业明沟定额子目

如果其他地区的定额没有类似图7-21编号11-112增减厚度的定额子目，可以通过套用图7-20中编号11-111定额子目后，在清单含量处输入200/60系数。

图7-17节点图主要定额子目确定后再处理细节问题。

（1）清单项目特征描述：

①原土打夯（土建册定额土方章节）；

②3：7灰土垫层，厚度计算同散水，假设厚度100mm（见土建册定额土方章节）；

③C20预拌混凝土200mm厚随打随抹（编号11-111定额子目材料含量"编号400034"DS砂浆就是"随打随抹"工序的材料含量）；

④ϕ200排水明沟设置（定额子目是否应该选择？）。

（2）选用合理定额子目组价。

清单项目组价时（图7-22），明沟排水选用了安装定额给水排水册定额子目"1-53室外排水塑料管（粘接）公称直径200mm"。把DN200的排水管当成明沟模板使用。组价中DN200PVC管按200m长度考虑，如果认为200m长度的散水不需要用200m长PVC管，可以根据现场实际情况，如实际可能使用60m长，组价时将清单含量处的

| 11-111 | | 定 | 散水 混凝土 厚度60mm | | 装饰 | | m2 | 1 | QDL | | 1 | 41.09 | 41.09 | | 47.87 | | 47.87 |

	编码	类别	名称	规格及型号	单位	损耗率	含量	数量	含税预算价	不含税市场价	含税市场价	税率	合价	是否暂估
1	870003	人	综合工日		工日		0.165	0.165	87.9	87.9	87.9	0	14.5	
2	400007	商砼	C20预拌混凝土		m3		0.061	0.061	375	375	375	0	22.88	□
3	400034	商浆	DS砂浆		m3		0.005	0.005	459	459	459	0	2.3	□
4	110175	材	嵌缝膏		kg		0.05	0.05	3.2	3.2	3.2	0	0.16	□
5	120089	材	塑料薄膜		m2		1.05	1.05	0.26	0.26	0.26	0	0.27	□
6	840004	材	其他材料费		元		0.425	0.425	1	1	1	0	0.43	□
7	840023	机	其他机具费		元		0.559	0.559	1	1	1	0	0.56	

图7-20　散水定额子目

| 11-112 | | 定 | 散水 混凝土 每增减10mm | | 装饰 | | m2 | 1 | QDL | | 1 | 6.92 | 6.92 | | 8.06 |

	编码	类别	名称	规格及型号	单位	损耗率	含量	数量	含税预算价	不含税市场价	含税市场价	税率	合价	
1	870003	人	综合工日		工日		0.03	0.03	87.9	87.9	87.9	0	2.64	
2	400007	商砼	C20预拌混凝土		m3		0.011	0.011	375	375	375	0	4.13	
3	840004	材	其他材料费		元		0.058	0.058	1	1	1	0	0.06	
4	840023	机	其他机具费		元		0.104	0.104	1	1	1	0	0.1	

图7-21　散水厚度每增加10mm定额子目

	编码	类别	名称	专业	项目特征	单位	含量	工程量表达式	工程量	单价	合价	综合单价	综合合价	
2	011702029001	项	散水			m2		120	120			258.63	31035.6	建筑
	1-4	定	原土打夯	建筑		m2	1	QDL	120	1.14	136.8	1.33	159.6	建筑
	1-32	定	基础回填 灰土 3:7	建筑		m3	0.1	QDL*0.1	12	80.84	970.08	94.18	1130.16	建筑
	11-111	定	散水 混凝土 厚度60mm	装饰		m2		QDL	120	41.09	4930.8	47.87	5744.4	建筑
	11-112 *14	换	散水 混凝土 每增减10mm 单价*14	装饰		m2	1	QDL	120	96.88	11625.6	112.86	13543.2	建筑
	1-53	定	室外排水塑料管(粘接) 公称直径200mm	给排水		m	1.66666667	QDL*1.66666666666667	200	44.88	8976	52.29	10458	建筑

	工料机显示	单价构成	标准换算	换算信息	安装费用	特征及内容	工程量明细	反查图形工程量	说明信息	组价方案	

	编码	类别	名称	规格及型号	单位	损耗率	含量	数量	含税预算价	不含税市场价	含税市场价	税率	合价	是否暂估	锁定数量
1	870005	人	综合工日		工日		0.132	26.4	78.7	78.7	78.7	0	2077.68	☐	☐
2	17001601	材	PVC-U下水塑料管	200	m	1.015	203	31.6	31.6	31.6	0	6414.8	☐	☐
3	160112	材	球胆	125	个	0.022	4.4	29						☐	☐
4	110142	材	胶粘剂		kg	0.015	3	12.7	12.7	12.7	0	38.1	☐	☐
5	020001	材	水泥	(综合)	kg	0.2	40	0.4	0.4	0.4	0	16	☐	☐
6	040025	材	砂子		kg	0.6	120	0.07	0.07	0.07	0	8.4	☐	☐
7	840004	材	其他材料费		元	1.662	332.4	1	1	1	0	332.4	☐	☐
8	840023	机	其他机具费		元	0.436	87.2	1	1	1	0	87.2	☐	☐

图7-22　节点图散水清单综合单价

1.6666667系数改为0.5即可。

通过套用工程预算定额，知道一个基本的知识点，定额体现的是通用合格工序正常的人、材、机消耗量，如果做的项目工序是个例，如果要生搬硬套地选择定额子目，也一定找不到合适的子目，组出的价格别人也不会认可。以下有个案例：

一个项目要更换一块800mm×800mm的地砖，高经理找到小苏让其测算更换地砖的成本。测算结果是：一个工人从地面把损坏的地砖拆除（当然要做周围地砖的保护），然后再把新地砖铺贴到拆除后的部位，拆除和铺装的时间各用了60min和150min（这里不考理论上的准备与结束时间和不可避免的工作中断时间）。小苏现场测算完后把结果告诉高经理，于是高经理开始对这项特殊的工序开始套定额组价。

①计算拆除地砖的平方米单方人工消耗量：

单方人工消耗量=1h（60min）×1/0.64（一块地砖的面积0.8×0.8）=1.5625（h）。

②1.5625h等于多少工日？

换算工日数=1.5625/8=0.1953（工日）。

③一个工日能更换多少块这样的地砖？

工日完成量=1/0.1953=5.12（m²）。

有了这3个数据就可以开始更改原定额的人、材、机消耗量（图7-23）。

因为是零星拆除，就要对人工费定额含量进行调整，原来定额含量是0.155工日/m²，现在就要改为0.1953工日/m²（图7-24）（暂时不考虑渣土清运的费用）。

从图7-23与图7-24对比可以看出，因为人工含量增加，综合单价也随之提高，从原合同23.26元/m²，增加到29.1元/m²。

同理，瓷砖铺设计算方式同瓷砖拆除①～③公式。

如铺设地砖的平方米单方人工消耗量：

单方人工消耗量=2.5×1/0.64=3.90625（h）。

安装铺设1m²地砖的工日数=3.90625/8=0.48828（工日）。

图7-25中有一道找平层工序套用地砖结合层用的人工工日含量。

| 5 | | 911202001001 | 借项 | 块料、石材面层楼地面拆除 | | | | m2 | | 1 | | 1 | | | 23.26 | |
| | 1-35 | | 借 | 面砖楼地面拆除 | | 装饰 | | m2 | 1 | QDL | | 1 | | 19.9 | 19.9 | 23.26 |

	工料机显示	单价构成	标准换算	换算信息	安装费用	特征及内容	工程量明细	反查图形工程量	说明信息	组价方案						
	编码	类别	名称	规格及型号	单位	损耗率	含量	数量	含税预算价	不含税市场价	含税市场价	税率	合价	是否暂估	锁定数量	是否计价	原始含量
1	870007	人	综合工日		工日		0.155	0.155	82.1	124	124	0	19.22			☑	0.155
2	840004	材	其他材料费		元		0.048	0.048	1	1	1	0	0.05	☐		☑	0.048
3	888810	机	中小型机械费		元		0.246	0.246	1	1	1	0	0.25			☑	0.246
4	840023	机	其他机具费		元		0.379	0.379	1	1	1	0	0.38			☑	0.379

图7-23　合同拆除地砖的清单综合单价

| 5 | | 911202001001 | 借项 | 块料、石材面层楼地面拆除 | | | | m2 | | 1 | | 1 | | | 29.1 | |
| | 1-35 | | 借换 | 面砖楼地面拆除 | | 装饰 | | m2 | 1 | QDL | | 1 | | 24.9 | 24.9 | 29.1 |

	工料机显示	单价构成	标准换算	换算信息	安装费用	特征及内容	工程量明细	反查图形工程量	说明信息	组价方案						
	编码	类别	名称	规格及型号	单位	损耗率	含量	数量	含税预算价	不含税市场价	含税市场价	税率	合价	是否暂估	锁定数量	是否计价	原始含量
1	870007	人	综合工日		工日		0.1953	0.1953	82.1	124	124	0	24.22			☑	0.155
2	840004	材	其他材料费		元		0.048	0.048	1	1	1	0	0.05	☐		☑	0.048
3	888810	机	中小型机械费		元		0.246	0.246	1	1	1	0	0.25			☑	0.246
4	840023	机	其他机具费		元		0.379	0.379	1	1	1	0	0.38			☑	0.379

图7-24　重新组价后的拆除地砖的清单综合单价

6		911202003001	借项	块料楼地面新做				m2		1		1			193.27	
	11-31		定	楼地面找平层 DS砂浆 平面 厚度20mm 硬基层上		装饰		m2	1	QDL		1		15.66	15.66	18.31
	11-44		定	楼地面镶贴 块料 每块面积0.16m2以外		装饰		m2	1	QDL		1		149.67	149.67	174.96

	工料机显示	单价构成	标准换算	换算信息	安装费用	特征及内容	工程量明细	反查图形工程量	说明信息	组价方案						
	编码	类别	名称	规格及型号	单位	损耗率	含量	数量	含税预算价	不含税市场价	含税市场价	税率	合价	是否暂估	锁定数量	是否计价	原始含量
1	870003	人	综合工日		工日		0.068	0.068	87.9	87.9	87.9	0	5.98			☑	0.068
2	400034	商浆	DS砂浆		m3		0.0202	0.0202	459	459	459	0	9.27	☐		☑	0.0202
3	840004	材	其他材料费		元		0.135	0.135	1	1	1	0	0.14	☐		☑	0.135
4	840023	机	其他机具费		元		0.265	0.265	1	1	1	0	0.27			☑	0.265

图7-25　原合同地砖铺设综合单价

6	□ 011202003001	借项	块料楼地面新做				m2		1		1			208.35
	11-31	定	楼地面找平层 DS砂浆 平面 厚度20mm 硬基层上	装饰			m2	1	QDL		1	15.66	15.66	18.31
	11-44	换	楼地面镶贴 块料 每块面积0.16m2以外	装饰			m2	1	QDL		1	162.57	162.57	190.04

	工料机显示	单价构成	标准换算	换算信息	安装费用	特征及内容	工程量明细	反查图形工程量	说明信息	组价方案				
	编码	类别	名称	规格及型号	单位	损耗率	含量	数量	含税预算价	不含税市场价	含税市场价	税率	合价	是否暂估	锁定数量	是否计价	原始含量
1	870004	人	综合工日		工日		0.42	0.42	104	104	104	0	43.68	□	□	☑	0.296
2	060003	材	地面砖	0.16m2以外	m2		1.02	1.02	78	100	100	0	102	□	□	☑	1.02
3	090265	材	硬质合金锯片		片		0.003	0.003	45	45	45	0	0.14	□	□	☑	0.003
4	400043	商浆	胶粘剂	DTA砂浆	m3		0.0051	0.0051	2200	2200	2200	0	11.22	□	□	☑	0.0051
5	840004	材	其他材料费		元		3.999	3.999	1	1	1	0	4	□	□	☑	3.999
6	840023	机	其他机具费		元		1.496	1.496	1	1	1	0	1.5	□	□	☑	1.496

图7-26 地砖零星安装综合单价

零星铺设1m²地砖的工日实际=0.48828–0.068=0.42（工日）（图7-26）。

高经理这一套组价操作的思想是：

①遵循了组价原则，合同里有地砖拆除和地砖新做的综合单价，直接借用其组价方法。

②考虑了零星更换地砖的难度系数，重新将更换地砖的综合单价进行变更重组。

这种操作看上去是提高了新清单项目的综合单价，施工方现场如果还有工人和材料在施工，这种组价方法可以接受；如果工程项目已经竣工投入使用，并且工人早就离场，等于新组这样一个更换地砖的价格，是没有人愿意来维修这块地砖的。

有人可能会说：不就是更换一块地砖吗，给他们200%的利润又能值多少钱，笔者这里就帮助咨询方人员算一算更换一整块规格800mm×800mm，单价100元/m²的地砖需要多少成本费用。

①人工费：瓦工工资500元/d，为了便于计算按200元/半天计价。

②材料费：单价100元/m²×0.64=64（元/块），干拌砂浆、瓷砖胶粘剂、勾缝剂+运输费估算100元材料费。

③管理费：工人不可能背着材料、扛着工具坐公交去项目现场，工长还要开车将工人送去，再把更换地砖后的渣土清理出现场。这部分费用忽略不计。

更换一块砖的综合单价=300元成本×（1+200%利润）×（1+9%税金）=981（元）。

看到换一块地砖要上千元的费用，业主还能保持原有的格局吗？咨询公司原来计算的综合单价就是再取合同其他费用也到不了300元/m²，也就是组了半天价也不够维修一次的成本，机械性地套用定额不可能让造价表变得干净。

7.7 为什么做工程造价之路处处是瓶颈

做工程造价的同行不管职业历程长短，总会感到前进的路上为什么总会遭遇无数坎坷，经历的每一个项目仿佛都要削尖脑袋才可以钻过去。

前几天遇到两个看似毫无关联的问题，揭示了问题的所在。

（1）北京地区2012预算定额中人工费单价中的基价有87.9元/工日和104元/工日两种，是不是可以认为87.9元/工日人工费单价的定额子目是为粗装修工序而设置的，而104元/工日人工费单价的定额子目是为精装修工序而安排的。

（2）钢筋按定额计算规则，有人理解应该为"2014年造价工程师的计量真题答案里，钢筋计算方式就是中心线+弯曲调整值，也就是《建设工程工程量清单计价规范》GB 50500—2013里的按图示尺寸应该用GTJ软件里的中心线"。

先看第2个问题：北京地区2012预算定额关于钢筋定额量计算规则的解释：

现浇构件的钢筋、钢筋网片、钢筋笼均按设计图示钢筋（网）长度（面积）乘以单位理论质量计算。现浇构件中伸出构件的锚固钢筋应并入钢筋工程量内。

图7-27是工程量清单对钢筋计算规则的解释。现在钢筋定额工程量焦点是：到底是按钢筋中心线计算合理还是按钢筋外边线计算正确。提出上述两个问题的人均不是出自那种无知者无畏的咨询勇气，而是想得出对预算定额的探讨性结论的专家。

先说一说工程预算定额的研究对象，工程预算定额研究对象是人、材、机消耗量，而不是人、材、机单价，更不是定额计算规则。一些地区定额部门为解答工程造价人员对钢筋计算规则的提问，特地在定额新版本发行宣贯时回复，钢筋计量尺寸按外皮（也有说按中心线）计量，这就引发一个问题，一个工程量在不同地区出现多重计算规则，给人印象就是工程造价人员手中的尺子突然变得长短不一、宽窄各异了，拿着这种尺子量钢筋必定出现每个人量出不同钢筋尺寸的结果。

实际回复关于钢筋计量尺寸的问题其实非常简单：钢筋定额子目在历次定额版本更迭中，人、材、机消耗量都没有调整过，原来用什么计算规则，现在还应该用什么计算规则。往前推50年，当时造价前辈计算钢筋量用比例尺、计算器这类工具，谁会舍近求远地利用钢筋中心线公式做四则运算？向前推20年前的工程项目，钢筋计算底稿公式应该都是用外边线计算公式。定额工程量计算中，钢筋计算长度=中心

表 E.15 （续）

项目编码	项目名称	项目特征	计量单位	工程量计算规则	工作内容
010515004	先张法预应力钢筋	1. 钢筋种类、规格 2. 锚具种类		按设计图示钢筋长度乘单位理论质量计算。	1. 钢筋制作、运输 2. 钢筋张拉
010515005	后张法预应力钢筋	1. 钢筋种类、规格 2. 钢丝种类、规格 3. 钢铰线种类、规格 4. 锚具种类 5. 砂浆强度等级	t	按设计图示钢筋(丝束、绞线)长度乘单位理论质量计算。 1. 低合金钢筋两端均采用螺杆锚具时，钢筋长度按孔道长度减0.35m计算，螺杆另行计算 2. 低合金钢筋一端采用镦头插片、另一端采用螺杆锚具时，钢筋长度按孔道长度计算，螺杆另行计算 3. 低合金钢筋一端采用镦头插片、另一端采用帮条锚具时，钢筋增加0.15m计算；两端均采用帮条锚具时，钢筋长度按孔道长度增加0.3m计算 4. 低合金钢筋采用后张砼自锚时，钢筋长度按孔道长度增加0.35m计算 5. 低合金钢筋(钢铰线)采用JM、XM、QM型锚具时，孔道长度≤20m时，钢筋长度增加1m计算，孔道长度>20m时，钢筋长度增加1.8m计算	1. 钢筋、钢丝、钢绞线制作、运输 2. 钢筋、钢丝、钢绞线安装 3. 预埋管孔道铺设 4. 锚具安装 5. 砂浆制作、运输 6. 孔道压浆、养护
010515006	预应力钢丝				

图7-27 《建设工程工程量清单计价规范》GB 50500—2013对钢筋计量的解释

线+弯曲调整值找不到半点的依据，之后一些地区定额版本出现的定额计算规则将钢筋计量尺寸改为中心线那都是定额后来的版本。相反，钢筋用外边线计算底稿却随处可见。

（3）关于定额基价问题实际更容易解释，假设粗装修与精装修概念并存，与精装修与粗装修两个概念相统一，必须要具备两套施工工艺与相应的工程项目验收标准，但实际上国家只出台了一套装饰装修施工工艺与相应的工程项目验收标准，即华北地区常见的装饰装修施工工艺标准《12BJ1-1工程做法》，工程预算定额子目也是针对图集做法的工序、工艺要求进行编制的，显然粗装修与精装修概念并不能同时成立。之所以预算定额中基层工序子目人工费单价大多为87.9元/工日，是因为总承包项目有一个结构交工程序，结构交工有许多讲究，涉及装饰装修工序的要求为：

①墙面见白；

②防火门安装到位；

③建筑内客、货电梯安装到位，电梯门套安装完成；

④消防楼梯栏杆安装完成等。

以上几条可以算装饰装修工序，但这些工作基本都是由总承包方完成而不是专业的精装修分包完成，如墙面见白只是做完耐水腻子找平工序，并没有达到装饰装修验收标准的偏差尺寸和工艺施工要求，总承包方在装饰装修完成面尺寸达不到要求的情况下并不影响结构交房（结构交房就是常说的"毛坯房"），反正毛坯房交房主后也不适合直接入住，索性精装修的费用就让房主承担了，总承包方会在投标时压低装饰装修工序的人工单价以追求低价中标的竞争力，给人感觉是总承包方做的装修工序就是粗制滥造的粗装修，而专业装修分包做的才是精装修的错觉。实际上装饰装修没有双重标准，只是工程造价人对装饰装修效果存在不同的理解。

装饰装修工序就是弥补结构缺陷的工序。编制定额的人认为一些工序属于基层施工，施工操作人员技术含量相对面层施工人员的操作简单，基层施工工序人员工资单价低，所以定额单价制定得也较低，但并不等于这些基层工序属于粗装修范畴，只有面层一道工序属于精装修概念。如墙面涂料项目，精装修会从粉刷石膏、贴网格布、耐水腻子找平、砂纸打磨、乳胶漆一底两面，最终经过多道工序的精雕细琢完成面层的设计效果，如果耐水腻子找平层出现3mm以上的平整度偏差，无论乳胶漆刷多少遍也改变不了平整度偏差尺寸。一个精装修项目不可能用粗装修基层+精装修面层来解释定额子目中的人工费单价高低起因，精装修项目若要如期交工，就要从基层开始做好每一道工序。北京地区2020年4月份造价信息精装修人工单价高限157元/工日，到了2021年精装修人工单价达到189元/工日，如果做星级酒店（还不能严格按5星级标准要求）正常套用定额，运用这个人工单价能满足60%以上精装修工序人工费成本要求。

现在的工程预算定额编制人正在考虑向着消耗量定额方向发展，也就是将来预算定额中只有人、材、机含量，而不再出现人、材、机定额基价，本来2012预算定额中人工单价87.9元/工日与104元/工日都是当时定额编制时点市场的人工费单价水平，现在时隔8年，再用定额组精装修价格，人工费单价统一要调整为157元/工日才能实现精装修项目不赔钱，2020年再议论87.9元/工日与104元/工日的关系没有任何意义。

从以上两个问题分析得出结论，现在人们讨论的定额问题实际与定额研究的对象方向上出现了偏差，脱离了定额本质去寻求定额人、材、机单价和计算规则的正确答案，一是没有结果，二是有结果也没有意义。有些人还去咨询了定额子目单价的相关对应关系，得到官方回复：87.9元/工日是为粗装修制定的人工单价，104元/工日是为精装修工序量身打造的价格。投标时，投标方报多少单价还不是投标人自己说了算，按照官方正确答案操作报价赔钱谁又能为此负责。其实理解了定额的本质，按先量后价的方式控制成本，实际遇到的许多问题都可以迎刃而解，如同有人提出与某地产甲方合作时，工程施工合同内被强行植入了150多条钢筋计算规则，让施工方损失了10%的钢筋工程量。

甲方是制定规则的人，他们往合同内植入10000条霸王条款又能怎么样，承包方要化解霸王条款为自身带来的风险，首先要经过算量计算出整个招标建筑的全部钢筋实物总量和措施总量，才是应对霸王条款的正解。然后对照招标清单工程量反算清单含量，如果招标清单工程量按钢筋中心线计算增加了施工方5%的消耗量，就在清单含量中乘1.05，如果清单编制人将钢筋按内边线计算清单工程量，为此少计算了10%的定额量，投标时就在清单含量中乘1.1。如果投标人在投标期间不进行工程量核实，等于将主动权、话语权都交给了对方，结算时再追究工程量偏差责任为时已晚，损失只能自行承担。如果事先将工程量全部掌握在手中，算出整个工程项目需要用10000t钢筋，做到心中有数，别人不管用什么计算规则，算出的钢筋清单工程量是9000t还是8000t，钢筋综合单价报价时只需要用10000×心理价位/9000（或8000），以不变应万变，你有规则我有量，投标时通过含量变化让合同中那150多条钢筋计算规则全部作废。

在工程量计算上发明再多的计算规则也体现不出什么大智慧，反而让人感觉这些发明计算规则的人是在耍一些小聪明，真正熟知了清单计价体系，搞清楚定额系统的本质，就是掌握了工程造价的核心技术，在工作中真正实现：任凭百尺浪高，我稳坐一叶扁舟。

7.8 逐步停止发布工程预算定额后的结局预测

《住房和城乡建设部办公厅关于印发工程造价改革工作方案的通知》（建办标〔2020〕38号，以下简称建办标〔2020〕38号文），决定在全国房地产开发项目，以及北京市、浙江省、湖北省、广东省、广西壮族自治区有条件的国有资金投资的房屋建筑、市政公用工程项目进行工程造价改革试点。其中一项改革方案就是"逐步停止发布预算定额",此条规定对工程造价行业造成的震动确实不小,许多人在各类平台发布有关应对"改革方案"咨询的问题,很多专家给出了献计献策的回复,有人认为停止发布预算定额有助于有实力的企业编制自身的企业内部定额,有人担心将来不用定额组价,造价同行特别是咨询行业的造价人员会大规模失业。停止发布预算定额后工程造价行业将何去何从,下面就要从谁是预算定额的受益人开始分析。

（1）造价咨询行业受冲击最大。理由是定额总说明中的这段话:

本定额作为北京市行政区域内编制施工图预算、进行工程招标、国有投资工程编制标底或最高投标限价（招标控制价）、签订建设工程承包合同、拨付工程款和办理竣工结算的依据;是统一本市建设工程预（结）算工程量计算规则、项目名称及计量单位的依据;是完成规定计量单位分项工程计价所需的人工、材料、施工机械台班消耗量的标准;也是编制概算定额和估算指标的基础;是经济纠纷调解的参考依据。

在定额编制之初,社会经济处于计划经济时期,所有的投资、建造都要有一个相对固定的经济模板来操作,工程预算定额成为承、发包双方工程预算的组价依据。建筑行业所有的经济行为实际上是在官方搭设好的平台上,承、发包双方坚持你方唱罢后我登场的固定套路操作程序,甚至现在还有许多地区投标报价过程中经济标直接在招标控制价基础上打折让利,经济行为一直延续定额主宰造价的现象。

如果说定额消耗量可以作为工程成本的依据,是预算定额的可取之处。但在定额总说明中还有一条:"各专业定额建设工程费用标准分别列入各册定额附录中。适用范围、有关规定、计算规则及费用标准详见各专业定额附录。"对自主报价起着严重制约的作用,以至于有些人战战兢兢地询问:"属于建筑装饰工程,我套的清单取费专业不是建筑装饰工程行不行?"如图7-28所示。

清单除了不可竞争的费用、税金之外,其他一切没有特殊注明的费用都是可以自由竞争的费用,一条"有关规定"相当于给组价人套了一个紧箍,在固定的思维模式下,咨询公司对施工单位人员做的报价有一个通用评价:做了几十年造价怎么连基本组价方法都不会。翻译过来就是:没有按照相关规定系数组的价格都是不正确的报价取费。实际上真正受到预算定额伤害的是咨询方的人员,一旦手中没有了定额工具,失落感顿时满格。

（2）不知道工程成本的人。做工程造价门槛低很大程度是因为有官方事先编制好的预算定额可以借用，操作定额的人不论知不知道工程成本，反正定额子目套用正确就是会做造价，这种错误想法直接导致此类人员无法适应清单计价。清单计价核心内容是工程量清单综合单价的合理性问题，而不是定额子目套用是否正确的问题，类似这类思维模式产生的问题有许多，如："请问人工凿混凝土路面的电缆沟如何套定额？"正所谓心中无成本，用时抓定额，新入行的人不愿意从自身基本功练起，只看到同学、同事都已经会套用定额了，自己还在算量之路上挣扎，他们不知道的是如果有手工算量10年的功底，套用定额只需要2h水到渠成的学习时间（图7-29）。

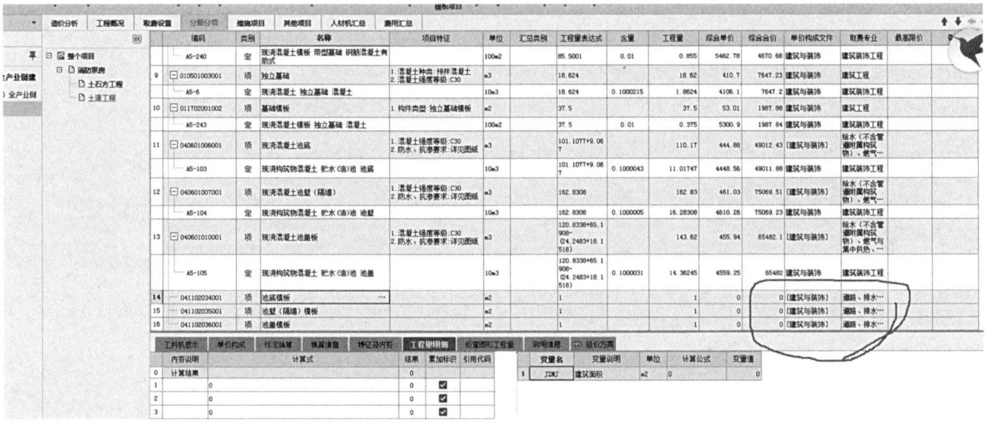

图7-28　专业取费

7	030413002007	项	下酒库 开挖（恢复）路灯线槽	1：人工切缝2道，深度10cm 2：线槽宽度30cm，深度30cm 3：人工拆除混凝土路面，路面厚度20cm； 4：弃渣人工转运30m装车，8T自卸车运至8km弃土场 5：恢复采用C25现浇混凝土	m	115+120+128		363	□	81.67	29646.21	安装	
	C2-3-61	借	缩缝 锯缝机切缝 缝宽6mm缝深5cm		100m	QDL*2	0.02	7.26		355.91	2583.91	市政	贵州省市政
	C2-3-52 *4	借换	缩缝 锯缝机切缝 缝宽6mm缝深每增减1cm　单价*4		100m	QDL*2	0.02	7.26		292.68	2124.86	市政	贵州省市政
	C1-2-10	借	人工凿沟槽 坚硬岩		100m3	QDL*0.3*0.3	0.0009	0.3267		37260.26	12172.93	市政	贵州省市政
	A1-73	借	人工运石渣 运距≤20m		100m3	QDL*0.3*0.3	0.0009	0.3267		2518.04	822.64	人工土石方	贵州省建筑
	A1-72	借	人工装车 石渣		100m3	QDL*0.3*0.3	0.0009	0.3267		2442.4	797.93	人工土石方	贵州省建筑
	C1-2-73	借	自卸汽车运石碴(装载质量8t）运距1km以内		1000m3	QDL*0.3*0.3	0.00009	0.03267		10372.1	338.86	市政	贵州省市政
	C1-2-74 *7	借换	自卸汽车运石碴(装载质量8t）运距30km以内每增加1km　单价*7		1000m3	QDL*0.3*0.3	0.00009	0.03267		14872.55	485.89	市政	贵州省市政
	C2-3-38	借	水泥混凝土路面 预拌混凝土 厚度20cm		100m2	QDL*0.3	0.003	1.089		9474.59	10317.83	市政	贵州省市政

图7-29　定额子目套用

现在是清单计价，工程预算定额将来不再更新，定额子目中人、材、机消耗量因为新材料、新工艺的更新会造成与实际差距越来越大，组价人员必须能够正确判断工程量清单综合单价是否合理才是报价的关键，而不是以定额子目套用得正确与否为衡量标准。

经过以上分析可以看出，以上两类人员确切说就是无法熟练把握工程成本的人，对工程预算定额的依赖非常大，官方突然宣布"停止发布预算定额"，仿佛一夜之间让他们的前进之路失去了方向。实际上，使用定额没有错误，将来就是官方不再发布新版定额，企业内部也应该自主编制企业内部定额来控制工程成本。出现恐慌性疑惑的问题症结是因为使用定额的人并不知道定额的真正内涵。下面来确定一下定额的实际作用（图7-30）。

有人问这样的公路护栏应该套什么定额子目？提出这种想法的人本身就说明其对定额理解有严重问题。表7-2是提问者给出的定额含量表。

图7-30 公路护栏

每 100m 护栏材料数量表 表 7-2

代号	名称	规格	数量	材料	重量（kg）单件	重量（kg）总计	备注
1	立柱	$\phi 140 \times 4.5 \times 1150$	25	Q235	17.29	432.32	
2	柱帽	$\phi 140 \times 3$	25	Q235	0.65	16.25	
3	防阻块	$196 \times 178 \times 200 \times 4.5$	25	Q235	4.37	109.25	
4	护栏板	$310 \times 85 \times 4 \times 4320$	25	Q235	65.55	1638.75	
5	拼接螺栓	$M16 \times 34$	200	45 号钢	0.085	17.00	
6	拼接螺母	M16	200	45 号钢	0.056	11.20	

续表

代号	名称	规格	数量	材料	重量（kg）		备注
					单件	总计	
7	拼接垫圈	$\phi 16 \times 4$	200	45号钢	0.024	4.80	
8	连接螺栓	M16×45	25	Q235	0.088	2.20	
9	六角头螺栓	M16×170	25	Q235	0.316	7.90	
10	螺母	M16	50	Q235	0.056	2.80	
11	垫圈	$\phi 16 \times 4$	50	Q235	0.024	1.20	
12	横梁垫片	76×44×4	25	Q235	0.093	2.33	
13	C20混凝土基础	600×600×500	25	C20	0.165m³	4.13m²	
14	墙头			Q235	10.8	10.8	
15	反射器	白色或黄色	50	—	—	—	轮廓标
16	铝合金支架		50	—	—	—	

　　表7-2中各项数量就是图7-30中100m护栏使用的材料消耗量，用定额人、材、机表示就是定额含量，如果材料表中的材料与图7-30中实物材料种类和消耗量完全吻合，说明此条定额子目编制得非常科学合理，具有通用性，并不需要由哪位权威专家给出什么正确和不正确的答案。

　　工程预算定额对于工程造价人测算工程成本是非常有用的工具，只是这么多年来，定额使用人不知道如何正确使用定额。定额研究的对象是消耗量，而不是人、材、机单价，更不是取费，定额计算规则与定额说明与定额子目中人、材、机含量组成了一个完整的定额消耗量计算规则体系，只改变定额计算规则而不改变定额子目内人、材、机含量属于曲解定额，如钢筋以中心线计算等定额规则的修改就是对原来定额钢筋外边线计量规则的篡改。有些地区直接取消了人工消耗量，以定额单价系数作为调整人工费的依据，更是把工程预算定额引向了绝路。

　　国内企业编制出有自身特色的企业内部定额任重道远，从计划经济到市场经济过渡不是一句话这么简单，总承包单位有实力、有人力资源，但没有编制内部定额的意识。小的广告公司、装饰装修公司早已在内部形成所谓的企业内部定额，但只是清单单价的分解形式定额。没有实物量消耗作依托的工程预算定额就是不规范的定额（每一条定额子目的编制必须配有消耗量）。改革方案虽然出台，但短期内官方发布的工程预算定额还不可能完全消失，发布建办标〔2020〕38号文的目的，实际是提前10年为工程造价从业人员敲响警钟，组价时再事事依赖定额，脱离实际成本必将被工程成本淘汰出局。

　　建办标〔2020〕38号文出台后，一些地区也开始着手编制定额的最初级版本——消耗量定额，如北京地区的消耗量定额讨论稿将人工消耗量降低了15%~45%，相应地，可能就会对人工费单价做大幅度提升，这种减量增价的方式会打消许多人之前的疑问：为什么市场人工单价已经400元/d了，定额人工单价还停留在150元/工日的水平上。